彩 -1　北京颐和园佛香阁

彩 -2　广州采石场遗址公园

彩 -3　网师园

彩 -4　日本园林

彩 –5 阿尔罕布拉宫殿

轴线、迴廊、水池组成的“狮子之内庭”是建于 14 世纪西班牙格拉纳达的阿尔罕布拉宫殿,周边为 130 m × 180 m。

郑东新区会展中心

加拿大国家美术馆广场冰雕

彩 –6 声光电要素

彩 -7 凉山文化广场

从黑虎之门以柱列群构成的入口广场、火把广场与永恒之火的雕塑，半圆形围合的民族文化中心面向广场，广场中央的火炬雕塑起到突出、强调和聚焦的作用，沿轴遥望底景——凉山之鹰，沿环形道进入各个公园，构成了景区的完整序列。

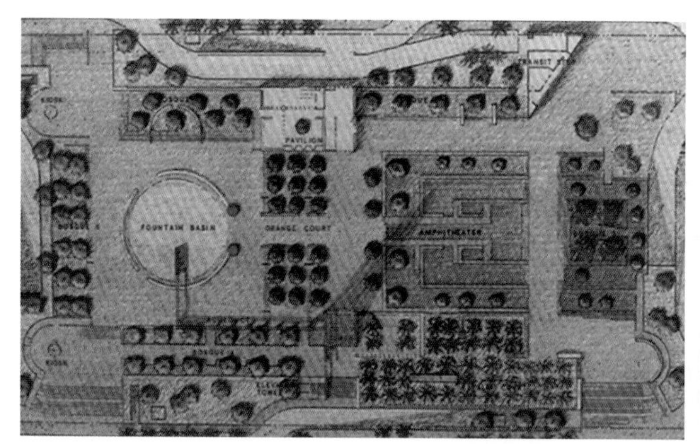

彩 –8 珀欣广场(洛杉矶,R·莱戈雷塔)

20 世纪 80 年代改建的珀欣广场为不同种族的市民提供了一个交流的空间。广场中心虽具有明显的轴线,但为与城市环境相协调,打破了对称的布局。东侧高 20 多米的紫色几何塔,成为广场的标志,实则是地下空间的通风口,它主宰了广场空间。高架的水道将水引入南部的圆形大水池,广场北部设有 2000 座的草地露天剧场,两侧是黄色咖啡厅,其鲜艳的明黄、橘黄、紫色、桃红表达了强烈的墨西哥元素与风格。

彩 -9　线的重复示例

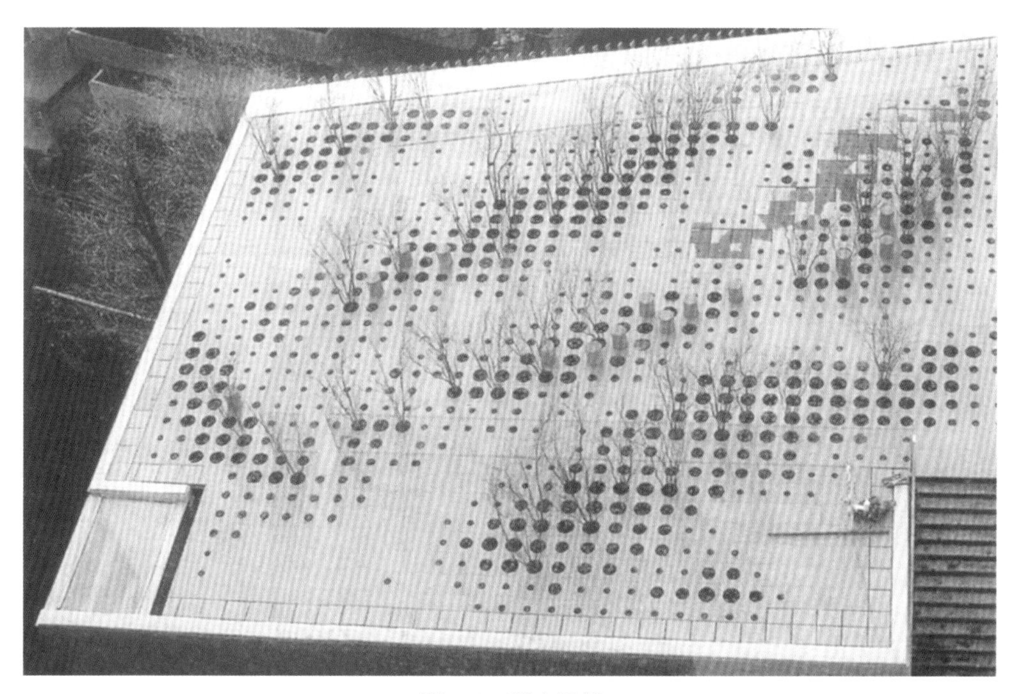

彩 -10　渐变示例

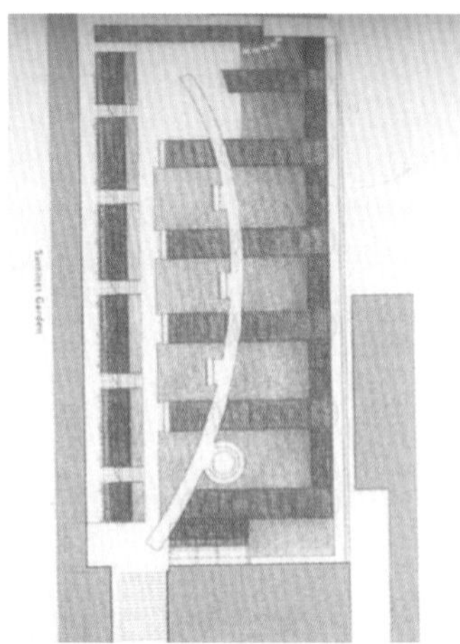

彩 –11 穿插示例

彩 –12 动感示例

彩 –13　扭曲

彩 –14　水彩表现图

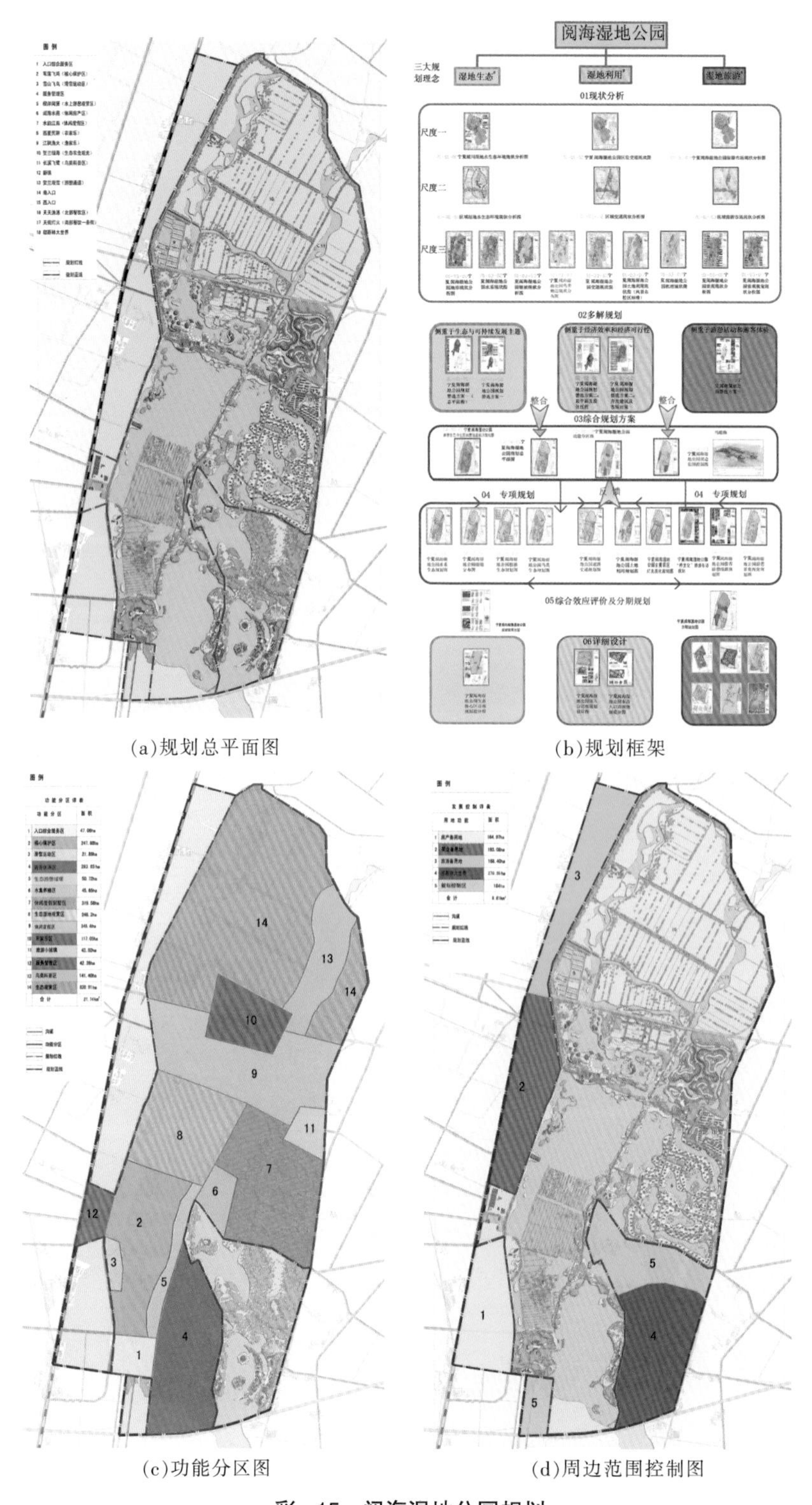

(a)规划总平面图　(b)规划框架

(c)功能分区图　(d)周边范围控制图

彩 -15　阅海湿地公园规划

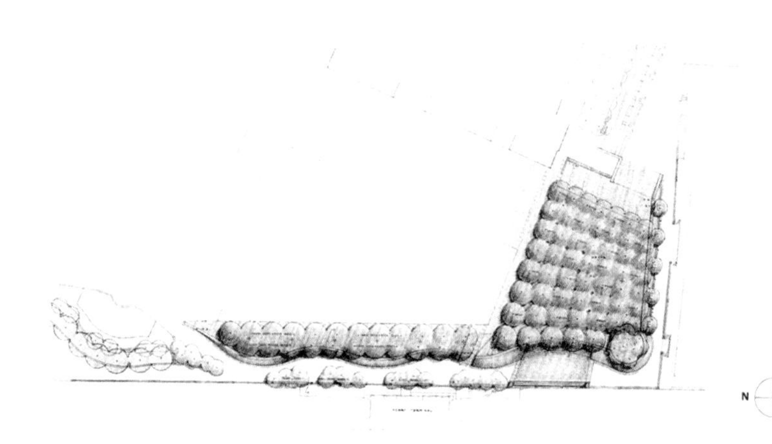

面向哈德逊河的纽约曼哈顿河堤景观，利用高差筑起步行道和宽阔的台阶，可眺望远处的自由女神，堤岩两座高耸的柱形雕塑形成了地段的标志，表现了景的主次。

彩 -16　主景与配景——贝尔费特尔(纽约，1980 年)

彩 –17　钢笔、淡彩、彩铅表现图

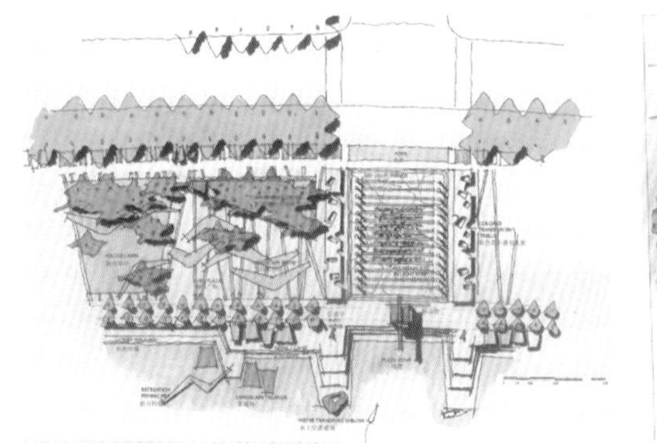

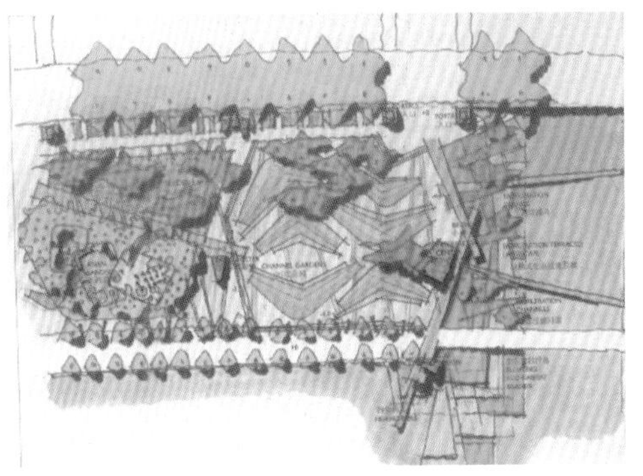

彩－18　电脑表现图

以分块、面着色，轮廓墨线，明暗、光影，层次较少的图案法表现色彩对比度一般较强，不减立体效果。

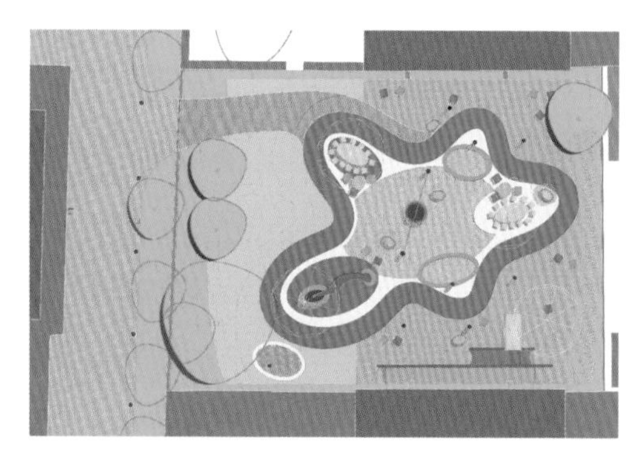

彩 –19　节点示例——欧洲专利事务所（德国·慕尼黑）

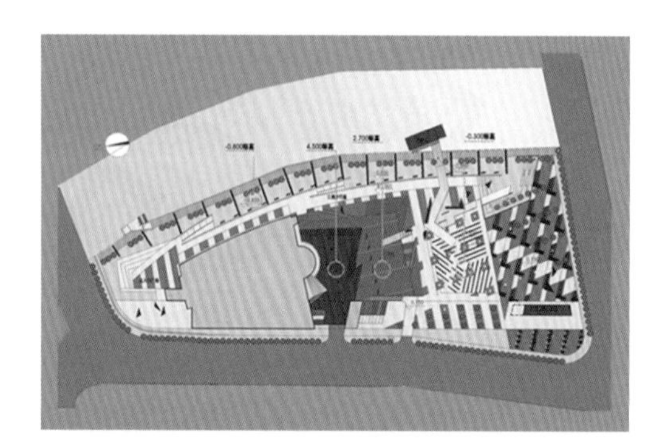

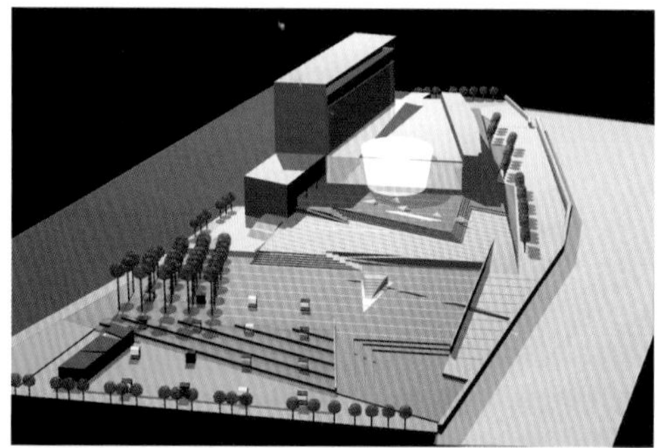

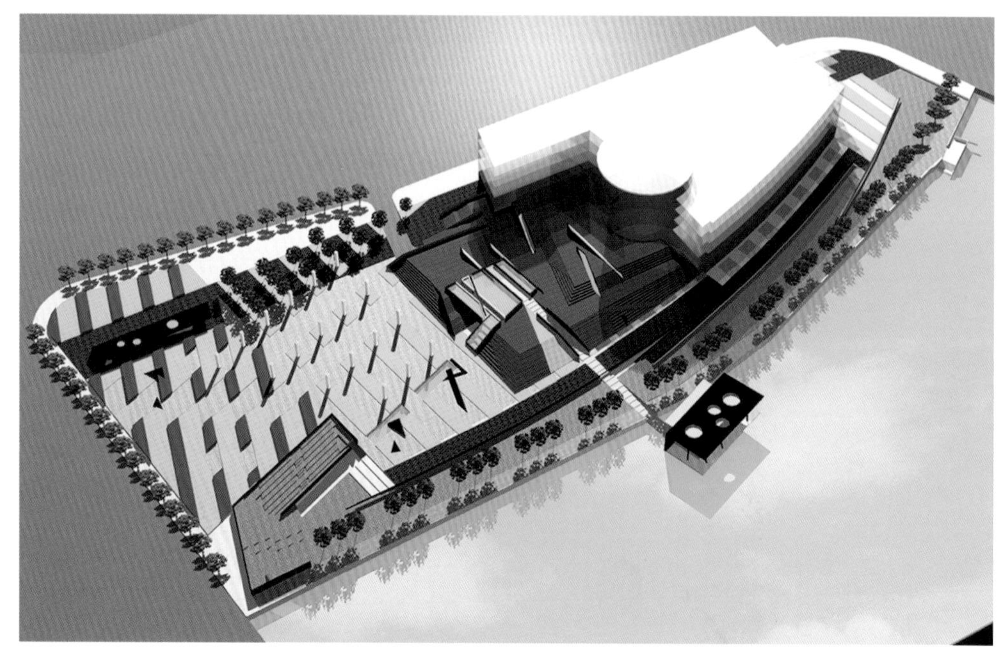

彩 –20　电脑建模——宁波新闻文化中心广场

普通高等院校建筑专业“十一五”规划精品教材

现代景观设计学

本书主审　田国行　马建民

本书编著　顾馥保　等

华中科技大学出版社

中国·武汉

图书在版编目(CIP)数据

现代景观设计学/顾馥保等编著. —武汉:华中科技大学出版社,2010.6
普通高等院校建筑专业"十一五"规划精品教材
ISBN 978-7-5609-6175-0

Ⅰ.现… Ⅱ.顾… Ⅲ.景观-园林设计-高等学校-教材 Ⅳ.TU968.2

中国版本图书馆CIP数据核字(2010)第071543号

现代景观设计学 顾馥保 等编著

责任编辑:王 娜
封面设计:张 璐
责任监印:马 琳

出版发行:华中科技大学出版社(中国·武汉) 武昌喻家山 邮编:430074
销售电话:(010)64155566 (022)60266199(兼传真)
网 址:www.hustpas.com

录 排:河北香泉技术开发有限公司
印 刷:武汉华工鑫宏印务有限公司

开本:850 mm×1060 mm 1/16 印张:19.75 字数:421 000
版次:2018年8月第1版第3次印刷 定价:49.80元
ISBN 978-7-5609-6175-0

内 容 提 要

本教材深入浅出地阐述了现代景观设计学的理念、目标、内容、设计理论及实践。本书的编写基于以下几个方面：纳入了传统园林与现代景观设计的研究成果，以现代景观设计理论为主；理论与实践性操作技能相结合，以实践性为主；在知识结构方面把基础知识与扩展知识相结合，以深化基础为主；传统构图理论与现代构成方法相结合，以后者为主；在沿袭模仿的设计方法与开发设计创造性方面，力求启发学生的创造力。

本教材适合普通高校环境艺术专业以及建筑学、城市规划等专业的本科学生使用，也可作为相关专业及技术设计人员的参考用书。

普通高等院校建筑专业“十一五”规划精品教材

总　　序

《管子》一书中《权修》篇中有这样一段话：“一年之计，莫如树谷；十年之计，莫如树木；百年之计，莫如树人。一树一获者，谷也；一树十获者，木也；一树百获者，人也。”这是管仲为富国强兵而重视培养人才的名言。

“十年树木，百年树人”即源于此。它的意思是说，培养人才是国家的百年大计，既十分重要，又不是短期内可以奏效的事。“百年树人”并不是非得100年才能培养出人才，而是比喻培养人才的远大意义，要重视这方面的工作，并且要预先规划，长期、不间断地进行。

当前我国建筑业发展形势迅猛，急缺大量的建筑建工类应用型人才。全国各地建筑类学校以及设有建筑规划专业的学校众多，但能够做到既符合当前改革形势又适用于目前教学形式的优秀教材却很少。针对这种现状，急需推出一系列切合当前教育改革需要的高质量优秀专业教材，以推动应用型本科教育办学体制和运作机制的改革，提高教育的整体水平，并且有助于加快改进应用型本科办学模式、课程体系和教学方法，形成具有多元化特色的教育体系。

这套系列教材整体导向正确，科学精练，编排合理，指导性、学术性、实用性和可读性强。符合学校、学科的课程设置要求。以建筑学科专业指导委员会的专业培养目标为依据，注重教材的科学性、实用性、普适性，尽量满足同类专业院校的需求。教材内容大力补充新知识、新技能、新工艺、新成果。注意理论教学与实践教学的搭配比例，结合目前教学课时减少的趋势适当调整了篇幅。根据教学大纲、学时、教学内容的要求，突出重点、难点，体现建设“立体化”精品教材的宗旨。

以发展社会主义教育事业，振兴建筑类高等院校教育教学改革，促进建筑类高校教育教学质量的提高为己任，为发展我国高等建筑教育的理论、思想，对办学方针、体制，教育教学内容改革等进行了广泛深入的探讨，以提出新的理论、观点和主张。希望这套教材能够真实的体现我们的初衷，真正能够成为精品教材，受到大家的认可。

中国工程院院士 何镜堂

2007年5月

前　言

20 世纪 50 年代初，我就读于南京工学院（今东南大学）时，曾聆听刘敦桢先生讲授中国建筑史，而后在郑州大学土建系教学期间，曾邀请西安冶金建筑学院的林宣教授讲授中国古典园林，都留下深刻的教益，至今难以忘怀。结合五十余年的教学与创作生涯，更加深了对建筑与环境的认识，不断深化对建筑与环境、建筑与生态、建筑与可持续发展诸方面的关系并贯穿于教学与创作中。20 世纪 90 年代以后，随着建筑学专业的发展，各校相继开设了城市规划、环境艺术等专业，正如吴良镛先生指出的走向了“广义建筑学”的时代。“人类的居住环境是包括社会环境、自然环境和人工环境（建筑物内部和外部）的整体，将美好的理想与当时生产力条件结合起来，设计与之相适应的、具体而实在的物质空间环境，并指导其实现。”

2007 年，受河南省建设厅注册办之邀，以《景观园林规划与设计》为基本教材，为注册建筑师继续教育举办多次讲座后，结合当时在编写的《建筑形态构成》（华中科技大学 2008 年出版），引发了把形态构成原理与传统园林景观理论结合编写《现代景观设计学》的想法，得到了建筑学院教师们与出版社的支持，更坚定了我在古稀之年执笔的信心。

从传统的建筑学专业逐步扩展到城市规划、园林景观或环境艺术、室内设计等新兴学科，专业的分工标志着时代的需要，体现着新时代构建和谐社会、提高人民物质与文化生活的需要。环境艺术专业的设立将为建立人工环境与自然环境的共生与和谐、历史环境与规划环境的切合与延续、社会与文化可持续发展的同步与协调的科学研究与设计创作人才的培养打下良好的基础。

随着城市规划学科内容的扩展，城市设计与城市景观规划在该学科中将占有越来越重要的地位，一些新的学科如城市形象设计、城市艺术设计也相继与城市景观设计应势而生。学科的目的、意义与内容仍在不断地探讨中，学科的名称也将在实践中逐步得到共识。21 世纪我国城市化与城镇建设必将在 2010 年中国上海世博会“城市，让生活更美好”的主旨下，得到更好的发展与提高。

虽然目前各相关院校对环境艺术专业的培养目标与侧重点还有所不同，但为了使学生们通过专业的学习，树立现代景观学的理念，在设计理论与实践方面打下一个较好的基础，我们编写了这本《现代景观设计学》。

本书的编写理念基于以下几个方面：

1. 把传统园林与现代景观设计的研究成果纳入本教材之中，以现代景观设计理论为主；

2. 本书以理论与实践性操作技能相结合，以实践性为主；

3. 在知识结构方面把基础知识与扩展知识相结合，以深化基础为主；

4. 把传统构图理论与现代构成方法相结合，以后者为主；

5. 在沿袭模仿的设计方法与开发设计创造性方面，力求启发学习的创造力。

本书由顾馥保主编，共分六章，参与讨论和编写人员如下：第一章，刘兴；第二章，张彧辉；第三章和第四章，汪霞；第六章，尹新平。前四位是郑州大学建筑学院教师，后一位是郑州大学综合设计院建筑师。本书稿经河南农业大学田国行教授和郑州大学综合设计院马建民教授审稿。

本教材适合普通高校环境艺术专业以及建筑学、城市规划等专业的本科学生使用，也可作为相关专业及设计技术人员的参考用书。

本书在编写中力求体现以上要求，限于水平，书中难免有不当之处，希望专家、读者提出宝贵意见以进一步完善。我们在编写中所参考引用的资料、著作无法一一列出，恐有遗漏，在此深表谢意与歉意。本书的出版得到此书编委会及出版社的大力支持，在此一并致以谢意。

郑州大学 建筑学院 综合设计研究院

二OO九年六月

目　录

1 景观学概述

1.1 概述

人类的生存、生活与发展体现着基本需要的层次理论:人的基本动机就是以其最有效和最完整的方式,实践着自身的需要——生理的、安全的、爱的、尊重的和自我实现的需求([美]A·马斯洛),即生理需要、心理需要、社会需要,需要可由较低或较高的需要来描述,并在发展过程中不断地促进与提高。

当人类在得到物质庇护的建筑空间,即创造一个生活、生产的人为的内部空间的同时,也出现了外部环境。建筑不但是安全的场所(包括原始的巢穴),也有在内部作为交流和显示身份的内部装修与外部形式。随着人类文明的发展,更高的要求于安全、交流与社会价值的体现就赖于建筑的环境,也就有了庭院、园林与造景。"文明人类,先建美宅,造园较迟,可见造园比建筑更高一筹。"([英]F·培根)

人类所追求的物质生活与精神生活正如墨子所言:"食必常饱,然后求美;衣必常暖,然后求丽;居必常安,然后求乐。""求美、求丽、求乐"正是向更高层次不断发展的要求。

1.1.1 景观与园林

在英语中,景观一词源于"风景",早期常指自然风景、风景画或庭园布置。牛津词典解释为"大地某一地区的景色",韦伯斯特英语大词典的解释是:能用一个画面来展示,能在某一视点上可以全览的景象。景观还可理解为景与观的统一体。"景"是指一切客观存在的事物,词典中的"景"有景物、景色、景象、风景等意思;"观"是指人对"景"的各种主观感受的结果,词典中的"观"有观察、观测、观摩、观赏、观光等意思。

因此,从传统造园到现今的景观设计,无论是从概念上还是从景观一词的含义与表达上,它的内涵、外延的意义均已扩展与延伸,如中国的园囿、苑、造园、景园;西方的Garden(花园)、Park(公园)、Landscape(景观)等。这也说明一种事物在长期的发展过程中的变迁。

自公元前11世纪,商周大筑高台,文字记载早见于《诗经》中文王之灵台、灵沼、灵囿。筑台是用以"考观天人之际",并以台为帝王苑囿之主体。随着社会的发展,城市形成之始,城墙把居住区与田野分开,又加以固守、城防,在城外圈地设台、练兵、狩猎,适应军事之需,这就是囿的由来。早期的囿,以原生态的山水植被为主,逐步人工开凿山水,修筑路、桥、台榭宫室,置景种植成为园苑(见表1-1),如清康熙、乾隆时期集景 72 处于承德避暑山庄（见图 1-1，图 1-2）。直至明末计成撰写《园冶》一书，总结了长期以自然美为基础的造园思想，提炼和概括了中国文学、诗词、绘画的相关论述，成为造园的经典理论著作。

表 1-1　中国古典园林的发展

阶段	朝代	名称	特征构成	实例	史籍
萌芽时期	殷商（公元前1600—前1046年）	囿	"囿"，很形象的文字，就是把自然景色优美的地方圈起来，放养禽兽，供帝王狩猎，所以也叫游囿	鹿台（注：河北邢台广宗一带）	殷纣王"好酒淫乐，厚赋税以实鹿台之钱……益收狗马奇物，充牣宫室，益广沙丘苑台，多取野兽蜚（飞）鸟置其中……"（《史记》）
	周（公元前1046—前771年）		初步具备造园四要素，台、沼、囿合一 类型：按等级分"天子百里，诸侯四十"。	灵台、灵囿、灵沼	周文王建灵囿，"方七十里，其间草木茂盛，鸟兽繁衍……"
发展时期	秦（公元221—207年）	苑	广大规模	咸阳宫园（兰池宫）、阿房宫	"离宫别馆，弥山跨谷，辇道相属" "五步一楼，十步一阁；廊腰缦回，檐牙高啄；各抱地势，钩心斗角"（杜牧《阿房宫赋》）
	汉（公元前202—公元220年）		造园规模很大，已具有山、植物、动物、苑、台、观等内容，成为以园林为主的帝王苑囿行宫，除布置园景供皇帝游憩之外，还举行朝贺，处理朝政	未央宫、建章宫、思贤园、上林苑、东苑（又称梁园、菟园、睢园）等	上林苑是武帝在秦旧苑基础上扩建，离宫别院广布，其中太液池运用山池结合手法，造蓬莱、方丈、瀛洲三岛，岛上建宫室亭台，奇花异草，自然成趣。这种池中建岛、山石点缀手法，被后人称为秦汉典范
	魏晋南北朝（里程碑时期）（公元220—公元581年）	苑园	文人、画家参与造园，再加上"老庄思想"的影响。为中国古典园林的艺术性和意境特征奠定了基础	辟疆园、琼圃园、灵芝园、华林园等	"华林园"（即芳林园），规模宏大，建筑华丽，晋简文帝游乐时还赞扬说："会心处不心在远，翛然林木，便有濠濮闲趣"

续表

阶段	朝代	名称	特征构成	实例	史籍
兴盛时期	隋(公元581—公元618年)	苑园	四大特征:皇家园林气派形成;私家园林艺术性提高;寺庙景园普及;古典园林诗画结合的特征形成(园景意境的萌芽)	芳华神都苑、西苑	隋炀帝"亲自看天下山水图,求胜地造宫苑"。迁都洛阳之后,"征发大江以南,五岭以北的奇材异石,以及嘉木异草,珍禽奇兽",古都洛阳成了以园林著称的京都
	唐(公元618—公元907年)		石雕工艺已经娴熟,宫廷御苑设计也愈发精致。古典园林特征基本形成,并影响周边国家	禁殿、东都、神都苑、翠微、华清宫	"华清宫"宫室殿宇楼阁,"连接成城","缓歌慢舞凝丝竹,尽日君王看不足"
	宋(公元960—公元1279年)		特别是在用石方面,有较大发展。加强了写意山水园的创作意境	万寿山、琼华苑、宜春苑、芳林苑	
	元(公元1271—公元1368年)		景象奇异	狮子林	"林有竹万,竹下多怪石,状如狻猊(狮子)者"
成熟时期500年	明(公元1368—公元1644年)	宅园	以山水为骨干,饶有山林之趣的城市"宅园"兴盛,意境特征突出的江南私家园林成熟	瞻园、寄畅园、拙政园、豫园	造园理论有计成的《园冶》
	清(公元1644—公元1911年)		皇家园林独具的"大、精、美"三大特征形成	颐和园、圆明园、承德避暑山庄	山庄占地8400余亩,宫殿与苑景分成两区。苑景区内山势起伏,苍松蔽日,水流潺潺,杨柳袅袅,依山就势地点缀了72景

除了少数结合自然景观的大型皇家园囿外(见图1-3,图1-4),多数私家园林是以模仿自然为主要标志的,体现了"虽由人作,宛自天开"为特征的中国古典园林(见图1-5)。

随着时代与社会的发展,园林结合城市发展,顺应了城市人的需要。此外,当19世纪英国植物园艺的发展促使了自然景园的形成,以及在西方兴起城市公园的影响下,园林较之造园有了更大、更宽的覆盖面。除了一般的城市园林外,还有诸多如森林公园、风景名胜区、自然保护区等逐步与园林这一词相联系起来(见图 1-6)。

之后,当城市绿地系统的出现把公园、滨河绿地、林荫道作为城市的重要组成部分,使园林拓展为城市与自然结合的景观,无论从园林的功能、类型以及创作风格,都走向更高一级的层次。自然界的客观存在能够被人感知,并达到审美认知的“景”与“观”,即将审美的对象“景”与审美主体的活动“观”二者相结合,再按照生态、环境、可持续发展的理念,建立起城市各种绿地系统,改善生态环境,就不能仅仅以“园林”的词义所概括了。

“景”通常是指风景,更是指自然景色,虽然其在优美程度上存在不同程度的差别,但一旦确立景观为“空间的总体和视觉触及的一切整体”,人在视觉体验中得到自然景象,并在参与、改造活动中使其发挥自然景观美的感染力。因此,“如果没有人类的改造,再美的自然也无法入内观赏”。“一片自然风景是一个心灵的境界”([瑞士]阿米尔)。景观在一定意义上被表现为一定的环境,一种“场景”,一种美学理想。它表达了某种理念、思想,唤起某种情感、共鸣、愉悦以至联想与思考。

现代景观设计不仅是局部地块的形象工程设计,而应是把局部置于整体地域、城市、环境之中,使局部景观品质得以提升,并全面协调生态、形态、文态、心态的统一。因此,为创造一个更加生机勃勃的优美环境的景观规划设计学科就应发展需要而产生了。景观学为实现人与自然、人与人之间的协调发展提供方法与途径,在多学科的相互渗透与理论建设中拓展研究的领域,开发规划设计的成果,以高度的自觉达到了新的目标。

在一定专业范围内,景观规划还试图在改善现状、创造新的环境中,实现目标效益的最大化。

不同学科对景观定义的理解与关注,将有助于加深景观学科的意义。如地理学从地形、地貌、气候、植被研究景观的形成与特征;社会学从文化资源、居住环境、审美判断与价值等视角进行探讨,并以景观学、城市规划、建筑学三位一体的人居环境建设放在重要的位置;生态学从研究合理利用土地资源、生物资源,以可持续发展理论建立起一专多能的生态防护体系,保护与加强绿色空间的全方位的功能要求。

现代景观的规划设计,应站在系统论的高度,考虑其规划的完整性及意义,总体把握城市景观、园林景观、风景名胜、历史文化遗迹、自然保护区等形态,在融合地域、历史、文化、生态诸多因素下充分发挥其服务功能,改善城市生态、形态、文态的作用,传承历史文脉,保护名胜古迹,创造文化氛围,维护人们良好的心理状态,改善人居环境,构建和谐社会,这将是实现景观规划设计的崇高目标与意义所在。

1.1.2 中西古典园林简述

1. 中国古典园林

中国早期园林,从狩猎到农耕,从原始的自然崇拜到帝国的封禅活动,把早先的狩猎、生产、通神、求仙逐渐转化为游憩、观赏的自然景观,发展为园林的雏型。从公元前11世纪奴隶社会前期直到19世纪末封建社会的解体为止，经过漫长的三千余年的发展过程，形成了世界园林史上独树一帜的东方园林体系。

自周代的灵台、灵囿、灵沼的景园直至公元前221年秦咸阳宫园、汉上林苑等，以及规模宏大的宫苑、园囿，为中国的自然式景园奠定了基础。魏晋以来，中国山水画自发轫之日起，其理论之丰厚，意境的创造、神韵的传达，与传统山水诗词所构成的山水文化结下了不解之缘。审视山水既是一种艺术境界，也是一种人生态度，通过对自然美的烘托和提炼，展现山水精神。这不仅作为诗画境界的内在尺度，而且深深地浸淫于世人的审美意识之中，体现了人格魅力。

同时，赋予中国山水画地位与象征的语言，对象情感化的表达，所谓寄情于山水，成为古典园林的脉络而传承。通过塑造一种历史语境来追寻一种畅神悦性、怡情修身、空灵畅达的山水精神，留下一缕古典的血脉与灵气，使人们有机会追访古人曾游的胜迹，以免于把过去(历史)隐没于遥远的想象之中。

到了隋唐、宋、元，园林发展到了兴盛时期，除了唐代的皇家园林如西苑、华清宫、曹苑外，在《洛阳名园记》([宋]李格非)所录富郑公园、董氏西园等开豪门官僚私家园林之盛，是中国古典景园的“诗情画意”特点形成之始，“景园意境”萌芽的发端，并影响了朝鲜、日本等周边国家(见表1-2,图1-7)。

表1-2　中国古典园林与日本古典园林的比较

	中国古典园林	日本古典园林
起始年代 发展阶段	囿圃(始于殷、周) 宫苑(秦汉) 自然山水画(魏晋) 诗画文人园(元明清)	始于6世纪佛教由中国传入日本，经过苑园—自然式山水园林—寝殿造园林—枯山水园林—茶庭等阶段
人与自然的关系	从模拟自然山水到文人山水，追求园林的诗情画意	作为东方园林体系的一个分支，逐渐从取法自然到逐步摆脱，再走向象征与抽象自然的模式，走向枯、寂的境界
哲学观	基于道家的道法自然思想，融入儒家思想，经历了内容丰富走向繁缛的量变过程，体现了“天人合一”、“阴阳调和”、达观、入世	以儒释道三个思想体系为主干而发展为偏于佛，以及禅宗的修悟，表达了孤寂山林中孤独的禅意和对短暂人生的寂寞思考
手法	直观的、自然的、写实的，通过因借、模拟、联想在有限空间中创造无限	直观的、自然的，又是写意的，重联想、重情感，“枯山水”为代表的日本园林以砂代水、以石代岛的手法表现出“尺寸之地”幻出千岩万壑
类型	皇家园囿、江南私人园林、岭南园林、西藏园林等	有山庭、平庭、枯山水、茶庭等
观景方式	动静结合，步移景异	坐观式、舟游式、洄游式，静观为主

直至近600年的明清古典园林艺术发展，无论是皇家园林、离宫还是私家园林，其存留实例之完整，分布之广，数量之多，水平之高，都标志了中国古典园林的成熟与最高水平。

当时以苏州、杭州、松江、嘉兴四府为江南园林荟萃之地，广州为代表的岭南园林，西藏园林等少数民族地区的园林，清代康熙、乾隆皇家园囿造园鼎盛时期的圆明园、清漪园、避暑山庄以及后来的颐和园等，吸取各地名园胜景，采用集锦式的布局划分景区加以仿建。此外，还引入18世纪欧洲洛可可风格，园林的喷泉、雕塑元素及水法，如乾隆初年的北京畅春园、圆明园等。

灿烂的古代园林文化将物质生产与人们对自然精神审美的需要相结合，在自然山水中把帝王园囿、离宫，贵族、文人和私家园林，宗教寺观、庙堂的人工景观与自然景观相融合。造园与传统文化艺术两者的交融源远流长、相得益彰，充分展示了传统哲学、人文、美学以及艺术等方面的高度成就(见图1-8)。

18世纪欧洲建筑与造园艺术引入中国皇家园囿，建筑以法国洛可可形式，园林引入喷泉、雕塑及水法，如乾隆初年的北京畅春园以及稍后扩建的圆明园。一些代表性的园林，如北京颐和园、承德避暑山庄、圆明园(遗址)，以苏州为代表的江南园林，广州为代表的岭南园林，西藏园林等少数民族地区园林等。

自1840年鸦片战争以来，西方造园艺术伴随着列强的入侵、租界的设立，出现了早期的城市公园，辛亥革命后，皇家的花园和衙署坛庙开放为公园。新中国成立50多年来，城市公园、园林、绿地等多种形式的景园得到了飞速的发展，其类型、占地规模、形式风格的多样创历史之最(见图1-9～图1-11)。中国传统园林源于自然、高于自然，建筑美与自然美的结合，诗与画的文化精神的传递、意境的蕴涵等特点以及各地域文化在传统景园中所显示的地方特色等，在新的园林建设中得到了传承与发扬。景园的规划与设计对于人居、环境、生态的意义，得到了高度的重视，并提升到了一个新的水平。

20世纪70、80年代，开展了对传统园林理论广泛的研究，在现代园林设计的传承与借鉴方面取得了丰硕的突破性成果。改革开放较早的广州市，在建筑方案中结合环境、庭院的布局，形成了富于地方特色的“轻、巧、通、透”的岭南建筑风格(见图1-12)。桂林、杭州等著名的风景名胜地的景区规划建设，为开发旅游资源、创造传统与现代结合的景观风格做出了开创性的工作(见图1-13)。一批学术性的研究成果为景观设计与我国创建园林、景观专业起到了理论性的指导与奠基，如东南大学(南京工学院)刘敦桢著的《苏州古典园林》、《江南园林图录》，同济大学陈从周著的《说园》、《扬州园林》，天津大学建筑系主编的《承德古典建筑》、《中国新园林》，马千英著的《中国造园艺术泛论》，彭一刚著的《中国古典园林分析》，张家骥著的《中国造园史》，桂林市建筑设计室编的《桂林风景建筑》，华南工学院建筑系编的《建筑小品》实录(一)、(二)等。

随着改革开放，城市与住宅建设从“温饱”到“小康”水平的发展，城市与居住区的环境愈发得到了重视，城市与小区景观的设计，在体现城市特色、环境生态保护、可持续发展、挖掘与发展文化传统、提升景观品位等方面都取得了巨大的成就（见图 1-14）。

2. 西方古典园林

西方古典园林的记载始于《旧约圣经·创世纪》中关于伊甸园的记载，传说上帝把所创造的人安置在古代中东的两河流域（即底格里斯与幼发拉底两河）。而古埃及早在公元前 3500 年源于尼罗河谷的园艺，以及具农业栽培色彩的人工规则式的造园（如果蔬园、葡萄园等），当失去实用性后成为法老王、祭司等统治者的庭院。巴比伦人创造的空中花园被誉为世界七大奇迹之一，大约公元前 19 世纪到公元前 6 世纪在西亚造园，平面规整，轴线对称。以水为灵魂的回教园（见图 1-15），水、池、沟渠成为后来欧洲园林必不可少的点缀。

在古希腊，由于群众性体育运动的发展，建造了神庙、祭坛、体育场，为了集会、遮荫、祭祀，相应配套了柱廊、凉亭、座凳，并种植树木，逐步发展成为公园或公共庭院，有关奥林匹亚的记载可追溯到公元 2 世纪。当被古罗马征服后，造园艺术如建筑艺术一样为罗马所继承，加之东方造园因素的影响，发展成了大规模的景园。

公元 5 世纪，探求数量、比例和形式秩序的毕达哥拉斯学派和波斯注重形色的美学结合，指导希腊人将果蔬园发展成为装饰性庭院，为随后欧洲追求几何式的形式美园林确立了基调。到 18 世纪，经验主义美学的审美心理学基础与欧洲文学领域中兴起的浪漫主义理想相结合。先前英国的景园设计以不顺应自然，每一棵树都有刀斧痕迹违背自然的做法，受到中国自然山水园林及绘画的影响后，将自然景观与人工景观相结合，出现了自然风景园林的新风格并达到新的境界。

布局方式由古代到中世纪规则的中庭式、轴线、左右对称的景园布局，再到文艺复兴时期的几何式、立体式的规划景园，加之多种造园要素，如大型水池、喷泉、雕塑、植物造型、花坛、柱廊、拱廊等的运用，17 世纪下半叶建成的凡尔赛宫（1685 年）成为法国古典主义园林风格的代表，以意大利巴洛克的丰富性与法国平原的宏伟相结合，达到了西方古典园林艺术的巅峰，成为欧洲其他国家竞仿的样板。18 世纪，受中国文化款式，如丝绸、陶瓷、纹样装饰影响的洛可可风格，更以娇俏、细巧、流畅弧曲的线条组合更显华丽、奢侈。方格为主的几何状花圃，绣花式图案的各种花坛，各式喷泉点缀着雕像，多层的台地、台阶、剪裁的树篱，登高远望，一览无遗，气势非凡，巴洛克纤柔的形式与法国宏伟壮观的几何图形相结合，这种明晰性、几何性、逻辑性的折衷主义混杂风格占据了当时欧洲的主导地位（见图 1-16，图 1-17）。

18 世纪中叶，伴随着工业革命，一方面促进了生产力的发展，城市规模扩大，工业集中，人口聚集，增长加速；另一方面，无序的开发带来环境的严重污染，城市生存条件恶化。为了缓解与改善城市环境的恶化状况，英国引导了城市公园的概念、理论与实践，先前的浪漫主义自然风景园成为现代城市公园的主要风格。这种城市公园主要是为城市富裕对象服务的，直到 19 世纪中叶才在美国一些城市中出现了为工人阶层服务的公园，这为今后城市公园的规划起到了推动作用。

1858 年设计的纽约中央公园便是一个优秀实例(见图 1-18)，它在高楼林立的城市中心建立了一片绿洲与休憩场所。此后，公益性城市公园相继在美国很多大城市得到发展，而且成为城市规划中将城市中心、公园大道(之后又称为林荫大道)与城市公园的连接构成城市绿化系统的初步框架与设想，为城市景观设计拉开了序幕。

1.2 现代景观的肇始

19 世纪中叶，西方现代园林从城市公园运动开始，较之传统庭院或私人庭院，在用地规模、功能、类型、艺术风格、服务大众等诸方面翻开了新的一页。

至 20 世纪初，西方新艺术运动及其引发的现代主义浪潮，虽然在建筑创作方面完全摈弃了希腊、罗马式的传统古典风格，开创了现代建筑的新纪元，但对园林设计的影响甚微，古典传统要素、园艺技术与装饰在景观设计手法上仍占了上风。

当试图打破僵硬呆板的对称轴线布置，引入抽象的线、形、质感以及穿插、渐变、动感、扭曲等多种设计语言和手法，园林设计逐步走上了多元的现代风格(见图 1-19)。

因此，真正从功能意义上、自然环境上、创作理论上、现代构成方法上具有现代意义的园林设计最早当在 20 世纪 30 年代才开始。

20 世纪中叶，人类科技水平突飞猛进，生产效率飞速提高，人们的生活水平、经济条件得到改善，同时，人类也充分认识到了发展中面临的严峻问题，如人口膨胀、能源紧缺、资源枯竭、环境污染、生态恶化等一系列问题，这些问题促使人们关注与探索新的方法，以改善、解决这些重大的课题。因此，各个学科的研究扩展自身的领域，相互协作、交叉、渗透，提出了新的方向，开阔了视野。现代景园规划设计也将置于更高、更深、更广阔的背景下进行(见表 1-3，图 1-20，图 1-21)。

表 1-3 古典园林与现代景园的比较

	古典园林	现代景园
概念	苑、园、园林	现代景观，生态化
对象	专享园林(与特定人群生活联系)	景观公园(与社会城市公共人群的关联)
目的	寄情山水，自娱自乐	提供城市公共交流空间与满足多项服务
空间形式	空间形式单一，尤其缺乏开放公共空间	大小结合的场地满足社会公共与个性化行为空间要求
景观要素	有限的人工与自然要素，规模小	增加了许多现代设计手法和科技成分，发展出各种类型的规模和形式
设计要求	结合小范围的地势地貌	考虑地域性的生态关系

1.2.1 现代景观的特点

现代景观的特点如下。

(1) 现代景观是人类、生物生存的自然环境与人工环境的生态系统组成部分,既有加强与维护的一面,又有可持续发展和合理开发资源的一面。

(2) 现代景观的设计从开始的私有住宅庭院、地段性的景园,逐步向公共性、城市性、区域性以至全局性的系统开拓,并将放在更重要的地位。

(3) 现代景观的研究与设计涉及科学、技术、艺术的领域并更加宽泛与深入,如除了传统的地理学、植物学、艺术学外,还包括现代学科的环境生态、城市规划、景观资源等。

(4) 景观设计是现代环境艺术的一个重要组成部分,中外、古今园林设计理论与设计方法的学习与借鉴是一个不可或缺的重要部分,而更重要的是在运用现代科技、创作方法、审美价值上不断创新,才能使景观理论与实践得到更大的发展。

1.2.2 景观学的内容与组成

从"造园—园林—风景园林"三词的沿用以及"景园—景观"名称的更迭,经历了长期的发展。确立的"景观学"这一学科,从较褊狭的内容到复合内容的组成,以至多学科交叉、相互渗透、融合的综合性专业与学科。

景观学的发展反映了人与自然环境、社会环境以及生理环境的协调与共生,改造与适应了人类生存的发展史与生态史。

吴良镛先生所倡导的人居环境科学"尝试建立一种以人与自然的协调为中心,以居住环境为研究对象的新的科学群",是把人居环境建设的建筑学、城市规划学、园林学三大学科整合的学科体系。这也是我国在城市化进程中对景观学多角度、全方位的新视角和新思考。因此,城镇建设除了发挥它的聚居效应外,更重要的是户外活动空间的改善,应把景观绿地的发展摆在同步建设的地位。

造园、园林、景观不仅是人类户外活动的社会—物质空间的延伸与开拓,同时广泛地涵盖了相关的规划、建筑设计等专业,还包括了多种社会学科(哲学、教育学、社会学、美学、心理学、文化学等学科)。

景观设计其深度与广度不断扩大,从宏观的生态系统、环境系统、资源系统出发的广义景观,如区域规划、土地规划等,到以微观为对象的庭院、街头绿地、游园、各类城市公园、广场等狭义景观,方方面面的城市景观都在于追求人类与所处环境得到和谐与发展,都是景观设计研究与设计的内容。

景观学也和其他工程艺术学科如建筑学、室内装饰、环境艺术一样,具有地方性、民族性、时代性、文化性的共同特征,它是人类创造的源于自然和生活的为人们服务的空间环境。

因此,景观文化的特征更突出地表现在下列四个方面:① 传承性;② 唯一性;③

唯美性；④ 地域性。无论是人工环境还是自然环境，景观的最大亮点在于其唯一性和唯美性，如景色雷同毫无特色，则会使人味同嚼蜡，游兴索然。景观作为一种文化的表现形态，既涉及了人们的基本需求与欲望、理念和体验，又反映了社会的思维方式、生活、信仰、艺术品位以及艺术实践的方法，具有不可逆的传承性，不同景观的类型、功能、特色构成了特定地域文化的环境氛围与文化载体。

1.2.3 景观的作用

1. 文化作用

优美的景观、环境具有美化人的心灵，升华人的性格，倡导人们向善的功能，“我们塑造了环境，环境又塑造了我们”（[英]丘吉尔）。

景观作为文化的载体，负担着传承文化、宣传文化、弘扬文化的历史使命；景观是一种可视的空间、元素构成的一种外部环境，一旦融入文化的因素，就使其上升为艺术的哲学，景观在体现与塑造文化方面发挥着越来越大的作用。

承载着深厚历史的文化景观所具有的唯一性、传承性，成为延续民族文化的见证与载体，同时还肩负着生态恢复与历史文化重建与发展的多重使命。

2. 观赏作用

创造大众化活动的景观空间场所是人类在满足一定的物质生活条件之后对文化精神生活的高层次追求，在人们感悟、赏景的过程中，景观拓展了人的思绪，抒发了人的感情，启迪了人的心智，升华了人的品格，扩大了人们的交流，我国广大群众在长短节假日中的出游，无疑也证明了这一点。

3. 审美作用

景观是自然界和社会事物中各种景观构成要素（尤指形式要素）有规律组合所反映的对象。从某种意义上，人们对美的感受都是首先直接从形式开始。景观艺术融合了自然美、社会美、艺术美，它的审美作用一般是通过以下方式产生的。

通过欣赏者身临其境去感受，去品味。“有诸内而形诸外”，景观既有内在的美与相应的外在表现形式相统一，又传递着审美理想，所谓触景生情，景观对观赏者起到潜移默化的熏陶，并使其情感得以升华。

景观设计中如何激发人们在思维过程中能动性的发挥，依赖于人的高层次情感中所渗透着的理性，它包括以情取舍、以情评价、以情而作三种情况，但更重要的是创作者对景观的认识、理解与创新，即所谓“打动别人首先要打动自己”。

景观的审美包含了审美情感心理活动的全过程，虽然由于个体感知形象的能力、思维方式、生活阅历的差异而有所不同，但丝毫不影响作为景观总体所赋予人们的愉悦、激情、联想、亲情、快感、回味的作用。

总之，现代景观必须满足不同人群的生活以及审美情趣的要求，加强对人的基本行为、思想、心理的研究才能适应时代的发展。此外，各学科的交叉、渗透、融合，为丰富设计内容、设计方法提供了更加广阔的前景。

图1-1　古代园林画

（a）金山上帝阁

（b）烟雨楼

图1-2　承德避暑山庄

图1-3　北京圆明园遗址

图1-4　北京北海公园

图1-5　拙政园

（a）贵州黄果树瀑布

（b）九寨沟黄龙

（c）黄山

图1-6　自然名胜

（a）飞石（订步）

图1-7　日本园林

（b）亭

（c）桥

图1-7 日本园林（续）

（d）石灯笼

（e）曲水

图1-7　日本园林（续）

(f) 铺地

图1-7 日本园林（续）

（g）蹲踞

图1-7 日本园林（续）

日本园林以自然山水与茶道文化相结合，以山、石、水、植物、建筑等为要素，在造型及组合上如敷石陈设，小品点缀（如石灯笼、洗手钵、飞石等），植物种植，绿化、竹篱，阶苔生露，翠草洗尘，幽静精致，体现日本独特景园文化的“枯山水”。在平坦洁白的砂石上卧着几块峻峭的岩石，或聚或散，看似平淡无奇，细细品味，象征着海中礁石的奇伟，或行云流水般的酣畅，表现着超凡脱俗与深刻哲理的禅宗净土的妙境。

（a）黄鹤楼

（b）滕王阁

（c）岳阳楼

图1-8 人工景观与自然景观的融合

中国三大名楼融历史、建筑、人文、自然景观于一体，“文因景成，景随文传”是中国景观文化的显著特色。

王勃在《滕王阁序》以“落霞与孤鹜齐飞，秋水共长天一色”的赞美激发了人们的美感。

范仲淹则在《岳阳楼记》中，以“衔远山，吞长江”，气势非凡，继而又抒发了“先天下之忧而忧，后天下之乐而乐”的高尚情操，成为千古以来脍炙人口的名句。

黄鹤楼几易春秋，几度重建，1981年建新楼高达51.4 m，仍以“威震三江”之气概矗立于山之巅，距江面达90.0 m，“极目楚天舒”，三镇风光尽收眼底，名句、绝唱，传颂吟咏，给予人们无限的浪漫主义的遐想。

昔人已乘黄鹤去，此地空余黄鹤楼。
黄鹤一去不复返，白云千载空悠悠。

（[唐]崔颢《黄鹤楼》）

故人西辞黄鹤楼，烟花三月下扬州。
孤帆远影碧空尽，唯见长江天际流。

（[唐]李白《送孟浩然之广陵》）

烟雨莽苍苍，龟蛇锁大江。
黄鹤知何去，剩有游人处。

（毛泽东《菩萨蛮·黄鹤楼》）

（d）敦煌莫高窟

（e）山西大同悬空寺

悬崖、峭壁与建筑的完美结合，表达了传统景观建筑的高超技艺与创造力。

图1-8　人工景观与自然景观的融合（续）

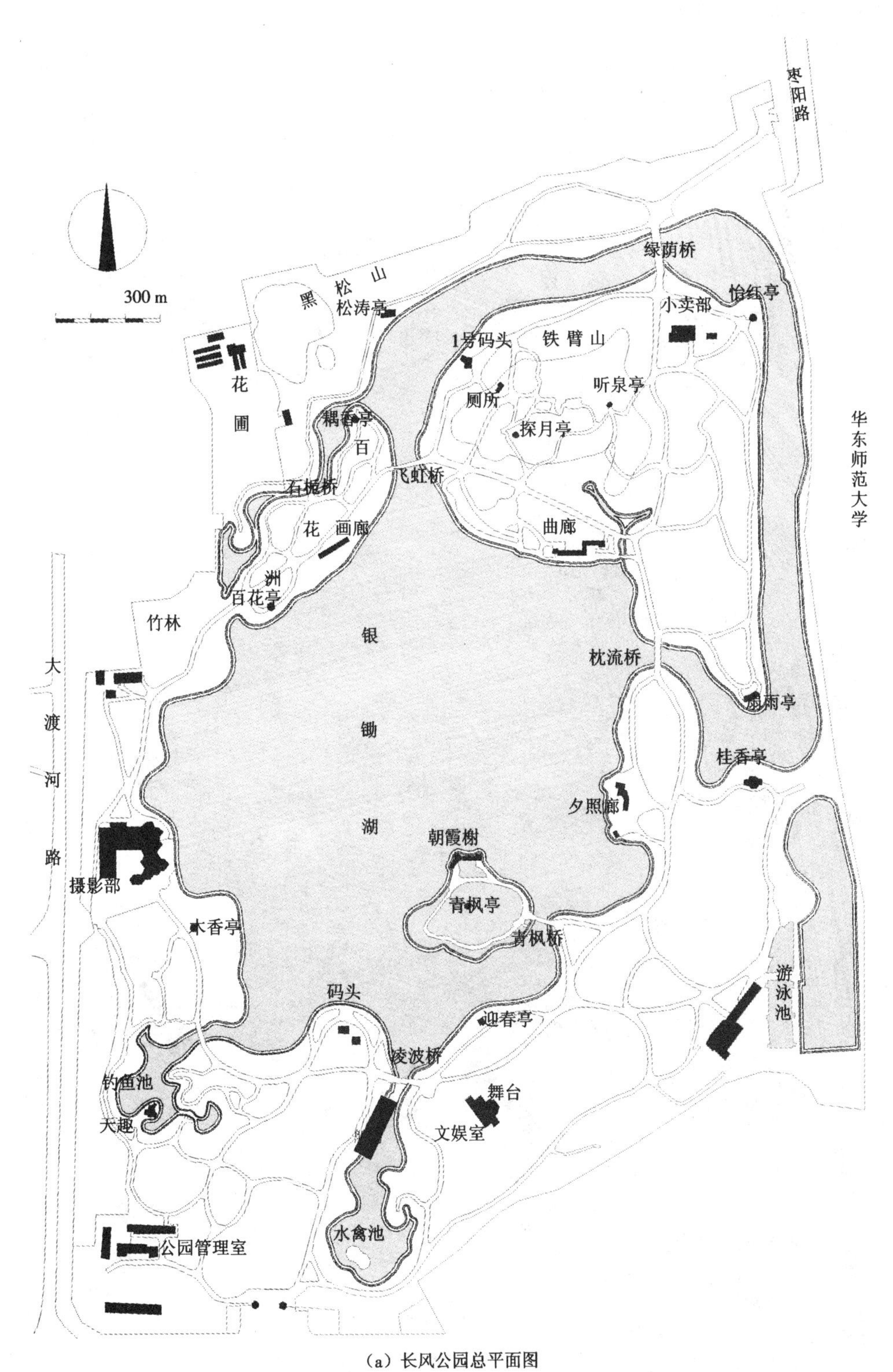

(a) 长风公园总平面图

图1-9 上海长风公园

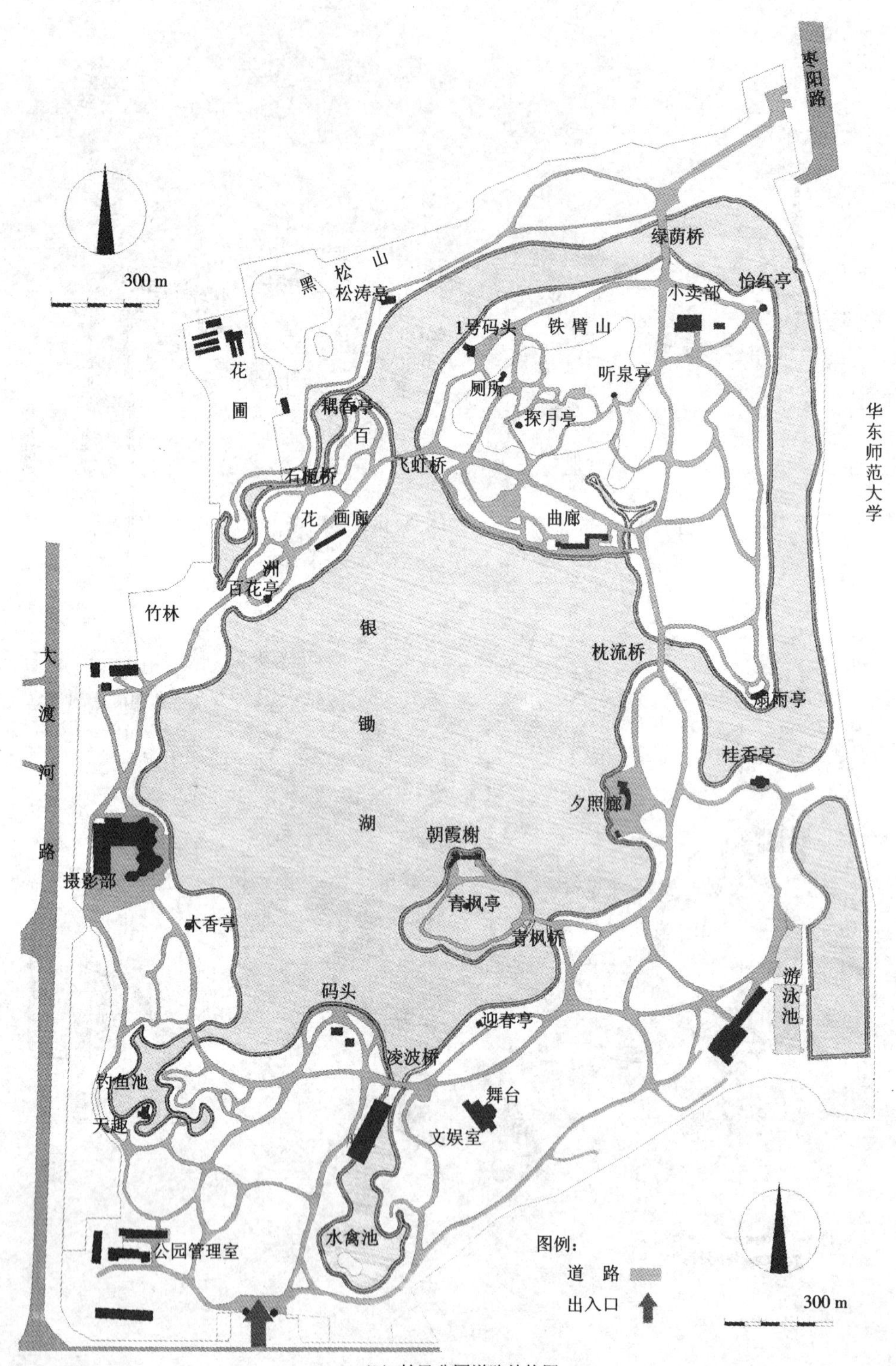

（b）长风公园道路结构图

图1-9 上海长风公园（续）

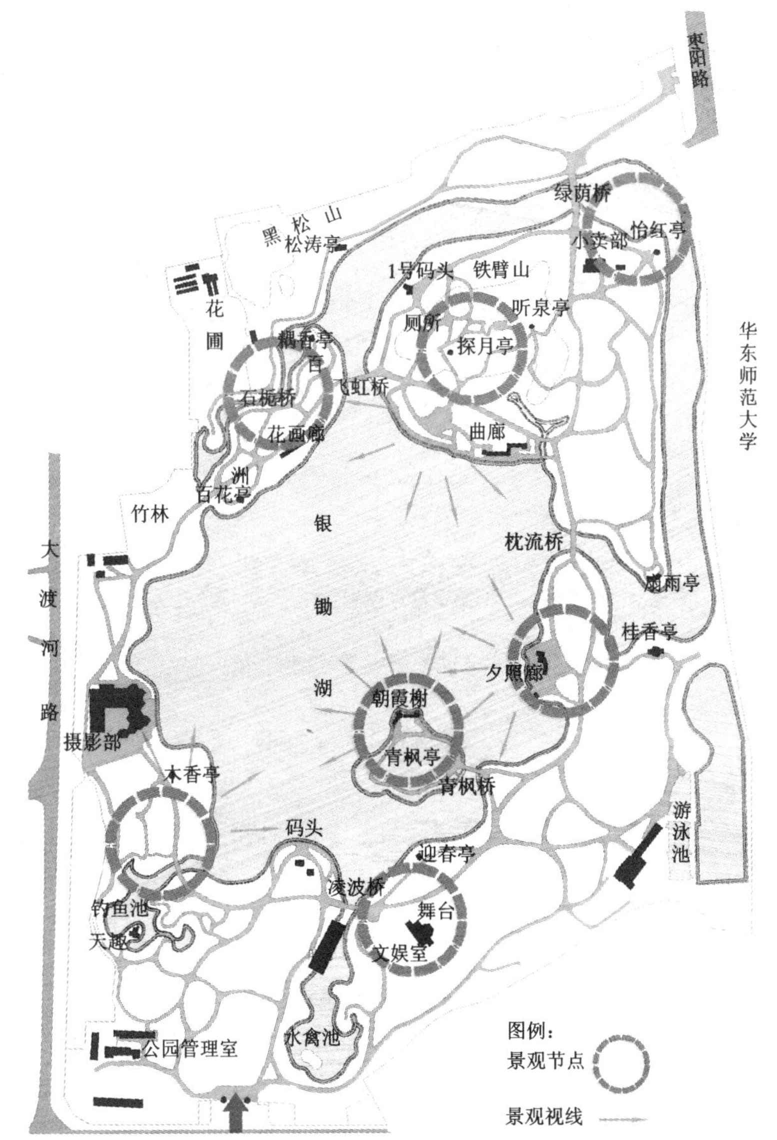

（c）长风公园景点分析图

图1-9　上海长风公园（续）

占地面积：36.96 ha　　建成年代：1959年

一座仿自然山水的城市公园，以环绕中心湖区蜿蜒曲折的道路，结合丘陵山壑、瀑布流泉划分不同的景区。北区的铁臂山主峰标高26.4 m，四方高低的次峰连绵不断，可登高纵览全园。

水面以聚为主，以分为辅，占地14.3 ha，铁臂山下，形状、大小各异的水池相互联系，南向水面开阔，北面曲折幽深，登山划船成为主要游憩项目。

植物配置：水边的垂柳穿插黄攀、夹竹桃、木芙蓉等花灌木，主次蜂、山沟、山配置以高低错落的常绿树及花木丛如枸杞、忍冬、薜荔等，以保护水土，美化山景。

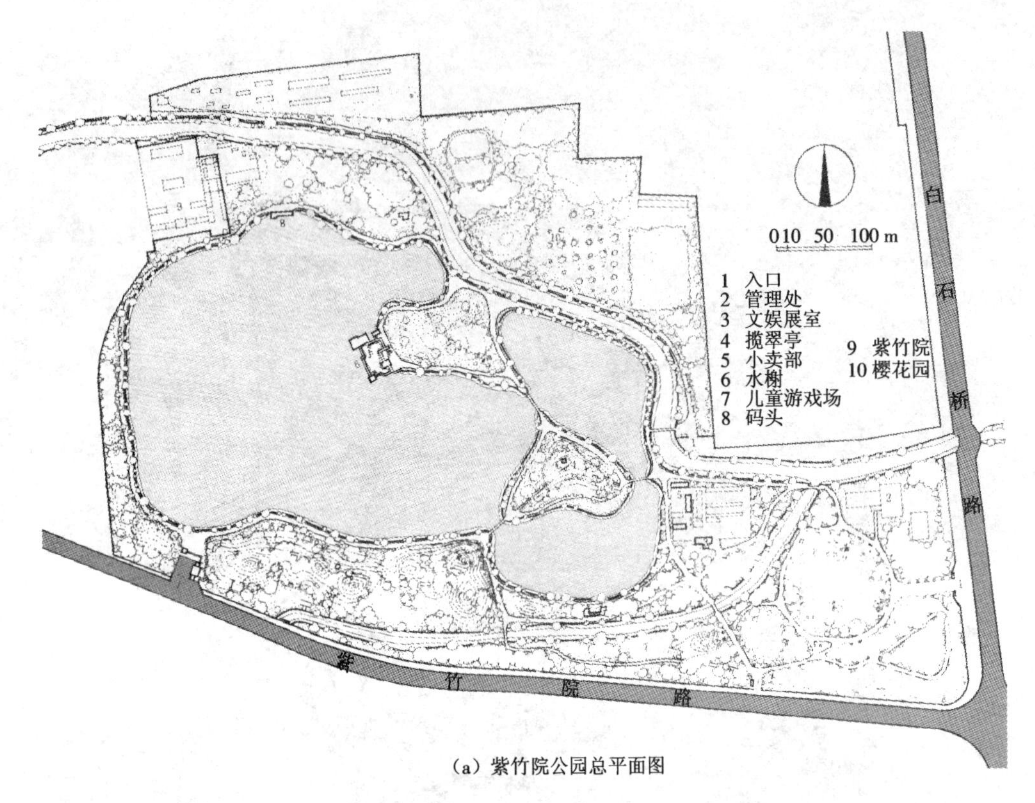

（a）紫竹院公园总平面图

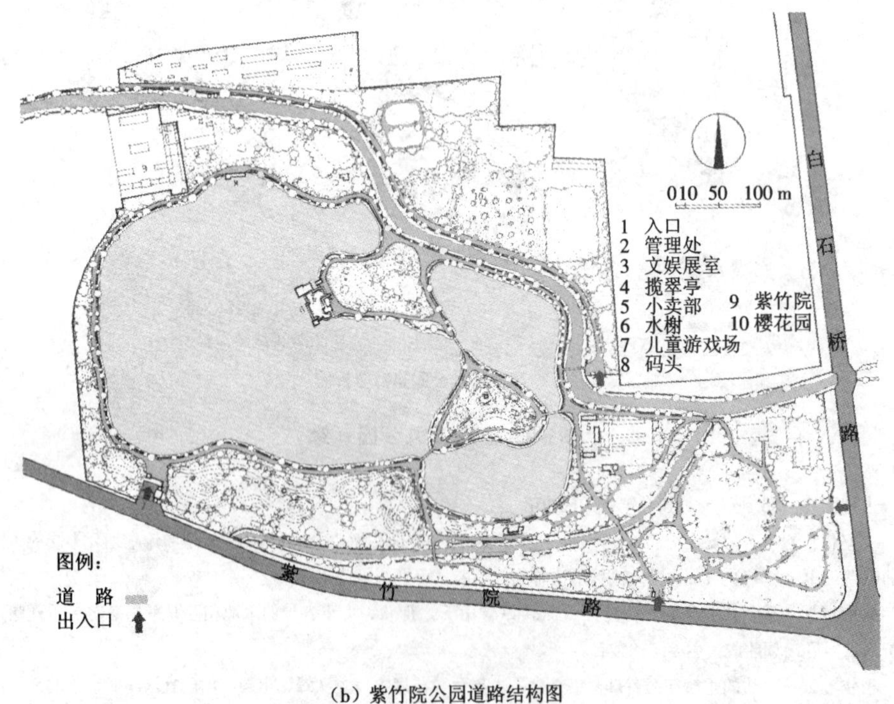

（b）紫竹院公园道路结构图

图1-10　北京紫竹院公园

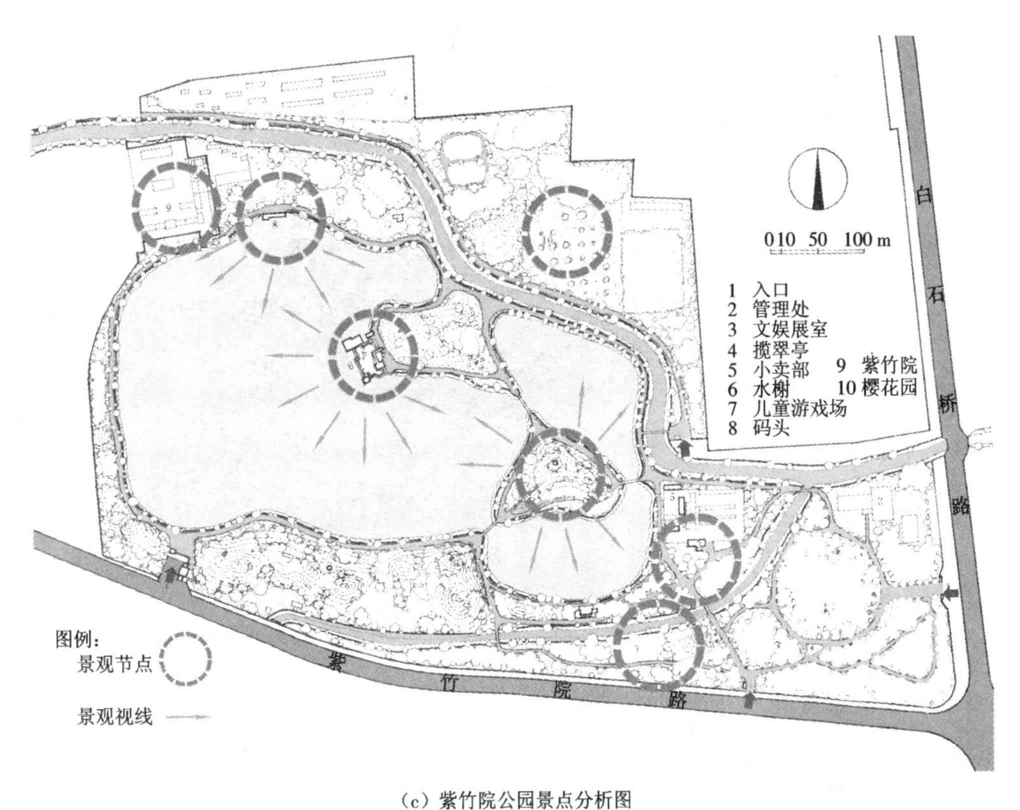

(c) 紫竹院公园景点分析图

图1-10 北京紫竹院公园（续）

占地面积：47.61 ha　建成年代：1975年

解放初期（1953年）在近郊的坑塘、菜地上挖湖堆山，环形道路以两岛划分三湖，主次分明，其中一岛周围环水，三座拱桥相连，土山高8 m，建揽翠亭，可登高眺望。在园南侧形成一带连绵起伏的丘陵，与溪流、林木构成山林野趣的景观，东郊草坪区，林木环境，疏落树丛，达到了“公园以葱郁的树木、自然的水景和简朴轻巧的园林建筑相结合”的初衷。

图1-11 山东平度公园

设计：彭一刚、聂兰生等　　规划面积：7 ha

建成年代：1993年

公园呈狭长不等边梯形，东临现河，西南两侧紧邻城市，周边环形主干道沟通全园，凿湖堆山，东北处开阔，羊肠小道，有聚有散，忽开忽合，适应现代游园功能活动，布置景点十余处，如露天演出场、儿童游乐场、老年活动中心、游船码头等。在总体上融传统园林布局之意，如南门空间的先抑后扬，景点之间的呼应、对照，建筑风格倾向江南粉墙黛瓦的朴素淡雅，坡顶造型寓民居与现代穿插，采用了飘架、符号、变形等手法，轮廓起伏，错落有致。

图1-12 广州矿泉别墅（1974年）

传统庭院布局与现代主义架空、悬挑、空间流动等手法的结合，体现了岭南现代建筑轻、巧、通、透的风格。

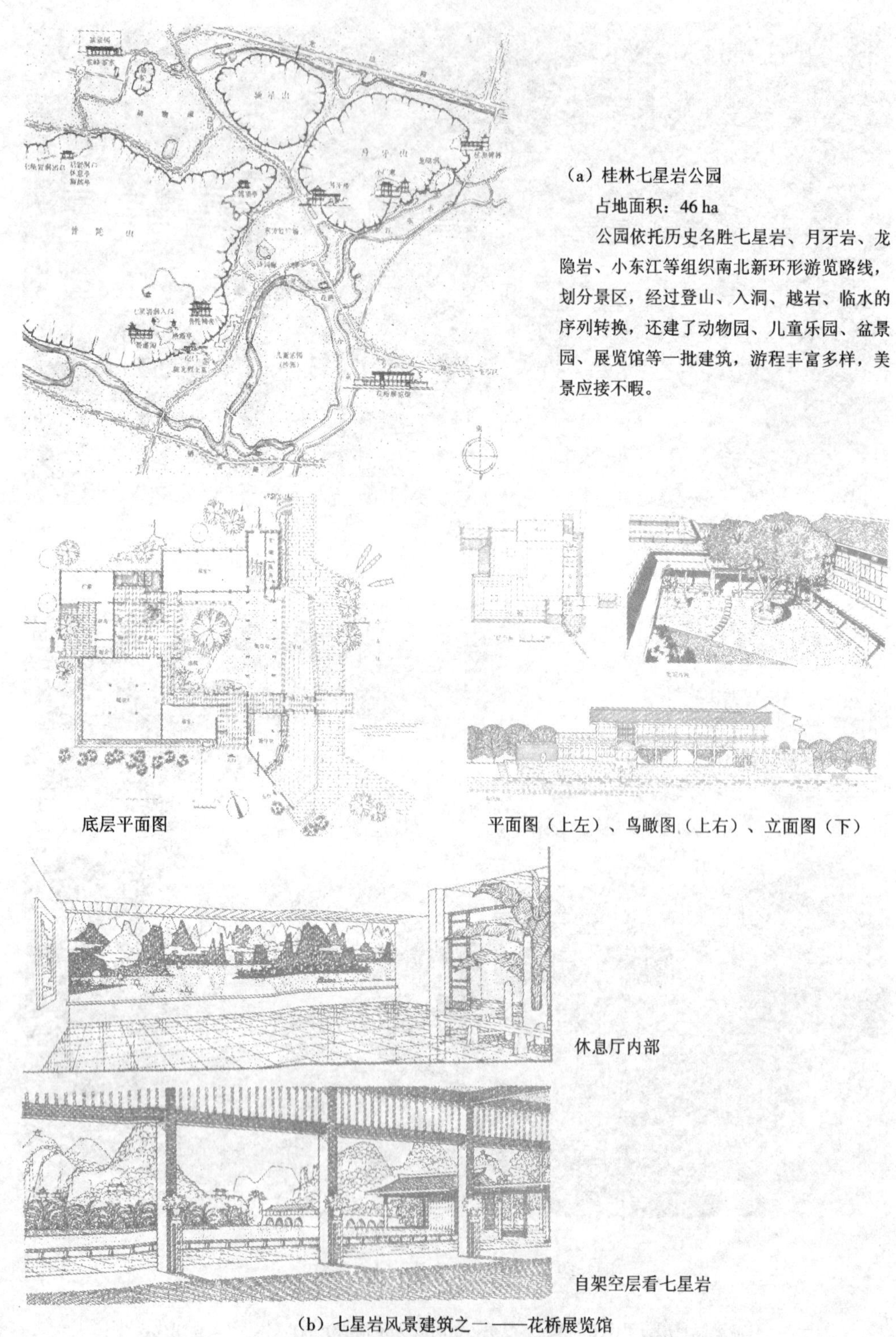

（a）桂林七星岩公园

占地面积：46 ha

公园依托历史名胜七星岩、月牙岩、龙隐岩、小东江等组织南北新环形游览路线，划分景区，经过登山、入洞、越岩、临水的序列转换，还建了动物园、儿童乐园、盆景园、展览馆等一批建筑，游程丰富多样，美景应接不暇。

底层平面图

平面图（上左）、鸟瞰图（上右）、立面图（下）

休息厅内部

自架空层看七星岩

（b）七星岩风景建筑之一——花桥展览馆

图1-13 广西桂林风景建筑

图1-14 居住区景观

20世纪80年代改革开放以后，大规模的居住区建设，不仅极大地改善了居住条件与环境，而且景观的设计与研究水平得到了空前的提高。

庄重、肃穆、对称、严谨的布局，草坪、水池、列树与洁白无暇的大理石陵墓相互映照，蔚为壮观。

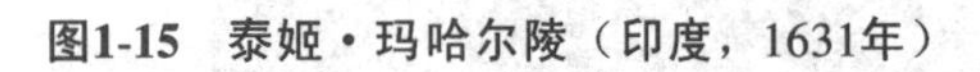

图1-15 泰姬·玛哈尔陵（印度，1631年）

图1-16 腓特力城堡（丹麦）

图1-17 西方古典园林

图1-18　纽约中央公园

由沃姆斯·特德（1822—1903）于19世纪中期主持设计，公园面积340 ha，以田园风光、自然布置为特色，在高楼林立的纽约市留下了“城市之肺”的美称。公园开辟了大量绿地及儿童游戏场、骑马道等，成为市民的游憩娱乐场所，开创了城市公园建设、改善城市环境的先例。

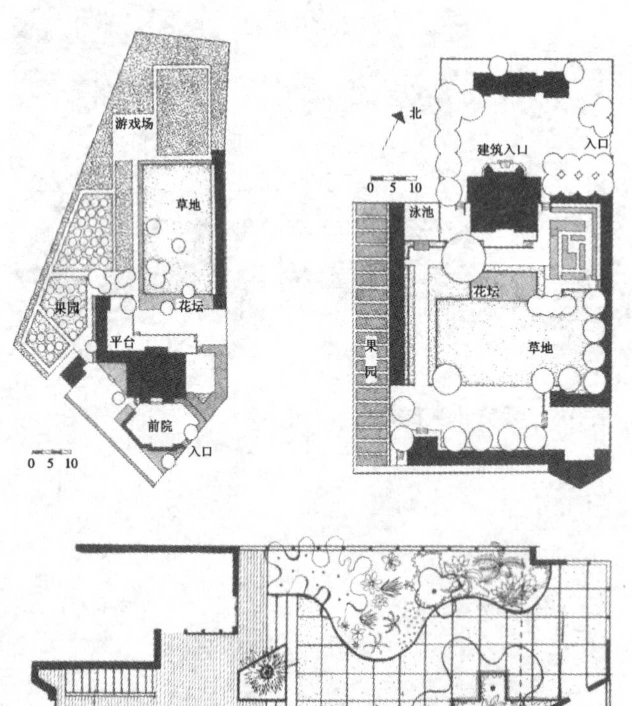

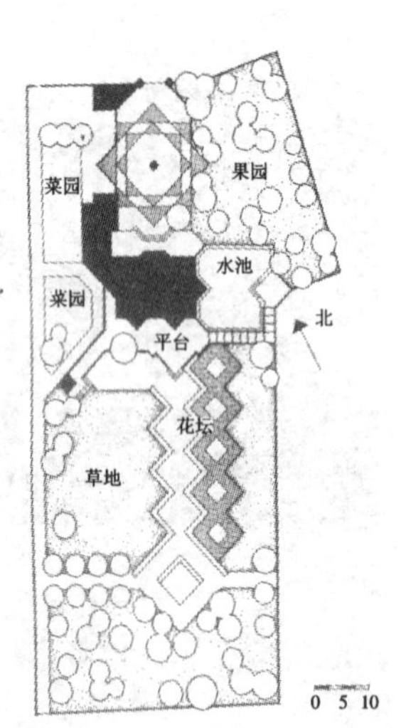

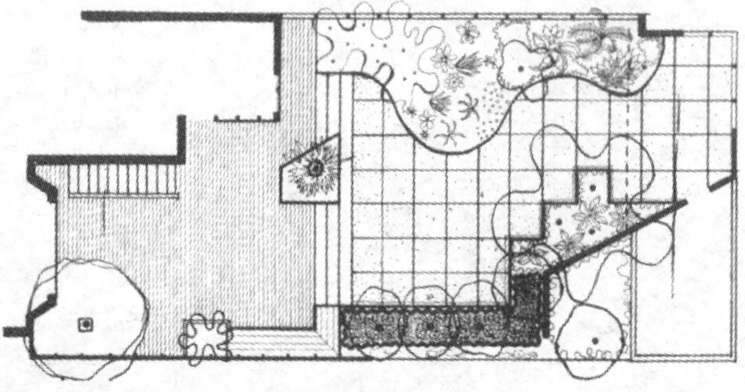

图1-19　住宅庭院

早期现代主义著名建筑师在住宅庭院的设计中引入现代构成手法。

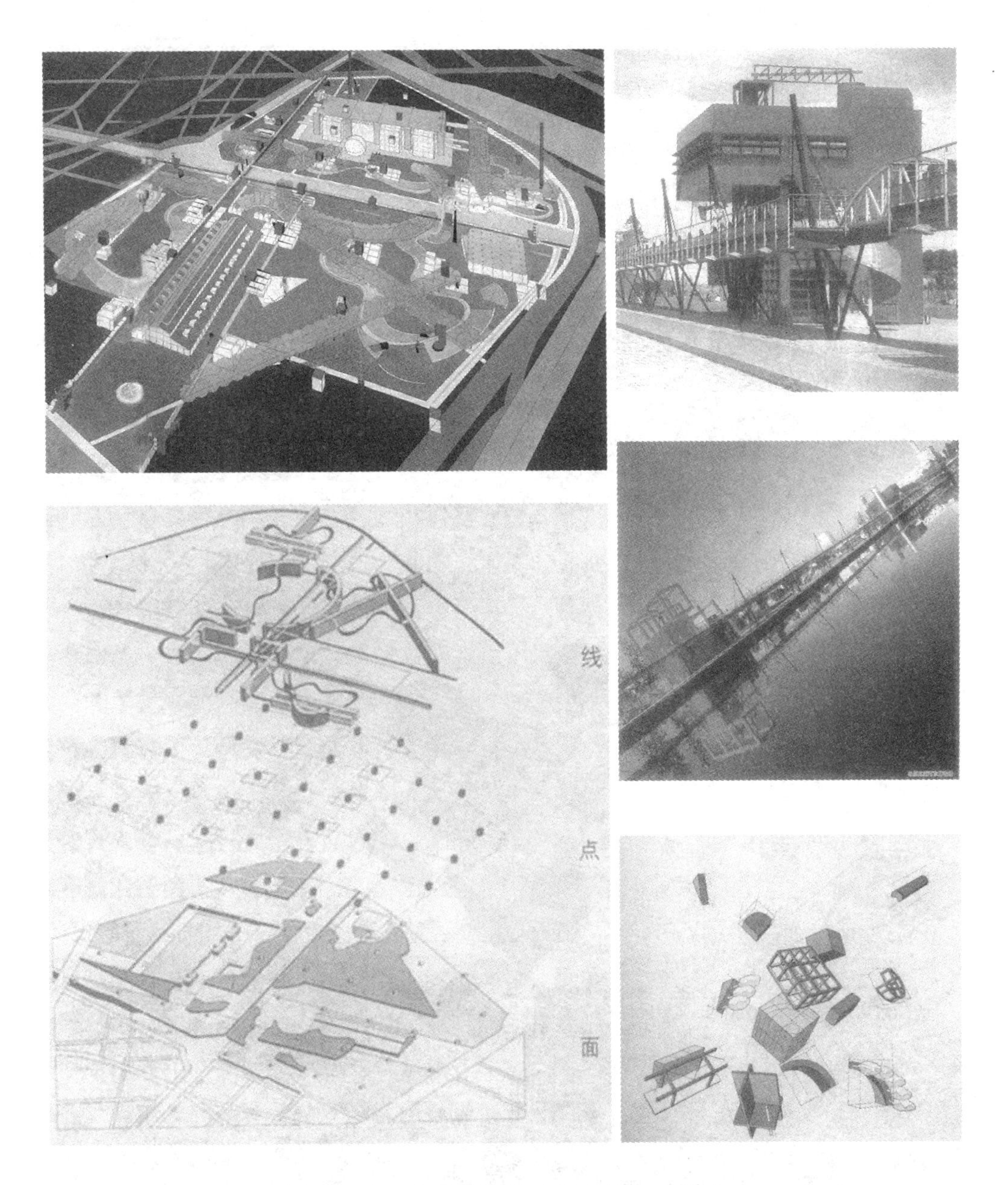

图1-20 拉·维莱特公园（法国巴黎，屈米）

20世纪80年代一举获得国际竞赛的城市公园设计方案，以其打破传统公园的序列、组景模式，点、线、面抽象元素建立的基本框架，推翻了以往总平面中“理念”、“构图”等先入为主的方式，在网格的各点上构筑起元素的解构、错叠、并置，表达了景的随机性与偶然性，被誉为解构主义的代表作，是西方的先锋建筑师将解构主义理论在建筑、园林设计领域的应用。

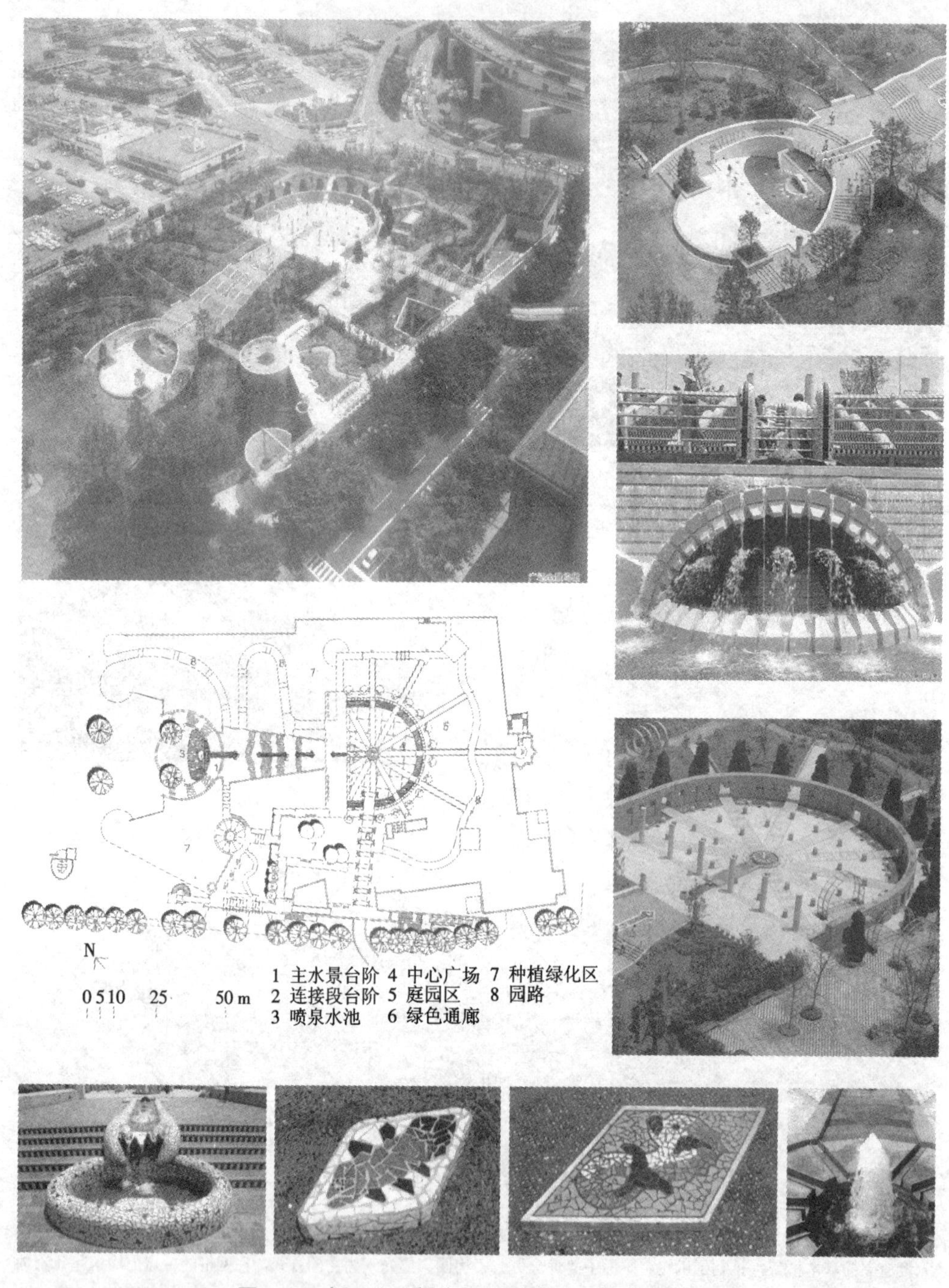

图1-21 山下公园新广场（日本，板仓事务所）

位于横滨港区附近，建于二层停车场屋顶上，高差约8 m。近似欧洲古典手法的弧形台阶、联接的跌落式水梯台阶以及终端的半圆形中心广场，通过轴线串接起来，终端半圆景墙在半圆形中心广场的放射线处开设门洞，象征着通向世界各大洲的航线，故称为罗盘广场。广场一侧的“绿色走廊”可达旁侧博物馆，鱼头形的喷水、碎陶片的海洋动物图案，突出了“海洋”的主题。

2 景观构成要素

总的来说，景观可以分为自然景观和人工景观两种类型，从景观构成的共性分析其要素，能帮助我们初步认识与了解景观构成的内容与特点。

对景观构成要素从不同视角进行分类，有助于理解各要素之间的关系、分类的方法与切入点。有的分类名称虽不同但基本内容是相通的，如硬质要素、人工要素、具象要素等。有的是相互交织在一起的，难以一刀切割的，如水体作为景观的主要要素，可有自然、人工之分，也可有动态、静态之分等，如水景手法可有传统、现代之分等。

2.1 景观要素

要素是构成某一复杂事物的基本内容、标识、符号、特征等。景观要素则是指景观形成的各种因素，包括地貌、土壤、植被、气候等。任何类型的景观都以一定的视觉形式表达出来，不同类型、不同风格和不同设计视角的景观，其景观要素的内容也不尽相同，从物质与精神、传统与现代、抽象与具象、科技与艺术以及环境类型、创作方法等各个层面对其进行分析，会对景观要素有一个全面的了解。

2.1.1 自然要素与人工要素

从物质层面来说，景观是将自然要素和人工要素统一的技术、艺术的综合表现。

1. 自然要素

自然中的天文气象、生物自然、山岳湖海、山峦起伏、湖海江河、植物群落、云蒸霞蔚、禽畜栖止等都可视作自然景观要素。生存、实用是先于审美的，艺术起源于劳动，在人类社会进展到一定阶段时，才把自然作为审美对象。

峰、峦、岭、崮、崖、岩、峭壁、岛等为自然山石景观要素；水的自然形态有江河湖海、汹涌波涛、平静如镜、潺潺流水等，水域景观类型有江河、湖泊、池沼、泉、溪、瀑、潭、浪、潮等；生物景观中的植物有森林、草原、花卉等；动物有鱼类、两栖爬行类、鸟类、哺乳类等；自然季节的春夏秋冬与气象中的风云雨雪、闪电彩虹等，这些要素构成了丰富的自然景观（见图 2-1～图 2-3）。

2. 人工要素

经过人为加工（即造物活动）所产生的种种形态，即通常所说的造物或造型，是人对材料、技术进行组合加工的结果。在城市、园林、各种类型的建筑等人工景观中，到处都有人工要素的存在。

在景观构成中，一些实用性的要素有建筑、小品、铺装和人工山石中的岫、洞、麓、磴道、汀步、石矶等，此外，一些纯美学的景观要素有绘画、雕塑、工艺品等。这些都是景观中必不可少的要素。

构成景观的自然要素与人工要素虽然看似并不复杂，但由于历史、民族、审美、手法等条件不同，因而设计者运用、加工这些要素的方法也不相同，产生了古今中外丰富多彩的景观特色。

2.1.2 人文要素与文化要素

在长期的文化积淀下，历史的、地域的、民族的等形式要素透过物质层面表现出来，一些符号、细部从可见的形态中体现出不可见的、在深层内涵中的哲学观、价值观与审美观，因此，从精神层面上可分为人文要素与文化要素(见图 2-4)。

无论是各类古建筑群、村落、宫殿、寺庙、民居、古墓、雕塑、石窟、诗词、楹联、字画、出土文物等固定的静态要素，还是民间习俗与节庆活动、地方工艺、地方风味、风情等动态要素，都能反映出人文或文化要素的特点。

2.1.3 具象要素与抽象要素

从景观的视觉形象(即形态或形式)上，景观要求可划分为具象要素与抽象要素。

1. 具象要素

具象要素是依据现实的客观事物(宏观的或微观的)的形态加工而成的景观要素，以具体的形态为人们所熟悉与认知，并在景观设计中组合成不同风格的作品。

2. 抽象要素

人们对形态的认识过程，是对具象事物进行观察，经过概括、简化、舍弃非本质的属性，再把具体的事物抽象化的过程。例如几何形的组合形态，有的是从自然界的原始形态如植物内外部的结构、矿物的结晶体等静态形象抽象而来，也有的是从太空中的日、月、星、光以及水纹波动等带有几何规律的动态形象抽象而来。原始人通过实践，创造了许多从具象到抽象的装饰形态，如西安半坡的彩陶纹样中由鱼形变异构成线、块的几何形，庙底沟彩陶纹样中花叶形的变异，这些都是通过将写实的自然形象极度简化，突出其形体的韵律美，摆脱其原形结构和具象特征，从形与形的组织关系中找到变异的规律，形成抽象的几何形态(见图 2-5)。

2.1.4 硬质景观要素与软质景观要素

根据景观构成各要素的视觉感受与对象的本质特点如材料、肌理(或质感)的不同，可将其划分为硬质景观要素与软质景观要素。

1. 硬质景观要素

景观中用混凝土、石料、金属等硬质材料加工制作而成的铺地、堤岸、围墙、广告牌、垃圾箱、座椅、栏杆、景观构筑等为景观装点的有形物体均为硬质景观要素。硬质要素通常是人造的，但也有例外，如山体是硬质的，但它也是自然的。

1）铺地（见图 2-6）

铺地是景观设计的重点之一，尤其以广场设计表现突出。世界上许多著名的广场都因精美的铺装设计而给人留下深刻的印象，如米开朗琪罗设计的罗马市政广场、澳门的中心广场等。同时，可利用铺装的质地、色彩等来划分不同的空间，产生不同的使用效应，如在一些健身场所可以选用鹅卵石铺地，具有按摩足底之功效。盲道与正常人的铺装也应加以区分，以方便盲人行走，这在城市道路规划中已有所体现。

2）景墙（见图 2-7）

传统景墙多采用砖墙和石墙，现代墙体材料有了很大发展，种类变化多样，例如园林中分隔空间的景墙，机场、高速公路的隔音墙，用于护坡的挡土墙，用于分隔空间的浮雕墙、水墙、玻璃墙等。

3）小品与服务设施（见图 2-8，图 2-9）

小品，一般是指在城市、园林中起着点缀、陪衬、补强、点白等多种作用的小型构件、构筑物、建筑，虽然有时并不起眼，但又是景观中不可缺少的元素，不仅作为服务设施具有特定的功能性（如雨棚、休息椅、指示牌、垃圾桶等），还能够丰富空间，强化景点（如雕塑等），更因其体量小巧、构筑精致、造型别致、不拘一格而起到点睛的作用。

小品的创作如能做到取其特色、融合环境、景到随机、顺其自然、利益巧思、安插合宜，则将为景观锦上添花，提升品位。

小品的种类很多，包括坐凳、花架、雕塑、台阶、花池、矮墙、健身器材等。其中坐凳也是景观中最基本的服务设施，布置坐凳时应仔细推敲，一般来说在空间里要亲切宜人，并具有良好的视觉效果。

服务设施还包括地面检查井盖、灯柱、树池、自行车架、音响等设施，这些过去被人们疏忽了的细节对景观整体的艺术性也有一定的影响。随着经验的不断积累和认识的提高，人们逐渐意识到其重要性。例如检查井盖、树池的处理，对它的材料、细部及色彩加以研究修饰，并恰当地运用到景观设计中，与整体风格有机结合，能够形成别具一格的景观。

2. 软质景观要素

软质景观要素主要指景观中柔软的、变化着的，以及一些非永久性的要素。植物、水体、和风、细雨、阳光、天空等都可视作软质景观要素，其中植物和水体的设计是景观中重要的部分。

1）植物（见图 2-10）

植物是自然景观中最主要的元素之一，在景观中为人们提供了观赏、遮阴、降温、吸尘、美化环境等多种功能。在进行植物配置时要注意植物的自然性、多样性、生态性、审美性等几个方面，根据植物的生态规律和形态条件，按照景观设计要求进行选择组合，合理的植物配置既能改善人类生存环境，创造实用、优美的景观空间，又能发挥植物在景观中的综合功能和作用。

与其他景观要素不同，植物的特点是生命特征，这也是它的魅力所在。设计中要结合植物栽植地、小气候等多因素的考虑，对植物能否达到预期的体量、季节变化、生态速度等方面进行深入细致的考虑。同时，利用植物造景艺术原理，形成疏林与密林、天际线与林缘线优美、植物群落搭配美观的园林植物景观。随着生态园林建设的深入和发展以及景观生态学、全球生态学等多学科的引入，植物造景同时还包含着生态上的景观、文化上的景观甚至更深更广的含义。

园林植物的配置一般有以下几种方法：孤植、对植、列植、丛植、群植等，择要分析如下。

(1) 孤植：是树木独特的树冠、树龄、姿态显示其体态的优美而形成主景。应注意周边的路径、观赏距离、观赏点的位置等因素。

(2) 对植、列植：在对称式的总体环境（如对称式建筑、大门两侧）配置大致相等数量的树木以强化轴线的视觉效果。

(3) 群植、丛植：多种树种及花卉的结合，常作为节点的主景。在开阔地段可作为背景处理，在种植密度、层次分配、色调浓淡方面注意搭配；若作为背景，密度宜大，色调一般浓深，形成屏障衬托前景，对比显著。

此外，要注意在漫长的文化进程中，不同植物所具备特有的象征意义，如竹子象征人品清逸和气节高尚，松柏象征坚强和长寿，莲花象征洁净无瑕，兰花象征幽居隐士，玉兰、牡丹、桂花象征荣华富贵，石榴象征多子多孙，紫薇象征高官厚禄等。

在进行植物配置要考虑植物与其他景观要素的关系，注意建筑、山石、水体、路径等要与植物取得整体上的协调，除了注意把握构成中的关系，更要重视形态上的呼应与对比，保持构思的一致性和手法与风格上的连贯性。

2）水体

水是人类生存的重要条件，自古以来城镇依水系而发展，商贸随水系而繁荣，人类的文明随水而传播。由于水的特性和作用，在传统与现代景观中有着丰富的表现力，也是景观中最具吸引力和活力的自然元素之一。古人云“石令人古，水令人远”、“园以水活”，水富有变化和创新，与其他景观要素共同赋予景观以生机。

(1) 水的两个主要特性

① 灵动性：自然界的水无论是平静如镜或是汹涌澎湃，或是喷涌而出或是倾斜而下，无论是涓涓细流或是波涛怒吼，都具有生生不息的生命律动。充分发挥水的不同形态特性，如流动、渗透、聚散、扩展，在造就不同景观空间中获得不同的美感。

② 可塑性：水体的划分如开阔水面、线状溪涧、点状泉瀑，使之聚分得体，开合有度，水与山石、路径、建筑的结合，软硬质感刚柔对比、动静相宜，再通过一些技术手段如喷头加压、艺术手法（形态组织、灯光、色彩等），把极具可塑性的水塑造成多样的水景。

(2) 水的四种形态（见图 2-11）

① 池水（静水）：水面自然，不受重力及压力影响，平和宁静，清澈见底。

② 流水:水因重力而流动,形成各种各样的溪流、旋涡等,有急缓、深浅之分。

③ 落水:水因重力而下跌,高程突变,形成各种各样的瀑布、水帘等,有线落、布落、挂落、条落等形式,可潺潺细流,悠然而落,亦可奔腾磅礴,气势恢弘。

④ 喷水(压力水):即喷泉,原是一种自然景观,是承压水的地面露头。人工喷泉是为了造景需要的具有装饰性的喷水装置,将水经过一定压力通过喷头喷洒出来的具有特定形状的组合体,一般用水泵提供水压,水因压力而形成各种各样的喷泉、涌泉、溢泉、喷雾、间歇水等,表现出动态美。喷泉在丰富广场空间层次、活跃广场气氛的同时,还可以湿润周围空气,减少尘埃,降低气温。喷泉的细小水珠同空气分子撞击,能产生大量的负氧离子,且由于动水在不停地喷发、流动,水分蒸发和飘散的速度比静水快得多,因此动水周围的降温、湿润效果特别明显,结合铺地和植物的合理布置,能够形成一个宜人温润的局部环境,有益于改善城市面貌和增进人的身心健康。

(3)水景

无论传统或现代,以水为元素已成为景观设计中最生动、最活跃、最富变幻的手段之一。在设计中,可运用现代科技成果,以各种点、线、面动态而丰富的造型,结合色彩、灯光、音响等元素,构成极具魅力与艺术效果的水景。一般的手法有流、喷、涌、瀑、泻、雾、帘幕等(见图 2-12)。

流:水往低处流,随合人意,小溪曲折,“曲水流觞”,浮石散点,增添自然气质。

喷:多样的线、面组合造型,如直、斜、弧等跌宕起伏,瞬息万变。

涌:水柱如地下泉涌出,地面翻滚或浪花激荡,或波光粼粼,烘托空间自然氛围,宁静中平添动感。

瀑:模拟天然瀑布的势态声貌,奔腾不息,以水声、水色、动态,结合台阶、斜面,产生间歇、翻滚、浪花而富生命力。

泻:急流或细点,水流直泻,连绵不断,变化多样。

雾:水在激荡中产生雾花,滋润与净化空气。

帘幕:运用高科技,配合灯光、乐曲,声浪起伏,色彩斑漫,极富动感。

水景细部,如池岸、池面、池底的设计,也可点缀环境,活跃气氛,寓意联想,增加生活情趣。

用水造景,动静相补,声色相衬,虚实相映,层次丰富,得水以后,古树、亭榭、山石形影相依,能产生一种特殊的魅力。水池、溪涧、河湖、瀑布、喷泉等水体往往又给人以静中有动、寂中有声、以少胜多、发人联想的强感染力。

不同形态的水可以单独运用,也可综合使用,以达到最佳的效果。例如美国有座喷泉,上喷的水正对着下泻的瀑,水花在空中爆炸,甚是壮观。

因此,水是开放空间景观构成的重要因素。水给空间注入更多活力,丰富了层次,有了水,空间平添了几分诗情画意。水体或静止或流动,静止的水面产生物体倒影,特别是夜间照明的倒影,使空间倍加开阔;流动的水有流水与喷水之分,流水可划分相邻空间,同时又能在视觉上保持空间的联系。

2.1.5 静态要素与动态要素

根据景观要素运动或静止的状态，可分为静态要素与动态要素。

景观中的建筑、山石等是静止不动的，属于静态要素；流动的水，喷涌的泉，随风摇曳的树枝，天空的流云、飞鸟与风筝，地面上走动的人群，水中游弋的锦鲤，夜晚的焰火和闪烁的霓虹等则是动态要素，它们使空间变得更加生动有趣，富于变化。

2.1.6 传统要素与现代要素

从时序上来看，景观要素可划分为传统要素与现代要素，虽然中西景园所选用的各种传统要素，如植物、水体、山石等有相似之处，但由于地域、人文、历史，以至文化、审美上的差异，二者在风格上形成了极大的区别。

如西方古典园林中的花坛、柱廊、亭台、水景、雕塑、台阶等与中国古典园林中的四大要素——水体、山石、建筑、植物在类型、配置、形式、细部、色彩等众多方面都有着鲜明的独特风格。

中国北方的传统民间艺术形式——冰灯，在近年也借助于科技的力量焕发出新的光彩，著名的哈尔滨冰灯艺术是以冰为载体，灯光为灵魂，集园林、建筑、雕塑、绘画、舞美、文学乃至音乐等多学科为一体的独特的冰雪造园艺术，同时应用形、色、声、光、电、动等现代科技，创造出晶莹剔透、五彩缤纷的艺术世界。

以上从不同侧重点对景观要素进行了阐述，无论从哪一种方法对要素分类，都将有助于从多角度对景观的诸多构成要素有较清晰的认识，从而把握景观要素在设计中的特征与作用。

2.2 中西传统园林要素

2.2.1 中国古典传统园林要素

构成中国古典传统园林的四个基本构成要素是山石、水体、植物、建筑。

园林是自然山水的缩影，是造园家对自然和生命的感悟。中国造园艺术，是以追求自然精神境界为最终和最高目的，从而达到“虽由人作，宛自天开”的目的。在山石、水体、植物、建筑等要素中，山石代表阳刚，水体象征深远、阴柔，植物赋予园林生命，建筑点缀其中，各要素有机地结合在一起，构成了中国古典园林特有的风格。明朝文震亨在《长物志·水石》中就曾提到：“石令人古，水令人远。园林水石，最不可无。要须回环峭拔，安插得宜，一峰则太华千寻，一勺则江湖万里。又须修竹老木，怪藤丑树交覆角立，苍崖碧涧，奔泉汛流，如入深岩绝壑中，乃为名胜地。”古人把自然山水的精华浓缩为小巧、精致、浪漫的山水写意园林，淋漓尽致地表达了古人对自然山水的向往。

1. 山石(见图 2-13,见图 2-14)

山石为传统的组景造园要素,渊源之远可追溯至唐代西安选南山石布石之法,至宋徽宗在开封建艮狱达至鼎盛时期,叠山置石或聚土构石,又称布石,俗话说,点石成金,“片山有致,寸石生情”,山石历来是中国园林景观组成的重要部分,也是中国传统园林的特色之一。山石一般有池边岸石、路边石等,平、卧、立,参差错落,依不同标高,形态变化,聚散有致,大小顾盼,显示节奏。山从孤置赏石、山石堆叠直至现代多种材料与手法的塑山石,以假乱真,可以是散点护坡、休闲桌椅,也可以是护坡地缘,在景园中随处可见。

(1) 山石的形态构成

传统布石顺自然线势,“石必一丛数块,大石间小石”。

(2) 选材与配置

根据材料的不同可分为石山、土山、石土三种,“土多则是土山带石,石多则是石山带土,土石二物原不相离”。在材质纹理、形态上,太湖石以瘦、透、漏、皱为上,山峰高低错落,接合过渡自然。在选型上以石分三面,在于不圆、不扁、不长、不方之间,斜正纵横,顺性,按纹,不可偏颇。在布局上,以传统山水画理论,笔意及山石结构,皴纹、轮廓、造型、色泽并与其他要素(如水、植景花卉)而成景。

“山得水而活,得草木而华。”在筑山的同时,要注意水体与植物的合理安排与配置。

2. 水体(见图 2-15)

中国古典园林的水体设计称为理水,根据字面理解就是整理、梳理之意。古典园林的设计中理水的意境和手法,多源于自然界中湖、池、潭、湾、溪、瀑布、涧等多种多样、姿态万千的水体。

如果说山是园林的骨架,水则是园林的灵魂,中国园林凭山临水,山因水活,水得山势,山水相得益彰,显示出无穷的活力。“山本静,水流则动;石本顽,水流则灵。”可以看到水在我国古典园林中的重要作用。

在园林设计中水的处理有动态和静态之分。中国古典园林中水的变化不大,多以静态的水出现,如湖泊、池水、水塘等。设计中常用曲桥、沙堤、岛屿、汀步分隔水面;以亭、台、榭、廊划分水面;以山石、树木、花草倒影水面;以芦苇、莲荷、茭、蒲点缀水面,营造出“青风明月本无价,近水远山皆有情”,“亭台楼阁、小桥流水、鸟语花香”的意境。

古典园林的理水之法,一般有以下三种。

(1) 掩

借助建筑和绿化掩映水面曲折的池岸,临水建筑的前部架空出挑于水面之上,水犹如自其下流出,有时临水种植蒲苇,造成池水无边的印象。

(2) 隔

《园冶》中说到,“疏水若为无尽,断处通桥”,为了增加景深和空间层次,使水面有幽深之感，可采用筑堤横断于水面，可隔水架廊或曲折的石板小桥，也可设置涉水步汀将水面进行分隔。

(3) 破

当水面比较小时，可采用乱石砌岸，使其怪石纵横、犬牙交错，并于岸边种植细竹野藤，池中放养朱鱼翠藻，虽是一洼水池，也有深邃山野风致的审美感觉。

3. 植物(见图 2-16)

“寻常一样窗前月，才有梅花便不同”，树木花草是造园的要素之一，是筑山理水不可缺少的因素。花木犹如山峦之发，而水景若离开花木也没有美感。花木对园林山石景观起衬托作用，又往往和园主追求的精神境界有关。

中国自然式园林着意表现自然美，植物的种类众多，有观花、观果、观叶、荫木、藤蔓、竹、草木与水生植物等类型。对花木的选择标准有三个方面：一是姿美，树冠的形态、树枝的疏密曲直、树皮的质感、树叶的形状，都追求自然优美；二是色美，树叶、树干、花都要求有自然的色彩美，如红色的枫叶，青翠的竹叶、白皮松，斑驳的粮榆，白色广玉兰，紫色的紫薇等；三是味香，要求自然淡雅和清幽，其中尤以腊梅最为淡雅，兰花最为清幽。最好四季常有绿，月月有花香。

园林植物配置尽管千变万化，但都以树木为主，一般是按照植物的季相和花期不同的特点创造园林时序景观，例如春来看柳、夏日赏荷、秋景桂香、踏雪寻梅等都是直接利用树木花卉的生长规律来造景。“二十四番风信咸宜，三百六日花开竞放”，着意表现自然美，配植得好，不论什么季节，什么地方，都能够获得一帧帧天然图画。

中国古典园林中植物花木配置大都是不对称的、未经整形的自然式布置，进行各种植物的配置时要考虑不同植物的形态、特性、季相、色彩等条件，以达到设计构思的意境，一般要注意植物自身的自然状态，力避过度的人工修剪，同时注意植物品种的搭配，通过配置方法，达到层次、前后、疏密的协调，构图的完整，构成方式的创新。

4. 建筑

古典园林中的建筑飞檐起翘、斗拱梭柱、类型多样、造型丰富，常被当作景点处理，既是景观，又可以用来观景。建筑服从于周围的自然环境，与山水树木相互协调、融为一体。园林建筑除了要具备使用功能，可行、可居、可游，还有美学方面的要求，要以形态美为游人所欣赏，还起着点景、隔景的作用，使园林移步换景、渐入佳境，以小见大，使得园林显得自然、淡泊、恬静、含蓄。楼台亭阁、轩馆斋榭，经过建筑师的巧妙构思，集功能、结构、艺术于一体，成为古朴典雅的艺术品。园林建筑的魅力，来自体量、外形、色彩、质感等因素，加上室内布置陈设的古色古香、外部环境的和谐统一，加强了建筑美的艺术效果。

认识园林中的建筑时要从建筑的类型、选址和造型几个方面去分析。古典景观建筑的类型众多，有亭、廊、桥、厅、堂、楼、阁、榭、舫、轩、殿、馆、斋等类型。园林建筑中的细部如漏窗、门洞、地面铺装、栏杆等也是中国古典建筑独树一帜的重要组成部分，自成体系，特征明显，深入研究可参阅有关专著，这里择要分析如下。

1）亭（见图 2-17～图 2-19）

“亭者，停也”，主要用途是供人们观景、休息、避雨。体积小巧，造型别致，可建于园林的任何地方。明代计成在《园治》中写到“亭安有式，基立无凭”，可平地建亭、水边设亭、桥上置亭等，“花间”、“水际”、“竹里”、“山巅”等处都是建亭的理想之处。

“亭”在传统文化中凸显了民族的空间意识与风格，“群山郁苍，群木荟蔚，空亭翼然，吐纳云气”（[清]戴醇士），“亭下不逢人，夕阳澹秋影”（[元]倪云林），“唯有此亭无一物，坐观万景得天全”（[宋]苏东坡），“一座空亭竟成为山川灵气动荡吐纳的交点和山川精神积聚的处所”（宋白华）。

亭的结构简单，柱间通透开敞。亭的类型有半亭和独立亭、桥亭等；亭的平面形式有方、长方、五角、六角、八角、圆、梅花、扇形、组合式等；亭顶除攒尖以外，歇山顶也相当普遍，有单檐、重檐和三重檐等类型。

2）廊（见图 2-20，图 2-21）

廊是一种“虚”的建筑形式，“分隔院宇，通行之道，列柱复顶，随行而弯，依势而曲”（《营造法则》）。廊由两排列柱顶着一个不太厚实的屋顶，其作用有联系景点或作为建筑物之间的通道；适应不同的气候变化，如炎热的阳光、雨雪的天气；组织流线、移步换景；分隔景区，增加景深与层次感等。廊一边通透，利用列柱、横楣构成一个取景框架，形成一个过渡的空间，造型别致曲折、高低错落。

廊的类型有双面廊、单面廊、复廊和双层廊等，从平面形态看，可分为直廊、波形廊、曲廊和回廊，按不同位置可分为靠墙廊、楼廊、水廊、爬山廊等。

双面廊有双侧敞开的窗廊朝向主要园景，单面廊一侧沿墙或紧贴于建筑物形成半封闭式，围墙设漏窗、空窗、什锦花窗、格扇及门洞等，视线似隔非隔、隔而不断，若隐若现，内外空间相互渗透、穿插。廊作为全景、隔景、透景、框景的观景作用，景园中的水上清波、天空淡月、风雪云雨、彩霞骄阳，都在不断地变换廊景，达到步移景异的效果。

著名的北京颐和园长廊达六百余米，共二百七十三间，人行其间，远眺近观，犹如活动的长卷画屏，起始有序、空间有度、衬托有致、意境独创。

3）桥（见图 2-22）

桥在园林中不仅供交通运输之用，其位置当在湖地两岸，水口之上，沟壑之间，为了行人跨越、行走而设。它有着划分空间、联系水面、点饰环境和借景障景的作用。

桥的形式有跳墩子、木石板平桥、拱券桥、飞桥、廊桥、亭桥、索桥、浮桥、榭桥等。

4）建筑（见图 2-23）

厅：满足会客、宴请、观赏花木或欣赏小型表演的建筑，在古代园林宅第中发挥公共活动的功能。不仅要求较大的空间，以便容纳众多的宾客，还要求门窗装饰考究，建筑总体造型典雅、端庄，厅前广植花木，叠石为山。一般的厅都是前后开窗设门，也有四面开门窗的四面厅。

堂：是居住建筑中对正房的称呼，一般是一家之长的居住地，也可作为家庭举行庆典的场所。堂多位于建筑群的中轴线上，体型严整，装修瑰丽。室内常用隔扇、落地罩、博古架进行空间分割。

楼：是两重以上的屋，故有“重层曰楼”之说。楼的位置在明代大多位于厅堂之后，在园林中一般用作卧室、书房或用来观赏风景。由于楼高，也常常成为园中的一景，尤其在临水背山的情况下更是如此。

阁：与楼近似，但较小巧。平面为方形或多边形，多为两层的建筑，四面开窗。一般用来藏书、观景，也用来供奉巨型佛像。

榭：多借周围景色构成，一般都是在水边筑平台，平台周围有矮栏杆，屋顶通常用卷棚歇山式，檐角低平，显得十分简洁大方。榭的功用以观赏为主，又可作休息的场所。

舫：园林建筑中舫的概念，是从画舫那里来的。舫不能移，只供人游赏、饮宴及观景、点景。舫与船的构造相似，分头、中、尾三部分。船头有眺台，作赏景之用；中间是下沉式，两侧有长窗，供休息和宴客之用；尾部有楼梯，分作两层，下实上虚。

墙：园林的围墙用于围合及分隔空间，有外墙、内墙之分。墙的造型丰富多彩，常见的有粉墙和云墙。粉墙外饰白灰以砖瓦压顶。云墙呈波浪形，以瓦压饰。墙上常设漏窗，窗景多姿，墙头、墙壁也常有装饰。

园林中的墙是被艺术化了的墙，它的形体美，可以与廊媲美，被美称为花墙、粉墙、游墙。游墙依山就势，迂回曲折，犹如蛟龙盘山过水，蜿蜒不已。园林墙体上，往往饰有花窗、景洞，一方面有利于通风采光，更可以使墙体两面景物相互因借、增加景物层次、扩大园林空间，让游览的人们感到园内有园，景外有景（见图 2-24，图 2-25）。

此外，园林中的堤岸、小径、台阶、栏杆、石桌、石凳、铺地（见图 2-26）形式多样，异彩纷呈，并与园林风格协调统一。

以山石、水体、植物、建筑四大要素构筑的中国古典园林，以其独特的构思布局、理念、方法形成了自身的风格与特色，除了对各要素的充分了解外，必须认识其整体把握的重要性，对今天的景观设计仍具极大的参考价值（见图 2-27）。

5）墨迹书画（见图 2-28）

除了上述的四个基本要素外，墨迹书画也是中国古典园林中不能忽视的一个要素。“若大景致，若干亭榭，无字标题，任是花柳山水，也断不能生色。”曹雪芹在《红楼梦》中借贾政之口强调了墨迹书画在构园造景中所具有的特殊地位和作用。中国古典园林的特点，是在幽静典雅当中显出物华文茂。“无文景不意，有景景不情”，墨迹书画在造园中有润饰景色、揭示意境的作用。为达到“寸山多致，片石生情”的效果，园中必有墨迹书画并对其进行恰到好处的运用，才能把山水、建筑、树木花草构成的景物形象升华到更高的艺术境界。

墨迹在园中的主要表现形式有题景、匾额、楹联、刻石、碑记等。匾额是指悬置于门枕之上的题字牌，楹联是指门两侧柱上的竖牌，刻石指山石上的题诗刻字。内容多数是直接引用前人已有的现成诗句，或略作变通。通过它们表现了所处景点的环境、意境与情景，寥寥数语，无不体现着创意者的价值观、审美观，反映了一定的哲学思想、深度、心态、情趣。有的气势磅礴，有的意蕴隽秀，抒发胸臆，陶冶情操，增添诗意，拓宽意境。如苏州拙政园浮翠阁之名引自“三峰已过天浮翠”([宋]苏东坡)；青藤书屋自题“几间东倒西歪屋，一个南腔北调人”，横批“一尘不染”([明]徐文长)；南京城北郊有观音阁有联云：“松声、竹声、钟磬声，声声自在；山色、水色、烟霞色，色色皆空”等。

书画主要布置在厅馆之中，张挂几张书画，自有一股清逸高雅、书郁墨香的气氛。笔情墨趣与园中景色浑然交融，使造园艺术更加典雅完美。

2.2.2 西方古典传统园林要素

与中国古典园林要素相比，西方古典园林除了具备建筑、植物、水体等要素外，在雕塑与喷泉的安置、建筑的处理、广场与道路的形式等方面明显区别于中国古典园林，园林的构思立意、各要素的组织与手法也有鲜明的特点。

1. 建筑(见图 2-29)

在中国古典园林中，建筑与周围环境相协调，而西方古典园林中建筑占着主要的位置。体量高大、严谨对称的建筑通常在轴线的起点上，大多是按照对称和比例的规则严谨地安排着宫殿、水池、广场、树木、雕塑、台阶、道路等。建筑控制着轴线，轴线控制着园林，各要素在中轴线两侧依次排列，所以建筑就统率着花园，而花园从属于建筑。

2. 花坛植物

西方古典园林种植花草树木的特点如下。

① 修剪成型。将树木修剪成如锥体、球体、圆柱体，使之呈现出一种几何图案美，使每一株树的形状完全不同于处女林中的树木(见图 2-30)。

② 图案花圃。铺设大面积草坪，把草坪、花圃勾划成菱形、矩形、圆形等图案，一丝不苟地按几何图形和各种纹样修剪和栽植，阻止其自然生长成形，因此被称为刺绣花圃、绿色雕刻(见图 2-31)。

③ 迷阵。用绿篱矮树曲折裁剪为垣，遮挡视线，夹道如入迷魂阵，绕进绕退，难觅出口以取乐(见图 2-32)。

3. 雕塑与喷水、水池(见图 2-33，图 2-34)

方整的石块按墨线砌成边岸，水面被限制在整整齐齐的圆形、方形、长方形或椭圆形的池子里，池中布设人物雕塑和喷泉。为了突出人的力量，西方园林中广为布置人体雕塑，以显现人体美。

4. 道路与广场

与中国古典园林中蜿蜒曲折的道路不同，西方古典园林道路的代表是笔直美丽的林荫道。道路与广场的设置与建筑和园林的主轴线联系紧密，在对称、规则、严谨的布局中，布置主要景观的主轴线的两侧有次轴线，直干道和斜干道将其相连，在纵横道路交叉上形成小广场。

不同标高的广场通过台阶、喷泉等要素组合成高差有序、层次丰富、层层叠加的开阔园林景观(见图2-35)。

从以上的论述可以看出,中国古典园林与西方古典园林在景观构成要素和各要素的组织手法上均有较大的差异,这是由于东西方文化的不同导致了这些差异,也正是由于要素与组织手法上的差异,才形成了风格迥异的园林景观。

除西欧古典园林外,阿拉伯伊斯兰风格的园林、建筑以其特有的文化背景、悠久的历史、精巧细致的装饰图案而著称于世(见图2-36)。

2.3 符号与景观

2.3.1 符号的认识

符号起源于劳动,早在原始社会,人们就有了实用和审美方面的需求,并且已经开始从事原始的设计活动,无论是结绳记事还是歌舞图腾,都在自觉或不自觉地用符号行为丰富着生活。

各门艺术都有自己独特的符号系统来表现人类的情感和思想,设计者对于设计对象情感的传递是以符号作为媒介来进行的。根据符号学理论,符号具有物质表象构成的“能指”以及表达思想和意义的“所指”两个方面,而意义即是符号和它所代表的物体(包括形象)和思想之间的联系。从约定俗成的角度,一个事物若能代表它以外的某一事物,则该事物就具有传达意义的功能。符号作为信息的载体,其意义在于交流,在于人们对符号的认识,产生一种情感、联想和知识层面的不同反映。景观艺术设计作品的形成和形象的创造,要经过一个物质传达手段客观化、对象化的过程。景观符号是景观设计中最小的设计单位或元素。

作为负载和传递信息的中介,符号是认识事物的一种简化手段。符号是信息的表达形式,是人能感觉到的外在形式;信息是符号的表达内容,是符号的内蕴。符号包括语言符号和非语言符号,景观设计中的符号是非语言符号,景观构成要素和基本手段都可以看作符号,植被、铺地、水体、灯光、色彩、肌理、雕塑等都可以归纳其中,是最能直接体现设计情感的因素。设计者对这些元素进行加工与整合,使各要素协调地配合在一起,创造出优美的景观。正是由于这些符号的运用,设计者的审美体验和审美构思才能从意识状态物化为景观艺术作品。

符号化是设计者所要传递的信息编码和手段,在进行景观艺术设计时,可采取符号性的思维方式和操作手段来进行艺术创作,将信息经过编码,转化成便于识别的符号形式,并通过对接受者的文化结构、心理结构、审美结构的充分分析,引起接受者心理和生理上的共鸣。

2.3.2 景观符号的种类

景观设计中的符号大体分三种:图像性符号、指示性符号和象征性符号,不同种类的符号在景观中综合应用,表达设计所蕴含的意义(见图 2-37～图 2-40)。

1. 图像性符号

图像性符号是通过"形态相似"的模仿或接近事实事物的视觉语言,借用原已具有意义之事物来表达它的意义。图像性符号有的较写实,有的较抽象。传统艺术中采用了较多的由写实的物象抽象而来的几何式图案,反映出特定文化背景下的艺术审美符号。

图像性符号一般可分为以下三种。

(1) 表现性图像符号

一种原始意义的表达方式,它直接明了,"易读性"强。如世界上不少民族以莲花作为图像符号,是因为其花瓣所具有的装饰美和高洁、生命之源等象征性意义。

(2) 类比性图像符号

同一图像、物象由于文化、宗教、背景不同,产生了不同类比,显示了不同的象征意义。如动物的艺术符号,以蛇为例,早期崇拜中蛇象征原始的生命力,印度教中的蛇象征精神财富与祖先,而在藏教中,蛇代表着仇恨,在中国,蛇成为五毒之一等。

(3) 几何性图像符号

十字符、卍字形、螺旋形、圆形等各种几何性图像符号,既有着原始人类对生命、宇宙最简单的表达以及图腾崇拜的意义,又继承、发展为一种民族、地区文化性的象征,并成为现代构成符号与方法等,如建筑符号中的圆拱门、菱形窗、圆门、水纹、水裂纹、卍字纹等。不同民族所喜爱的图像符号有相同也有差异,如圆形图案是所有几何图形中唯一没有遭到线条分割的图形,而且圆周上每个点都完全一样,形式的完整、丰满、圆满就成为其普遍的符号意义,但圆拱的不同轮廓和比例表达了不同的建筑民族风格。又如圆形与方形结合的图形,印度佛教中的曼陀罗是一种圆形环绕方形的坛场图案,象征由物质层次向精神世界的过渡;中国的"天圆地方",则成为古代择中立国的依据。

2. 指示性符号

符号在表达更为直接的、逻辑必然的意义时,基于由因到果的认知而构成指涉作用,从而使这种符号具有它特定的功能作用、意念的指向、制度的确立等。如中国清代传统建筑的屋顶色彩、彩画的形制都严格界定,不可逾矩。又如在城市规划中所提出的红、黄、蓝、绿线的界定,以及近代公共交通导向符号系统,在发展中不断改进与完善,成为交通疏导的指示标志,其中街口交通的红绿灯已成为世界各国的通用符号。

3. 象征性符号

象征的普遍特征是以具体的形象来表现抽象的内容,象征性符号能使人产生观念上的联想，表达无法用语言诉说的内容，传递深层次的文化精神。例如十字架在西方代表基督、红色在中国代表吉祥。鹿在世界各地具有美好的象征含义，如东方、破晓、光明、纯洁、再生、创造力和灵性等；莲花在埃及、中国、印度、日本传统中，象征着纯洁、刚正、昌盛、再生等含义。由于符号在发展进程中多种意义的联结，可以通过联想来达成另一种新的象征意义，进而由意义的表层达到更深层次的新的意义。例如“门”，在功能上界定了空间的领域层次、分隔、通道，继而作为一种符号发展出“门第观念”、“门禁森严”的“尊贵”的象征。因此，有的符号是既定含义的图形，是显性的；而有的符号性的表达却是隐性的，以更含蓄的方式传达信息。

象征性符号与其所代表的事物有约定俗成的对应关系，是与特定的民族、地区、社会相关联的符号，不同地域与文化的民族对同一符号的意义有着不同的理解甚至大相径庭。例如龙在中国象征着王权、尊贵、吉祥等，但在西方却有邪恶的意义。符号的象征性还随着时间的推移而发展，具有动态性，例如华表是古代氏族社会代表自己部落的图腾杆子，在汉至元时以“贯柱四出”的华表用于住宅或桥头，安置在天安门前的一对华表则是尊贵、权力的象征。

2.3.3 景观符号的特性

1. 功能性

功能性是符号最主要的特性，即将经验形式化并通过这种形式将经验客观地呈现出来以供人们参照。在一定情况下，要素与符号是同义词，而符号学的移植与借鉴是加深人们对现代景观设计领域要素理解的理论基础。

中外古今众多的景观符号为设计提供了无数的形式，设计符号的抽象与理性是和具体的感性对象有机结合在一起的。

2. 文化性

设计符号是设计信息与设计观念的物质载体，不同的设计符号体现了其独特的艺术表现对象与内涵。

3. 结构性

内在的逻辑关系，既是一种形式上的约定俗成的逻辑性，又是在一定历史时期人们审美观念、价值观念、情感理智的综合体现。

4. 艺术表现性

一个造型优美的符号形式会引起接受者的好感并产生亲和力，从而引起对美的渴望及对自然的归属感。景观设计中的各个不同的符号，经设计者按照所表达主题的内容和要求进行处理后，能成为某种独特的景观元素。利用景观符号的“形”，使观者体会到设计作品的“意”，进而传达设计的“神”，正所谓聚形、延意、传神。

符号的使用与创造一定要准确、要恰如其分，与特定的主题有机结合，并与其他造型因素统一为一个整体。符号的表现物可以是艺术品、器物，也可以是植物、石头、水等，富有创造力的设计者能把生活中有意义的东西变成视觉符号。总之，景观设计是一个整体，符号化方法只是营造艺术氛围、表现设计思想的一种手段。

2.4 景观的其他相关要素

1. 时间要素

在人们置身景观空间被感知的过程中，“时间”是一个不能被忽略的要素，因此通常意义上的三维空间还应加上“时间”这一维度，使空间成为“四维性”。时间意味着运动，抛开时间研究空间将是乏味的，没有意义的。自爱因斯坦“相对论”提出以后，人们对空间的认识有了深化，认识到空间和时间是一个东西的不同表达方式。空间是可见实体要素限定下所形成的不可见的虚体与感觉它的人之间所产生的视觉的“场”，是源于生命的主观感觉，而这种感受是和时间紧密联系在一起的，人们在景观环境中对景观的观赏，是一种动态的观赏，时间就是动态的诠释方式。人在景观中通过体验时间的流逝和空间的变化，构成完整的感观体验。

景观的时间要素也可以指同一处景观在不同季节、每天不同时段的景色不同，还意味着景观是随着时代和社会的变化而发生变化的，这种变化取决于人类的欲望、生产技术以及自然力三个因素之间的相互作用和平衡的关系。景观，作为人类栖居地，从和谐的田园，到不和谐的大工业城市，再到田园城市理想，最终走到花园郊区和高科技园，是一个“欲望－技术－自然力”三者之间由平衡到打破平衡，再建立新平衡的过程。

人对自然经历了从恐惧到掠夺，再到友善的转变。景观也是由恐惧的、纪念性的，转变为亲切的、人性化与生态化的景观。

2. 声光电要素(见图 2-41)

景观是人置身其中感受的艺术，视觉、嗅觉、听觉、触觉等感官共同参与了对景观的体验，充分掌握与发挥声光电等要素在景观中的作用与造景方法是现代景观设计的重要内容之一。

声：指的是能够在景观中应用的声音，包括自然界的声音和人工之音，自然界的声音有风声、雨声、自然瀑布和溪流之声、虫鸟鸣叫声等；人工之声包括在景观中活动的人声(说笑吟唱、回声等)、丝竹之音、寺院钟声、人工溪流或瀑布的流水之声、使用现代科技模拟的音乐或其他声音、音乐喷泉的混合音等。无锡的寄畅园有一个巧借水声增色的例子——“悬淙涧”，人工太湖石堆积的假山形成八弯，假山间为山涧，引惠山泉水入园，西高东低，穿山而过，一泓泉水随涧而流，过弯发音，由于转弯处的高低、急缓不同，水流婉转跌宕，各不相同，淙淙有声，犹如八音齐奏，又名“三叠泉”或“八音涧”。

光：指在景观中使用的光，包括自然光源和人工光源及这些光源引起的光影效果。自然光源及其产生的光影效果有日光、月光、星光、景物在日月光下的阴影和在水面上的倒影、水雾在阳光下出现的彩虹等。人工光源及其产生的光影效果有照明用的各种灯(广场灯、路灯)、装饰用的各种灯(如霓虹灯、激光灯、草坪灯、水景灯等)、实用功能与装饰兼备的灯(如节日时悬挂的灯笼)等。

电:指的是能够在景观中应用的电器设备及其系统,即电子技术,包括产生景观中声、光、雾、泉及智能控制的系统设备与装置,综合了光学、电子、电机、机械与控制等技术。

随着科技的进步与发展,当代的景观艺术已经发展成为现代科技成果的综合体现,所涉及的构成因素也愈来愈复杂,并且融入了数码手段、声光电一体的方法等,成为现代景观新的亮点。

现代声光电技术运用于室外陈展、数控综合水景表演、水幕电影等,已是一种普遍现象,利用电影、声、光、电、多媒体、激光全息、互动感应式技术等高科技于一体的设备,通过幻影成像、多媒体投影、多维演示等形式,使观众通过视觉、听觉和触觉全方位直观了解展示内容,强化场景展示的表现力、感染力和震撼力。

在室外的景观设计中,声光电等高科技手段也开始占有越来越多的分量,在北京奥运场馆和开幕式上广泛使用的LED(发光二极管)就是一种新型照明技术,彻底颠覆了传统意义上的照明。景观场所把舞台的概念引入其中,达到"全动态、全变色"的设计效果,控制系统独立运行,在不同时段自动变化色彩,不但能出现各种颜色,还可以播放各种特效水幕电影,比如鱼在水里游动、海底世界等图案,使水景宛若一个巨大的梦幻舞台,流光溢彩,宛若梦境。值得一提的是焰火的使用,借助于先进的科技,斑斓的焰火璀璨多变,静态的景观在不断变幻的动态焰火的映衬下更增添了别样的魅力。

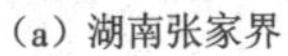

（a）湖南张家界

（b）云南石林

图2-1 山石景观

（a）某森林

（b）桂林阳朔

图2-2 植物景观

（a）新疆天地

（b）九寨沟黄龙

图2-3 水域景观

（a）长城

（b）洛阳龙门石窟

图2-4　历史人文景观

把可视的形象概括为垂直与水平的结构秩序，创造了“加号与减号”的特殊绘画样式，成为形式的抽象化先例。

（a）抽象画（蒙德里安，1925年）

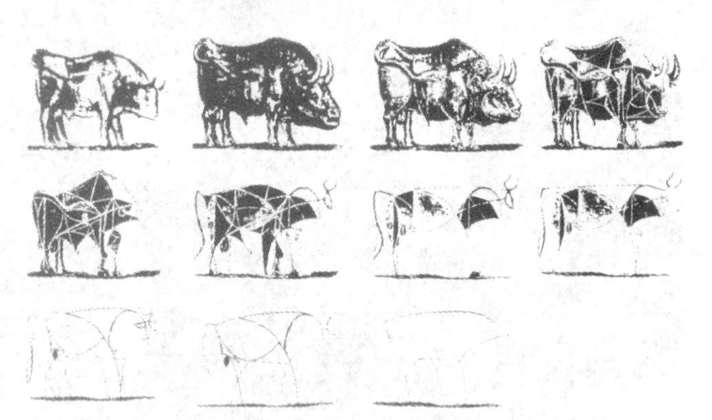

从写实的牛到造型描绘，渐变为大块面的概括，到立体主义的结构分解，直至单纯简练的点、线抽象形态，既提炼又含蓄，且富于鲜明特征，是从具象形转换为抽象形的典型范例。

（b）牛的抽象（毕加索）

灵感

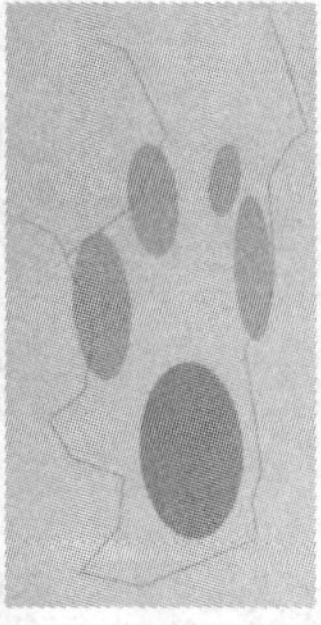

分区

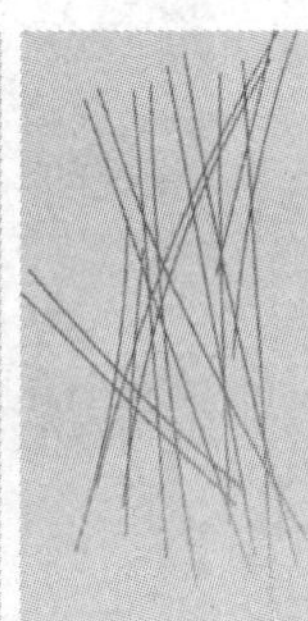

分界

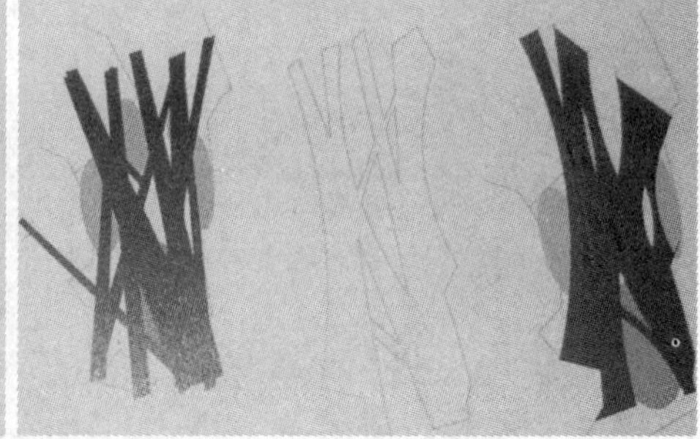

拓展

（c）树杆的抽象

图2-5　形态的抽象

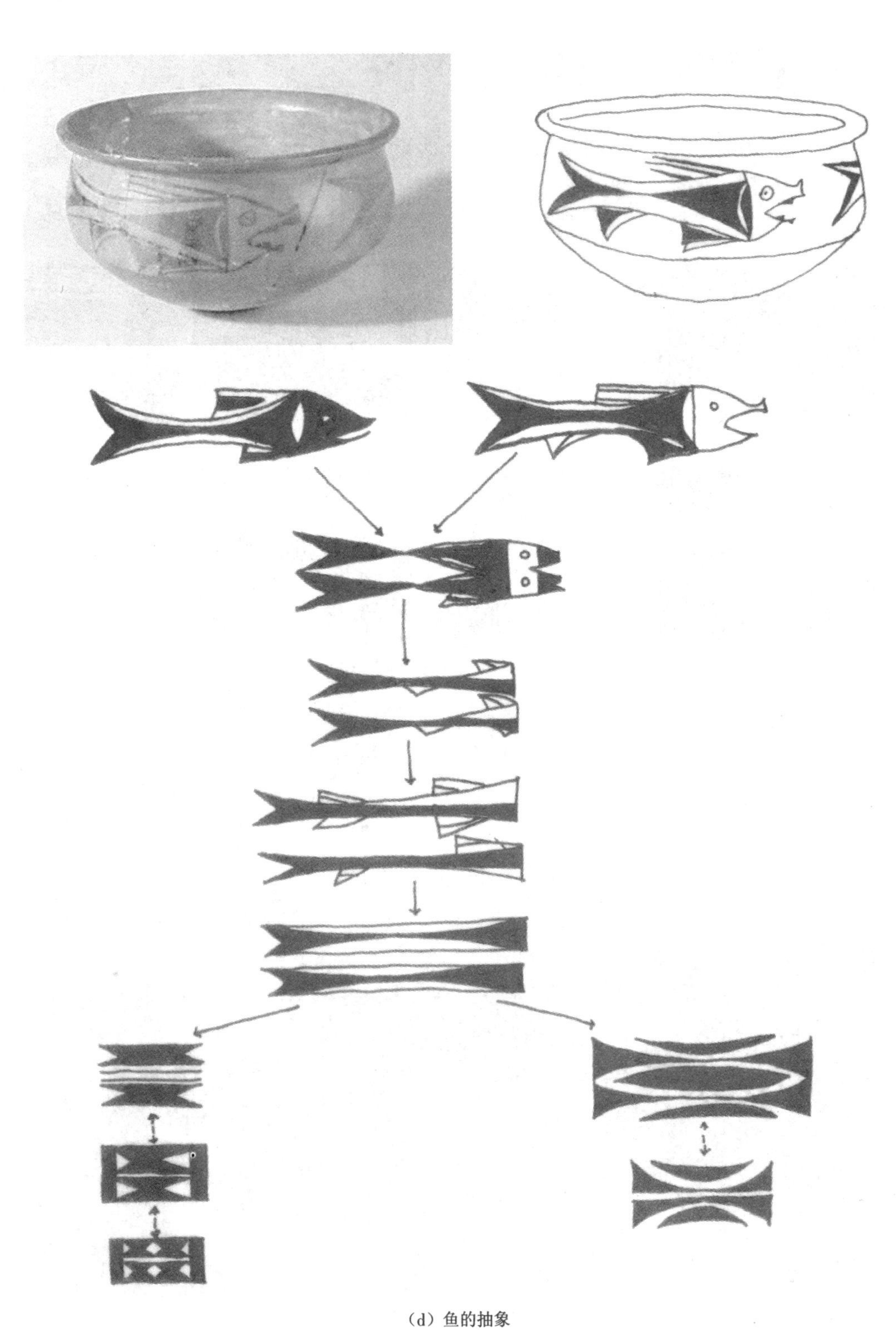

（d）鱼的抽象

图2-5 形态的抽象（续）

（a）不同材质与色彩的硬质铺地

（b）澳门中心广场

图2-6　硬质景观要素——铺地

图2-7 硬质景观要素——景墙

图2-8 硬质景观要素——小品

(a) 垃圾桶

(b) 座椅

图2-9　硬质景观要素——服务设施

（a）植物种类

图2-10 软质景观要素——植物

（b）植物的配置

图2-10　软质景观要素——植物（续）

（a）静水——九寨沟静静的水面

（b）流水——山间潺潺的小溪

（c）喷水——夏威夷檀香山的天然喷泉

（d）落水——贵州黄果树瀑布

图2-11 水体的形态

（a）喷

（b）涌

图2-12　水景的形式

(c) 泻

(d) 幕

图2-12 水景的形式（续）

（e）流

图2-12　水景的形式（续）

图2-13 中国古典园林中的山石

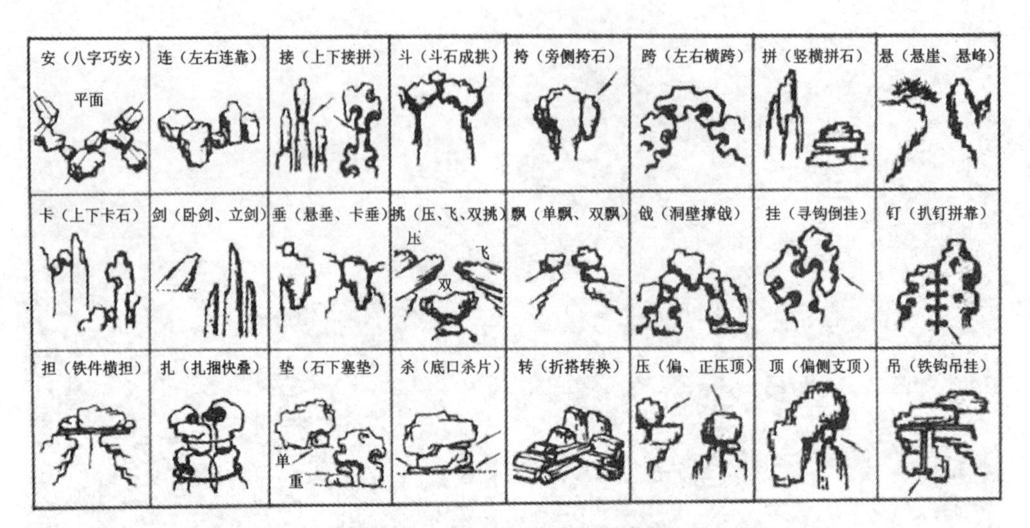

图2-14　掇山造型手法示意图

图2-15　中国古典园林中的水体

（a）留园中的桃花

（b）苏州拙政园中的荷香四面亭与满池的荷花

（c）扬州个园夏景

（d）雪景

图2-16 中国古典园林中的植物

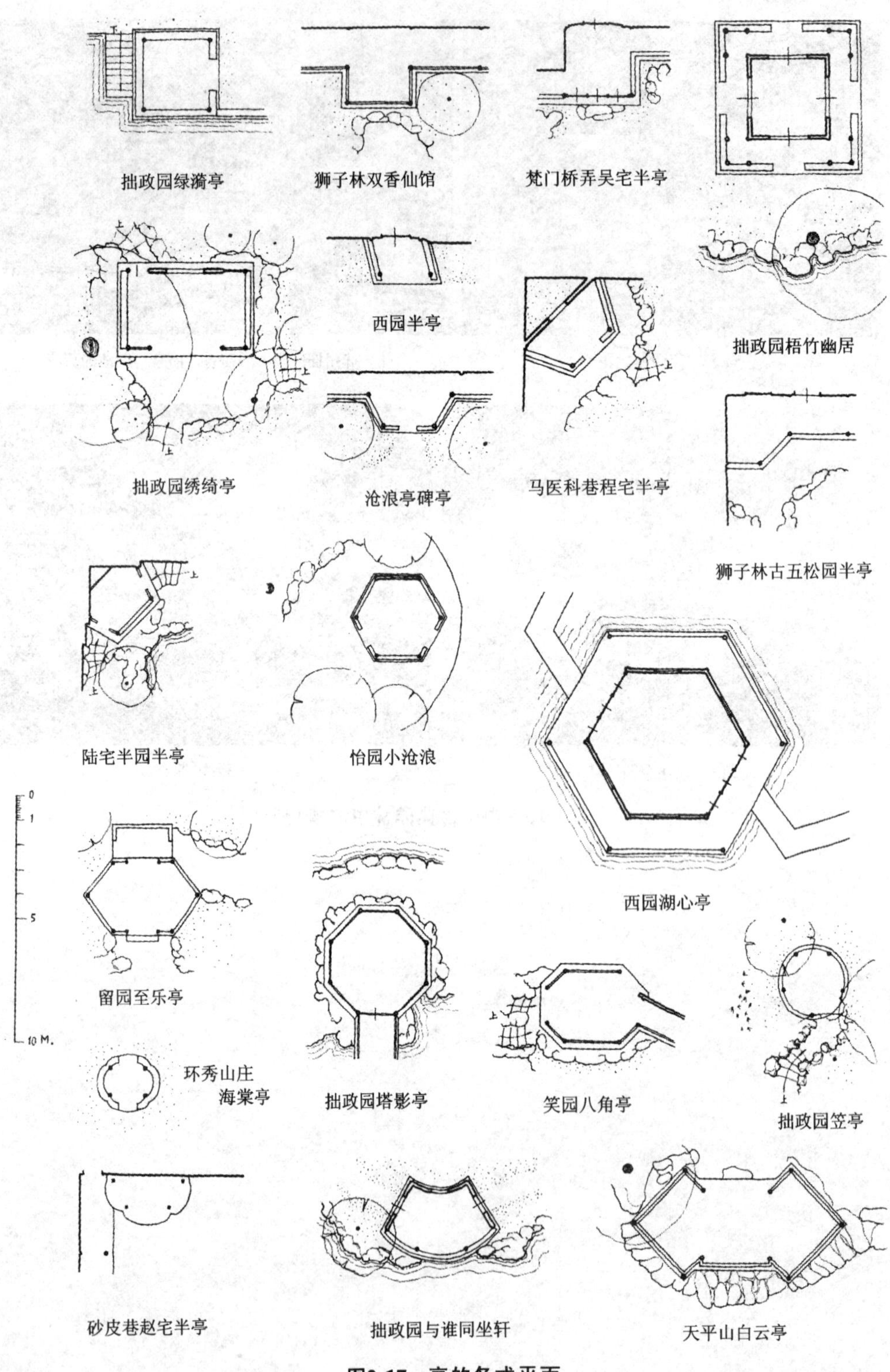
拙政园绿漪亭
狮子林双香仙馆
梵门桥弄吴宅半亭
拙政园梧竹幽居
西园半亭
拙政园绣绮亭
沧浪亭碑亭
马医科巷程宅半亭
狮子林古五松园半亭
陆宅半园半亭
怡园小沧浪
西园湖心亭
0
1
5
10 M.
留园至乐亭
环秀山庄
海棠亭
拙政园塔影亭
笑园八角亭
拙政园笠亭
砂皮巷赵宅半亭
拙政园与谁同坐轩
天平山白云亭

图2-17 亭的各式平面

图2-18 亭的造型

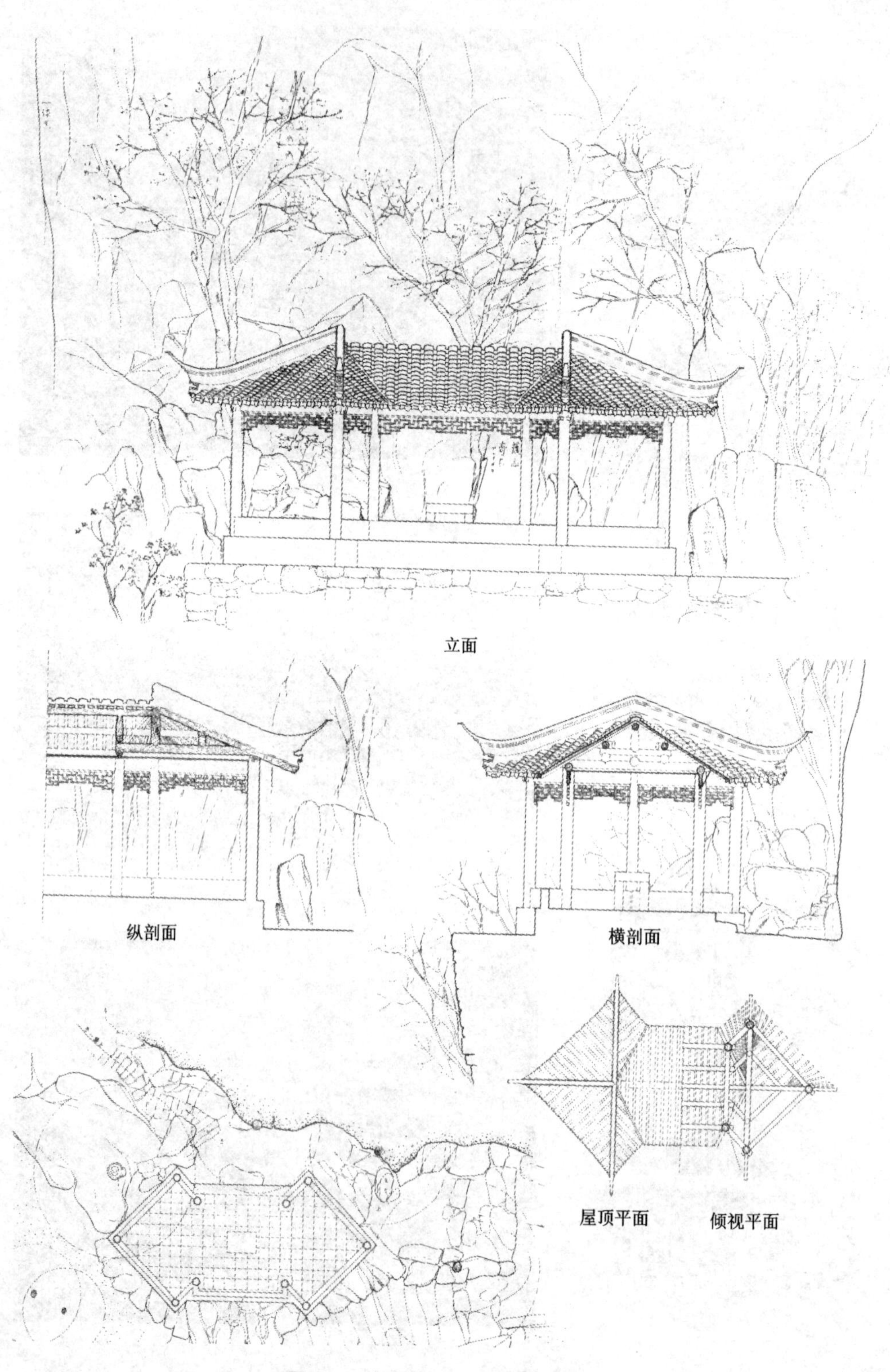

图2-19　中国古典园林中亭的选例

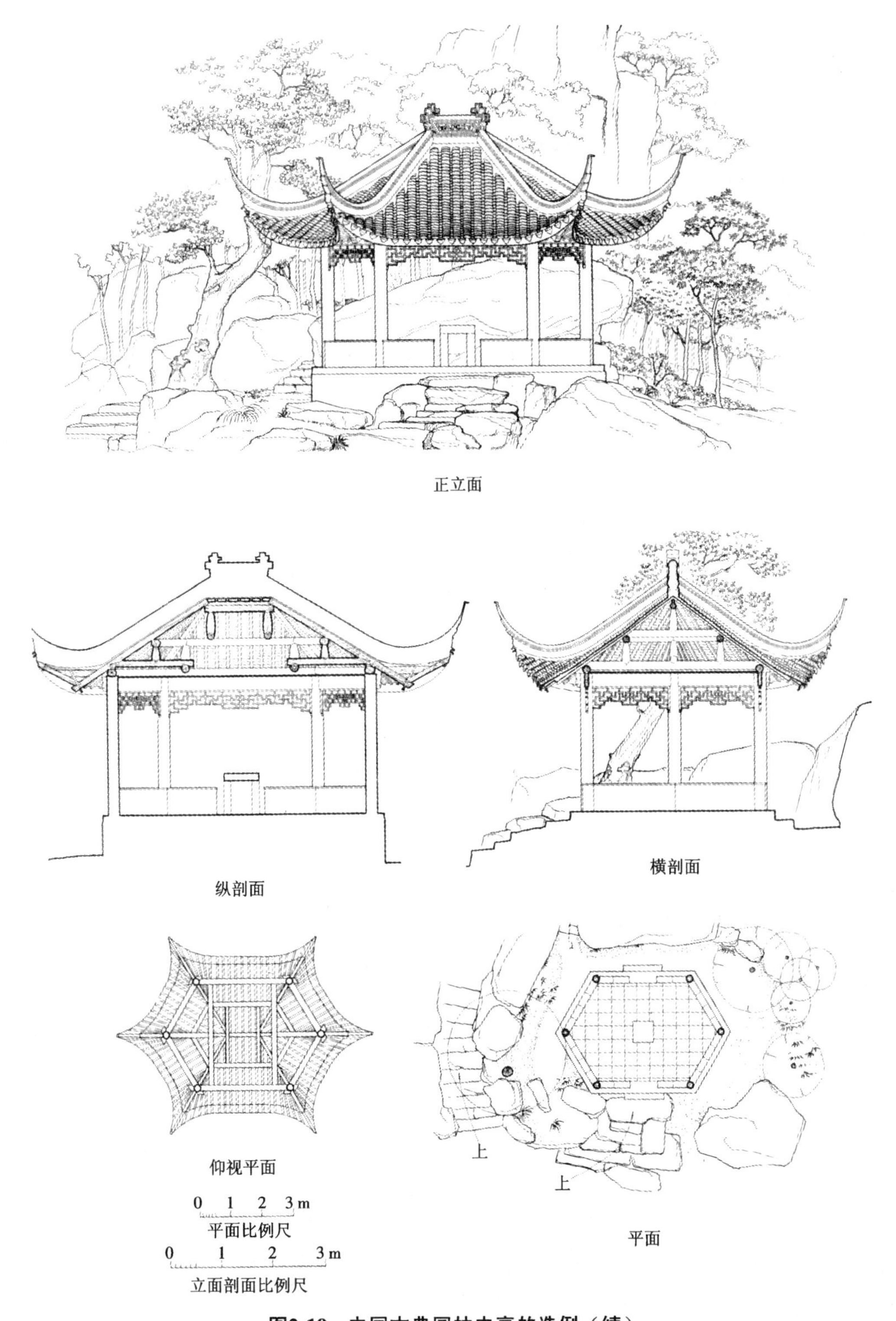

图2-19　中国古典园林中亭的选例（续）

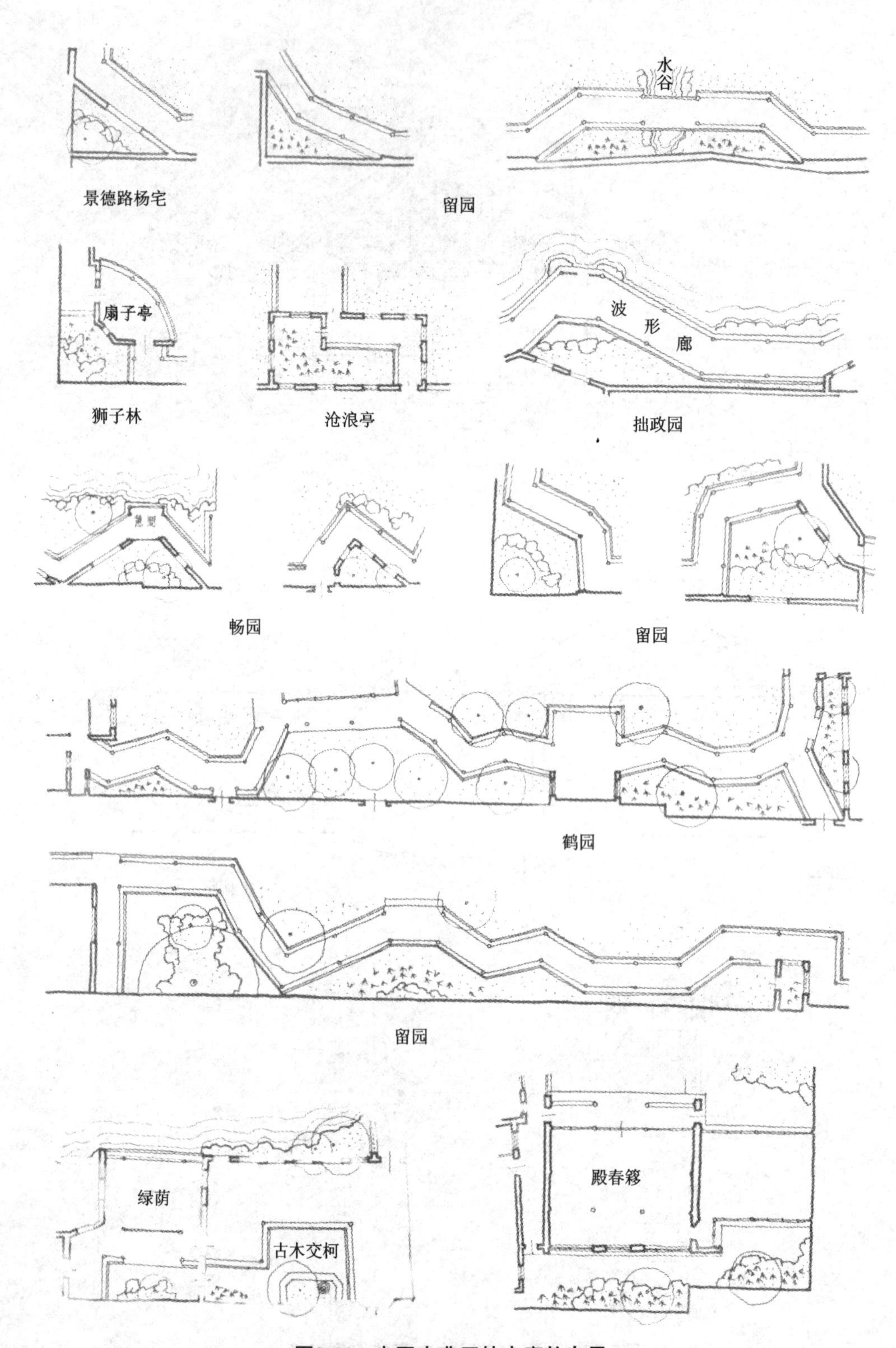

图2-20 中国古典园林中廊的布局

(a) 扬州寄啸山庄楼廊

(b) 避暑山庄金山爬山廊

(c) 拙政园西部水廊

(d) 拙政园小飞虹廊桥的插入增添了景致的层次

图2-21 中国古典园林中廊的造型

（e）曲廊一角的空间粉墙、廊影、山石、疏竹形成一景，曲折有致

（f）岳麓书院爬山廊

图2-21　中国古典园林中廊的造型（续）

图2-22 中国古典园林中的桥

（a）颐和园 清晏舫

（b）拙政园 远香堂

（c）网师园 殿春簃

图2-23　中国古典园林建筑

（a）狮子林小方厅北廊东端

（b）狮子林燕誉堂北院走廊

（c）留园古木交柯前走廊

图2-24 中国古典园林中的漏窗

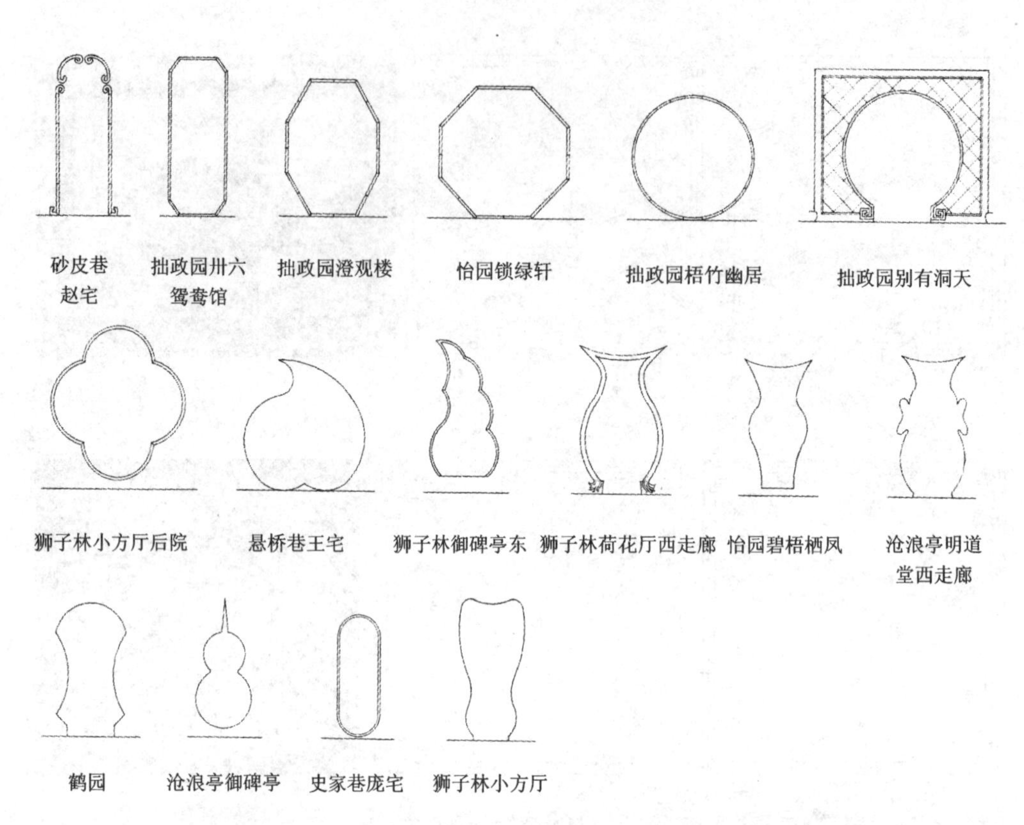

图2-25　中国古典园林中的各式园门

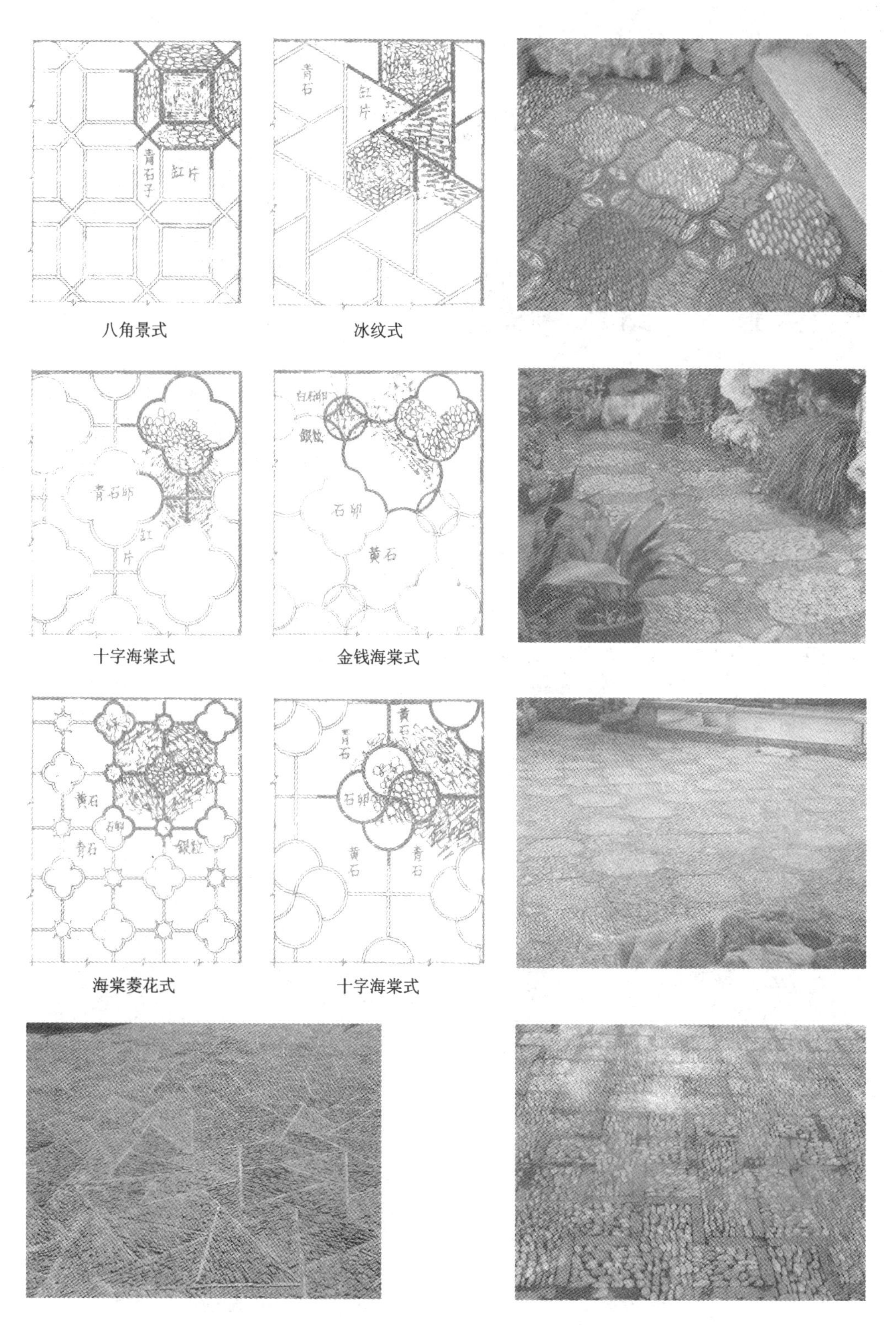

图2-26 中国古典园林中的铺地

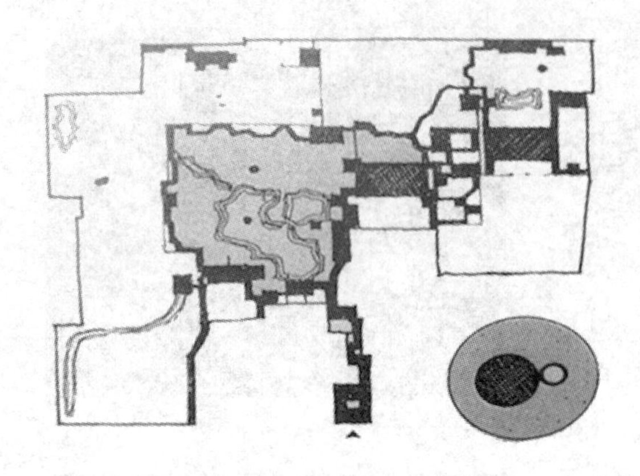

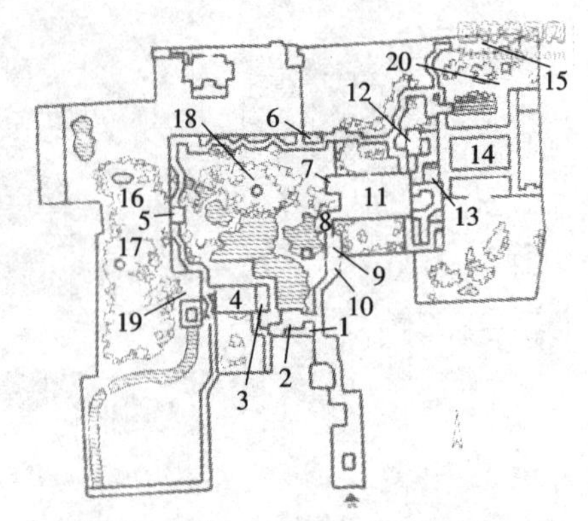

1.古木交柯　2.绿荫　3.明瑟楼　4.涵碧山庄　5.闻木樨香轩　6.远翠阁　7.汲古褥绠处　8.清风池馆　9.西楼　10.曲溪楼　11.五峰仙馆　12.还我读书处　13.揖峰轩　14.林泉香硕之馆　15.冠云楼　16.至乐亭　17.舒啸亭　18.可亭　19.活泼泼地　20.冠云亭

（a）留园总平面图

（b）留园中部剖面图

（c）网师园中部鸟瞰图

（d）拙政园局部鸟瞰图

图2-27　中国古典园林示例

（a）无锡寄畅园中的墨迹

（b）苏州定园廊中的匾额

（c）岳麓书院厅堂内的匾额、对联与书画

图2-28　中国古典园林中的墨迹书画

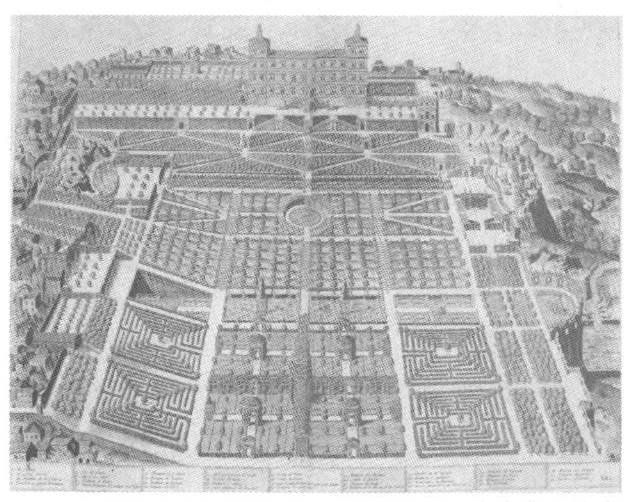

图2-29　西方古典园林建筑

图2-29　西方古典园林建筑（续）

图2-30　修剪成形的植物

图2-31 图案花坛

图2-32　植物迷阵

图2-33　喷泉

图2-34 雕塑

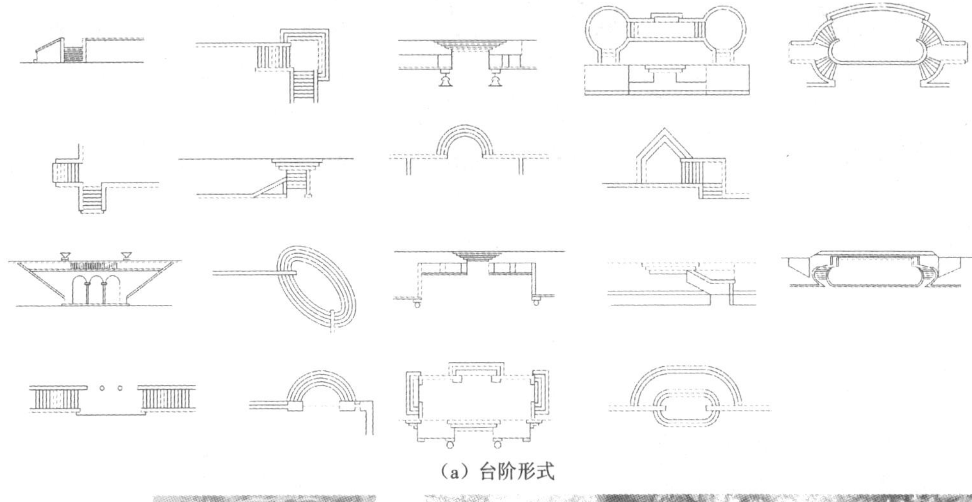

（a）台阶形式

（b）仿古典台阶

（c）喷泉

图2-35 台阶

（a）细部、雕塑

（b）亭

图2-36　伊斯兰传统庭院

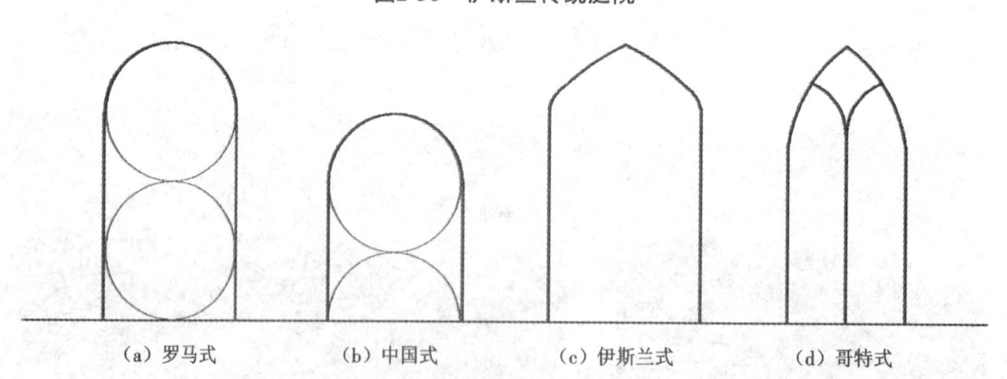

（a）罗马式　（b）中国式　（c）伊斯兰式　（d）哥特式

图2-37　传统拱门的符号

八角星形是典型伊斯兰建筑所创的几何花纹，随着花纹的不断发展，已成为独具风格的一种文化符号。

（a）伊斯兰窗棂

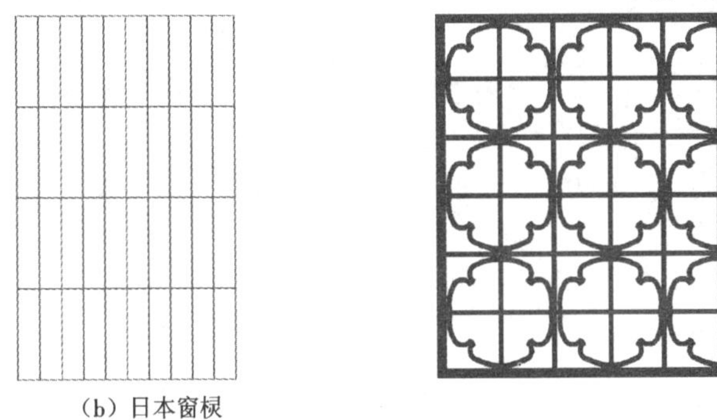

（b）日本窗棂　　（c）中国窗棂

图2-38　传统民族窗格的图像

运用变形的古典柱式与意大利地图的轮廓作为象征性符号，表达了美国的意大利移民的民族眷恋之情。

图2-39　新奥尔良市意大利广场

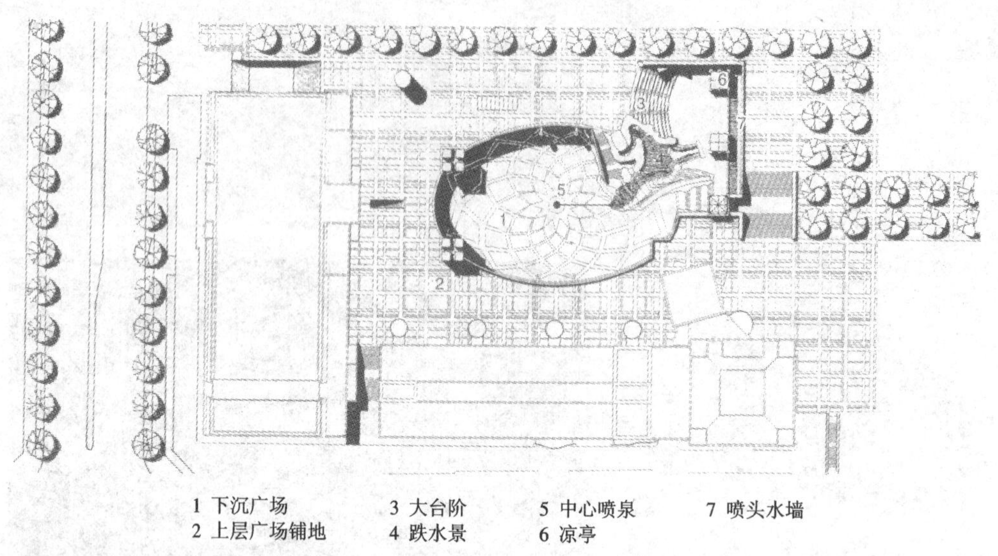

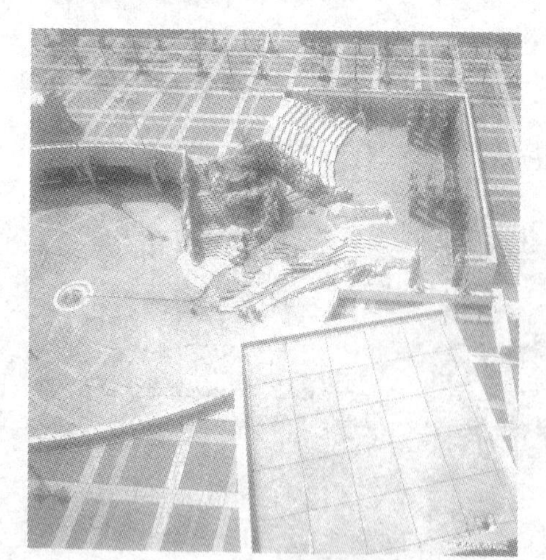

这是在科学城地下商场屋顶的铺装，集合了多个著名设计作品的元素：米开朗基罗的罗马卡比多椭圆形下沉广场；水池堆石，顶部缠着黄飘带的雕塑般金属树形，是英国设计师汉斯·霍因在维也纳旅行社室内设计的复制品；层层的跌水设计手法受到美国园林大师海尔水景设计影响。多样的拼贴与手法主义影响，呈现出十分典型的后现代主义自我意识的表达。

图2-40 筑波科学城中心广场（日本，筑波市茨城县，矶崎新）

图2-41 景观中的声光电要素

图2-41 景观中的声光电要素（续）

3　现代景观构成要素

构成，是现代视觉传达艺术的理论基础，主要研究设计中基本要素的构成及其形式规律问题。作为现代设计领域中一个专门的学科，构成是现代设计的主流，被当今各个艺术、设计门类所运用，如工艺美术、建筑艺术、室内装饰等。由于现代设计是视觉艺术形态的设计，视觉将对设计物产生主客体间的审美感知，乃至由此而发生情境互动的移情作用，因此，在现代设计的诸多领域，尤其在现代设计的基础教育中，构成已成为一门重要的必修科目，对实际设计具有重要的理论和实践意义。

景观设计作为现代设计中的一个门类，是一门十分注重平面与主体形态整体知觉的艺术，它通过设计者所创造的景观艺术视觉形态向接受者展现其独特的美感特征，具有现代设计的共性。这正可以从现代的构成艺术中得到很多的借鉴。

以点、线、面、体、空间为研究对象的构成艺术是理性的研究视觉规律，并运用抽象形式组织构图的艺术，能够培养设计者的基础造型能力和创造力，启迪创造的构思，提高审美能力和判断力。

现代景观是研究如何应用艺术和技术手段处理自然、建筑和人类活动之间复杂关系，使之达到和谐完美、生态良好、风景如画之境界的学科。景观艺术要求功能性与艺术性的完美结合，通过一定的艺术手法使功能性设施艺术化，使艺术化的设计功能化。构成正是达到艺术化与功能化的方法与表现手段。现代景观设计从萌发到日趋成熟，许多设计师都对其形式的探索做出过贡献，构成已成为景观设计师常用的设计语言之一。

构成在现代景观设计中的应用，主要是利用构成的基本要素来创造形象，获得所需要的形或空间来愉悦人的视觉；并利用构成的形式原理和方法，处理形象与形象之间、空间与空间之间的联系，从而构成景观的整体布局。

现代景观的构成元素多种多样，造型千变万化，从构成的角度来看，这些形形色色的元素与造型实际上可看成是简化的几何形体削减或叠加的组合。也就是说，景观设计的基本语言可概括为构成艺术中的点、线、面、体和空间造型要素，通过它们来体现景观的表现形式，控制景观的图形表达方式，构成景观设计中美的形式和丰富多彩的景观。因此，掌握构成要素及其特征是景观设计的基础。

3.1　点

在几何学上，一个点可以在空间界定一个位置，作为概念要素，它没有大小、长度和宽度。在构成设计中，点作为最简单的构成单位，是线的端点和结点，又是一切形态的基础，更多的是有着美学的意义。它是具有大小、形状、色彩、肌理、空间、位置等特性的造型元素。

3.1.1 点的特征

1. 点的大小

点的大小是相对的，其界定是以人的主观感觉为标准，具有一定的宽容度。在一定的限度内点的特征明显，超过这个度，点就会形成面。点的大小不同，形成视觉语言的表现力也不同(见图 3-1)。

2. 点的形状

点的形状是由点的特点所决定的。点可以有任何外形特征，可以是圆形、方形、尖形以及各种自由形，自然界中各种植物的花、叶、果等也能形成点的语言(见图 3-2)。不同形状的点遵循美的形式法则的不同排列与组合会形成不同的视觉效果。

3. 点的位置

点是具有空间位置的视觉单位，点最重要的视觉特征之一就是表明相对的空间位置，具有均匀的占领周围空间的特性。它没有方向性和连接性，也无具体的尺度，是相对周围环境所定义的一个相对概念。

3.1.2 点的构成

1. 点的数量与组合

(1) 单点

当构图布局中只有一个点时，点从背景中跃出，最容易成为视觉中心吸引人的视线，具有很强的强调、调节和修饰作用，在构图中往往能产生中心感。类似画龙点睛的作用，点把视觉向中心集中，从而形成视觉的焦点与画面的中心。点虽小，但其扩张性却决定了其在视觉上占有更大的空间。也就是说，独立的点在空间中具有明显的张力作用，在视觉心理上有一种空间感(见图 3-3)。

当点位居于构图布局中心位置时，与画面的空间关系会显得很和谐；当点位居于构图边缘时，就改变了画面的静态平衡关系，形成了紧张感而造成动势(见图 3-4)。

(2) 双点

如果在一个空间内，有两个相互分离、大小相等的点，人的视线就会在两点间往返，在心理上产生“线”的反映，而点与背景的关系则退居第二；当两个点有大小区别时，视觉就会先落在大点上，然后再移到小点上，产生明显的运动趋势，并具备了时间的因素(见图 3-5)。

(3) 多点

如果有三个点，视线就在这三个点之间流动，令人产生三角形面的联想。若是四个点，则会暗示出四边形的面(见图 3-6)。三个或四个大小相同或不同的点排成线，会产生节奏、韵律和方向的效果。

(4) 点群

一般来讲,点群有三种效应(见图 3-7):

一是大小相同的点群会产生面的效果,这种面像针织网扣的结构一样,是半实半虚的面。

二是大小不同的点会产生运动感和空间感,运动感是由点的始动和终止感决定的,空间感是由"近大远小"的透视现象引起的。

三是若按照一定的方向和间隔排列,会形成韵律与节奏,产生时间的联想。尤其是大小不同的点组合,更容易使人产生连续、休止、再连续的时间感。

众多点的聚散,则会引起能量和张力的多样化,这种复杂性常常给构图带来生动的情趣(见图 3-8)。

2. 点的线化与面化

在景观设计中,点的线化或面化通常表现为同一造景元素的重复运用,它们疏密相同或不同的排列,会形成有层次、有韵律感的景观。例如植物的种植,因为植株之间有一定的间隔,植物的线性分布在平面图上体现为线,当它们呈片状分布时则体现出面的形式。其他的构筑物也是如此,当众多点出现间距就会有线或面产生。在道路两侧或广场四周摆放大型石头或排植乔木,使空间的围合更有线的神韵。

(1) 点的线化(见图 3-9)

在空间中连续排列的点,在视觉上产生一种线的感觉,称为点的线化。点的线化是由于点之间的引力关系所形成的,而引力的大小和强度与点之间的距离和点的大小有关。一方面,距离较近的点比距离较远的点引力强;另一方面,点之间的引力与点的强度(由面积、形态所决定)成正比。在大小不同的两点之间,小点易被大点所吸引,所以视线就按照从大到小的顺序移动。

(2) 点的面化(见图 3-10,图 3-11)

点的集聚会产生面的感觉。经过点的面化之后,点本身的造型意义也随之隐含于面的转化中。点的均匀集聚,会形成一种严谨的结构,具有严格的秩序性。点的疏密不同的集聚,则会产生明暗的变化。点排列越疏松,面就越虚淡;点排列越致密,面就越实在。点的大小或配置上的疏密,还会给面造成凸凹的立体感。所以,通过点的巧妙排列(如位置大小、疏密等的变化),可表现曲面、阴影及其复杂的立体效果。然而,这时的面只能呈现出朦胧和虚淡的特征,它和点的线化一样,将人们的设计意识指向了点以外的"线"和"面"。

3. 点的虚实(见图 3-12)

内部充实、轮廓清晰的点,称为实点,点的感觉强;反之,轮廓不清,或者中空的点,以及四周由某种形态所包围,中间留下空白所形成的点,称为虚点,点的感觉较弱,但有柔和的视觉效果。

虚实的处理在二维视觉中是相对并存的。然而,虚与实在感知过程中由于打动知觉的强度是相对的,因此,它们无形中产生了对比。有意在点的构成中抓住这种对比关系，可使“点”在构成的巧妙、视觉的张力、刺激的强度等方面产生多样性的美感。

3.1.3 点的视觉要素

1. 点的肌理与色彩

点的肌理是由点按照有序或无序的方式组合后所形成的视觉状态，这些状态可以分别形成各种不同的视觉冲击和情感感受。点的色彩附着在点的形态上，根据形态的变化，色彩对它的语言表达有较强的能动作用，并引申出点形态视觉外的主题含义（见图 3-13）。

2. 点的错视

所谓错视就是感觉与客观事物不相一致的视觉现象。在构图中“点”与“点”之间会因其所处背景空间、环境以及“点”自身色明度差异，而引起视知觉发生错视现象。点的前进与后退、膨胀与收缩感就是视错觉的具体表现。

如同样大的点，往往白色的感觉较大，黑色的较小；同样大的两点，在一个周围放置更大的点，一个周围放置更小的点，前者感觉小，后者感觉大，这是对比产生的视错觉。在两条直线的夹角中，同一大小的两个点，由于其位置不同、距角尖端的远近不同，便会产生靠近角尖之点大的感觉（见图 3-14）。

3.1.4 点的作用

1. 点的相对性

点在景观中处处可见，相对于它所处的空间来说，体积较小的或是远的物体通常可看成景观空间中的一个点，如一件雕塑、一把座椅、一棵孤树、远方的建筑等。也就是说，景观空间里的某些实体形态被看成点是取决于人们的观察位置、视野和这些实体的尺度与周围环境的比例关系（见图 3-15）。

在景观艺术中，点的要素还通常以“景点”的形式存在。景点是一个具有审美价值的物质形象。它相对于整个园林景观的大范围而言，就是一个点的概念。在过去，点经常被用于一个特定的目的，标志领土、充当标界、作为重大设计的焦点，或者仅仅为一个特色的景观提供一个兴趣点，如古代突出的巨石、地平线上的纪念碑墓、教堂的顶尖等。在现代景观设计中，为了突出设计主题或者给景观提供一些兴趣点，规划设计的一些景点也可以作为点来理解，如入口节点、中心广场、景端、雕塑、喷泉等。这些节点一般都比较丰富，空间位置特殊，是视觉的焦点或构图的重点，容易引起人的注意，是一种具有中心感的缩小的面，通常起到画龙点睛的作用，是整个景观风格和主题的体现。

2. 定位和引导

从前文分析可知，点对图形和形态在视觉感受上的有集中和凝固的作用，因而它具有定位性。而且，点不仅对周围的边沿有一种“向心力”，而且能够从较大的形态中分离出来，吸引人的目光，从而对视觉产生特殊的引导效果。在景观设计中，可利用点的这些视觉特性给空间或者地面以视觉的定位，以聚焦人们的注意力和目光（见图3-16）。

3. 突出和强调

在景观空间中选重点区域重点设计，可使之在构图上占据“力场”的中心点或关键点，让人的眼光汇聚到此。也就是要选择景观主题，突出重点，要有能吸引人的地方。对它的经营和处理，可以起到控制全局的作用。利用点的强调作用，也可以将景观空间中需要局部强调的地方以“点”表示，起到聚焦的作用，使之引起人的视觉注意。

4. 点示和装饰

景观设计中，表现为平面和空间中的点缀的较小的构筑物或者植物、石头等，它们是整体环境的点缀或装饰，丰富了景观内容。

中国传统园林造园的重要手段之一——点景（见图3-17），其构景之要谛就在于画龙点睛的点示景物。点景物在景观中虽不一定是主景，但在点景上的任何不当或草率，都会破坏整体的协调，减弱作品的感染力。“点”的恰到好处要求精心设计，园林点景的技术与艺术方法可概括为：重天然、不强为；因地制宜、因景制宜、因势利导地完善表现诗情画意。

3.2 线

在几何学中，线是点运动的轨迹，又是面运动的开始。它只有位置、长度而不具宽度和厚度。在构成艺术中，线条是对自然的抽象表现，三次元的自然空间中，一切物体都有其独自的空间位置和体积，占据一定的空间。线是从这些体积中抽象概括出的物体的轮廓线、面与面之间的交界以及面的边沿等。

构成设计中，线条在画面中的位置、长度、宽度及相应的形状、色彩、肌理等都是非常重要的。它们都有着各自不同的性格和情感。与点强调位置与聚集不同，线更强调方向与外形。

3.2.1 线的特征

1. 线的粗细

线在视觉上表现为“长”的特征，线有宽窄之分，但长度与宽度相比，比值越大，特征越强，比值越小，特征越弱。粗线富有男性的强有力的感觉，比细线具有更多面的性质，但缺少细线特有的敏锐感。细线无面的性质，具有锐利、敏感、快速度的感觉。

线的粗细还具有远近感和方向性。在空间经验上，粗线比细线近，细线具有退远的感觉。3～5之线段中，其要素复杂化时，线3的左端感觉较近，右端则有无限远的感觉；线4，中央较近，两端较远；线5，中央较远，两端较近；线6随其宽度的变化而有不同的远近感产生（见图3-18）。

2. 线的类型与性格

形形色色的线从形状上来说，可从三方面描述：①“线”的总形；②“线”的本体的线；③“线”两端之形。其一般可归纳为直线和曲线两大类。

<table>
<tr><th>直线</th><th colspan="2">曲线</th></tr>
<tr><td rowspan="6">垂直线
水平线
斜线</td><td rowspan="5">几何曲线</td><td>弧线</td></tr>
<tr><td>抛物线、圆锥曲线</td></tr>
<tr><td>双曲线</td></tr>
<tr><td>螺旋线</td></tr>
<tr><td>高次函数曲线</td></tr>
<tr><td colspan="2">自由曲线（徒手曲线）</td></tr>
</table>

直线是最基本也是运用得最为普遍的一种线型，具有简单明了、直率的性格，显示理性的特征。根据直线的粗细不同可表现出不同的视觉感受。细直线体现速度、敏感、锐利、秀美；粗直线体现力量、阳刚、朴实、厚重。

另外，从线的方向来说，不同方向的直线能反映出不同的感情性格。其中，水平线给人静止、安定、平和、静寂、辽阔、疲惫的感觉，并会由此联想到与之相关的主题内涵；垂直线给人庄严、崇高、向上、挺拔、正直、主动、阳刚等情感联想；斜线则极易使人产生不安定感、运动感和暂时感。不同倾斜角度的斜线也反映出不同的情感。

曲线具有柔美、流动、连贯的特征，它的丰富变化比直线更引人注目。曲线又可分为几何曲线和自由曲线。

几何曲线：使用绘图工具制作出来的曲线常称为几何曲线。它是数理规律在视觉上的反映。其有序、合理的视觉表现赋予它易识易记、简洁明快、圆润饱满等情感特点。常见的几何曲线包括圆、椭圆、抛物线、各种弧线、涡线等。由于几何曲线在数理方面的特性，它可以复制，也较容易获得对称和秩序美感。

自由曲线：常指徒手画出的曲线。它自由、富有个性且不易重复。由于在表现过程中加入表现者的主观感受，因此自由曲线具有柔和、灵巧、随意、生动等特点。

根据线条空间性、方向性、节奏感的不同可以构成不同的形态，表征不同的心理感受（见图 3-19）。

3. 积极的线和消极的线

根据线存在的状况，可分为积极的线和消极的线两种。

积极的线，是指独立存在的线，如绘画中的线条，三维形态中各种线类材料如钢丝、绳索等实际存在的线条。

消极的线，是指存在于平面边缘或立体棱边的线，两形面相接、两色面相接处所形成的线，不相接的点所形成线的效果等非独立存在的线条。例如虚线、转折处的视觉连接、线中断位置的重复、位移处的视觉连续等。

另外，视觉上不存在的、因物象间的关系产生心理张力，使观者感觉有线存在的隐藏线，也是消极线的一种，是指心理的线（见图 3-20）。

4. 线的错视

线的错视指线与线或线与其他形构成时，相互对照使线的性质与实际情况发生偏差的现象。常见的有长短、粗细、曲直、面积、方向、角度和明度的错视（见图3-21）。

与点的错视一样，线的色感、位置关系和周围形态的影响都可造成错视，除此以外，来自透视的因素也很重要。这是因为人在感觉立体空间时，纵深性直线会在平面上表现为斜线，同等的形会有近大远小的视觉效果。因此，当人们看到斜线的组合及大小渐变的形态组合时会产生空间感，而空间感有时又会导致错视。

错视现象是一种客观存在的现象，是人正常的心理现象。认识这种现象，可避免设计中不必要的偏差，还可以利用这种奇异的视觉现象来创造意想不到的效果，使设计更加有趣。

3.2.2 线的构成

1. 点化与面化

如果线的长度不够，就会失去线的特性而变成点。将一条线切成许多段，形成虚线，也可能会产生点的效果，形成所谓“线的点化”现象（见图 3-22），或是从点的角度而言，就是“点的线化”现象。

无论是直线或曲线，只要增加它们的数量，排列起来就会形成面的感觉，这种情况称之为“线的面化”。线的面化可以在二维平面中产生三维空间的感觉，增加了深度的表现及空间的意象（见图 3-23）。表现线的面化方式，除了使用密集的线之外，线本身外形亦可表现出曲面、凸面、凹面等各种面形，即线的群化。此外，线是构成骨格的主要因素，相对于面，线起着分割的作用，在构成设计中，各种骨格以线的间隔、等差、等比等数列关系以及形象的放置可创造出变化万千的视觉形象。

2. 积聚与群化（见图 3-24）

线的积聚无论在自然世界和造型世界都有无数实例。线作为形态被分割的单元虽不是很显眼的角色，可是在积聚的构成中都显示出极其丰富的作用。

如前所述，线是点的位置移动的结果，因此，线具有长度、移动速度和方向三大特征。

① “线”加上宽度时，其构成能产生具有远近感、立体感的视觉效果。

② “线”的连接方法不同，并变化其“长度与宽度”或“宽度与方向”就可表现曲面或折面。“线”是形成三次元的构造物。

③ 线可以作为辐射构成的基本形。中心发往不同方向的线能产生辐射性视觉。这种发射图案容易引人注目，具有渐变的特殊视觉效果。

④ 线条粗细相等，使人感到其都在同一空间。这种知觉，由于交叉更加增强。如在垂直、水平方向之直线上，加上斜线，就能增加远近感。

总之，线的积聚与群化依靠方向、疏密、粗细等因素。方向——得到动感；疏密——形成空间感；粗细——赋予面的感觉以及间隔疏密的结合产生不同的肌理。

3.2.3 线的作用

线在景观空间中无处不在，横向如蜿蜒的河流、交织的公路、道路的绿化带等，纵向如高层建筑、环境中的柱子、照明的灯柱等，都呈现出线状，只是线的粗细、尺度不同。线的构图在景观设计中运用广泛，尤其是在道路和绿化设计中的运用。构成知识丰富的设计师常用多样线条进行景观构图，以传达丰富的视觉信息和思想情感。

1. 引导方向(见图 3-25)

线能够在视觉上产生流动感和方向感，它的导引功能在景观中主要体现在道路上，通过路径交叉、宽窄、曲直、坡度的变化，使人流加速、停滞、分流、汇集和定向。除了作为游览线路的交通功能外，更重要的作用是作为景观的结构导引脉络。

2. 限定边界(见图 3-26)

景观中通过线来限定边界可以分为两种情况：一种是同质面域之间由于高差方向不同引起的边界，如下沉式广场的两个台面之间的边界；另外一种是异质面域之间的边界，如水面与陆域之间或草地与铺地之间的交界线。

3. 分隔空间(见图 3-27)

线对面的作用是切割与划分，对建筑是通过墙体、门窗的线来分隔立面与空间的，而在景观规划设计中，线划分空间的作用更为丰富，它包括路径、构筑物、植物、地形等。利用一条路、一行树、一排绿篱、地形起伏等都可以分隔特定的空间。

4. 审美功能

线是最基本的视觉要素之一，景物的轮廓和边缘形成特定的风景线，在构图中起到十分重要的作用。线条有粗细、曲直、浓淡、虚实之分，每一种线的变化都具有特殊的视觉效果，不同的线条给人以完全不同的视觉印象。

西方古典景观中出现较多的几何式花坛及人工剪裁的树木，如法国的凡尔赛宫的庭园，其充满力度的直线与柔美的曲线卷草图案都显露出一种浓厚的驾驭自然的人工意味。

我国传统园林则属于自然式园林，曲线运用得淋漓尽致。有机的曲线随势而设，比直线更加灵活舒展，给人以优雅、柔美、轻快的感觉，创造出丰富的表现力，使人们能够从紧张中得到解放。

5. 线的分割与装饰(见图 3-28)

线在构图中可以分割画面，制造面积，产生节奏，表达多种象征性功能。景观设计中，通常运用形式美的原则，将直线、射线、弧线、折线等按照对称、均衡、节奏、韵律、调和等形式规律，以面为琴、以线为弦，用线来分割面，追求线的平面装饰美的艺术效果。

3.3 面

在几何学中，面是“线所移动的轨迹”，具有长度、宽度而无厚度。一般认为，视觉效果中相对小的形是点，较大的则是面。在造型上，面的形成通常是由面的合成或分隔而来，比线的移动轨迹所形成的形态更丰富(见图 3-29)。

3.3.1 面的特征

1. 面的类型

面的种类通常可划分为下述四大类(见图 3-30)。

一是几何形，也可称无机形，是用数学的构成方式，由直线或曲线相结合形成的面。如正方形、三角形、梯形、菱形、圆形、五角形等，具有数理性的简洁、明快、冷静和秩序感。

二是有机形，是一种不可用数学方法求得的有机体的形态，富有自然法则，亦具有秩序感和规律感，具有生命的韵律和纯朴的视觉特征。如自然界的瓜果外形、海边的小石头等都是有机形。

三是偶然形，是指自然或人为偶然形成的形态，其结果无法被控制。如随意泼洒、滴落的墨迹或水迹，天空的白云等，具有一种不可重复的意外性和生动感。

四是不规则形，是指人为创造的自由构成形，可随意地运用各种自由的、徒手的线性构成形态。不规则形的面虽然没有秩序，但其形态的美感在于设计者的发现和再创造，它是在设计者主导意识下创造产生的，具有很强的造型特征和鲜明的个性，如中国园林中水池的不规则平面。

2. 面的性格

总的来说，面的性格含义是平薄而且具有扩延感，面所表现的形态特征也具有平薄和扩延感。在二维的范围中，面的性格随面的形状、虚实、大小、位置、色彩、肌理等变化而变化，它是造型风格的具体体现。

直面：由直线所决定的面的构成形态，面形态的边缘被直线所限定，具有简洁、安定、井然有序的感觉，能表现阳刚进取的精神风貌，但拘束、缺乏自由变化则成为它的弱点。

圆面：在几何形面的造型中广泛采用圆形的原因除了它饱满和谐的形象外，在象征意义上具有圆满、饱满、完美无缺的意思。因此，在景观设计中，圆形也是常用的符号与方法(见图 3-31～图 3-33)。

曲面：由曲线所决定的面的构成形态，面形态的边缘呈曲线变化。其性格自由、抒情、丰韵、运动且具阴柔之美。与直线形相比较，曲线形缺乏约束力，显得无序、繁杂。不同的曲线形具有不同的性格特点。曲线形根据曲线的类别，可分为自由曲面和几何曲面。前者能在构成设计中充分地体现出设计者的个性，可以模仿大自然的具象形态，可以抽象出纯形式美感形态，可以和其他构成元素综合运用，创造出引起人们关注的图形，在心理上产生优雅、优美、亲近的感觉。后者则是依据数理变化，突出了构成的秩序感。

3. 面的虚实

面的虚实，又称为“积极的面”和“消极的面”。在造型上，跟点和线一样，面的形成状态依据人们的视觉经验可归纳为积极面与消极面两大类。

由线移动而成的面、点扩大而成的面和线宽增大而成的面是积极的面，有块体的力量与量感之充实性。

由点密集而成的面、线集合而成的面和线条环绕而成的面是消极的面。不厚重，具有轻盈而弱质的特性。前文所提过的点的面化、线的面化所产生的面都属于“虚面”(见图3-34)。

3.3.2 面的构成

面的构成方法，一般可分为“分割”与“组合”两种。

1. 面的分割

所谓分割，是指在一个范围内做划分之意。划分的方式，大致可区分为规则的与不规则的两大类(见图 3-35)。

规则的分割亦即利用一定的比例关系来把整体分成部分。而不规则的分割，即不按照一定比例关系所做的分割，这种方式又可称为“自由分割”。由于线的种类多，而且具有不同的方向性，彼此混合使用所产生的面的构成效果会有很大的变化。但要注意不可因为过分的分割，使之失去面的效果。

1）规则性分割

在平面构成设计中，规则性分割一般指在一定的“骨格”中要素放置的关系，故又称规则性骨格。如建筑立面中门窗洞的虚实划分、墙面的开间、在景观中的路径图案、节点形态的选择等。

规则性骨格大都以严谨的数学方式构成，如等间隔、等差、等比数列，通过重复、近似、过渡、发射等方法进行分割。

(1) 重复的骨格

在各种规律性骨格中，重复骨格是最常见的一种。一般将框架内的空间划分成形状大小相等的单位，就构成了重复骨格。一些较复杂的骨格均可由这类简单骨格变化而来(见图 3-36)。

(2) 近似的骨格

这种骨格单位可以不重复而近似，即骨格单位的形状与大小应相差不多，但不尽相同。它虽不似重复骨格那么严格，但由于骨格的切割及基本形之间或背景之间的联合，增加了繁复性而图案仍不失规律感(见图 3-37)。

(3) 渐变的骨格

骨格以渐变的、规律性的、顺序的变化，使图案产生高潮起伏、打破均匀的感觉。等差、等比的分割是渐变骨格常用的手法。渐变会导致视觉上的幻觉，是广泛采用的一种构成骨格。渐变是一种日常的视觉经验，近处的东西显得大，远处的显得小，如从透视角度去看一列相同的东西(如建筑的柱廊)，我们就可看到大小的渐变(见图 3-38)。

(4) 发射的骨格

发射可以说是一种特殊的重复。重复的骨格单位环绕一共同中心构成了发射图案。发射是常见的自然现象，如太阳发射出的光芒、水面的涟漪、花瓣的排列、贝壳的螺纹、灿烂的烟花等。发射常具有渐变的特殊视觉效果。在设计方面，任何圆形框架的图案都可能蕴藏某种发射的结构。有时候，若渐变图案的高潮在画面形成一定的视觉中心，则此渐变图案亦可作为发射图案(见图 3-39)。

2) 非规则性分割

关于自由面形态的构成原则和上述要求在总体上是一致的，只是自由形的把握具有一定的感观性和实践基础，难于更具体地量化要求，如果说上述要求具有理性的话，自由构成则具有更多感性色彩，具体构成练习可自定形式，但在心理上一定要有理论观念，且不可盲目构成。

对景观中的面进行分割，首先要设定整体形式的主导方向，使之对整体空间有统一的主调，同时面积也要有明确的大小、主从关系和过渡关系。其次，至关重要的是分割后各部分的比例关系，要使各分割面之间有一定的模数关系使之相互有“模数”的逻辑内涵。最后，就是要注意整体形式的平衡性，要在视觉心理上有均衡和安定之感。此外，也要应用线的构成知识，注意分割线的粗与细的异同整合关系，做到既对照又统一(见图 3-40)。

2. 面的组合

组合是利用同一单位形或不同的单位形来逐渐排列配置的方法，可以称为组合、积聚或群化。这是相对于分割方式的另外一种构成方法，是由部分组成整体的方式。同样地，其组合的方式可有规则性的与不规则的两种方式。方法虽然跟分割不同，但结果所造成的视觉感受则是一致的。由于面的种类有很多，组合的方式也很多，所以面的组合构成效果可谓是变化万千。

面的组合也要应用异同有机整合理论，将大小不同、形态各异的面，完美地组合在一起，使之既有对比又和谐统一。

只要我们用较少的单数面形不断实践，就可以不断深化对面的组合规律和方法的认识和理解。自由面形组合中，由于其形态千差万别，而且要素间的异同组合关系也比较复杂，它是经验型的练习，必须在掌握几何形面组合的前提下通过分析欣赏实际作品来提高组合能力。

构成要素之间的二维关系，可概括为形与形之间的关系，主要包括分离、相遇(接触)、覆叠、透叠、联合、减缺、差叠、重合等(见图 3-41)。

分离：构成要素之间分开，保持一定的距离，在平面空间中呈现各自独立的形态，在这里空间与面形成了相互制约的关系(见图 3-42)。

相遇(接触)：也称相切，指构成要素的轮廓线相切，形与形的边缘恰好接触，并由此而形成新的形状。形态的相遇，形与形各自的形态没有渗透，不影响到形的独立性。接触只起连接作用(见图 3-43)。

覆叠：一个要素覆盖在另一个之上，从而在空间中形成新的形状，使平面空间中形成了面之间的前后或上下的层次感，并且一形在另一形之上或之前是非常明显的，是强调表象的手法之一（见图 3-44）。

透叠：要素与要素相互交错重叠，重叠的形状具有透明性，透过上面的形可视下一层被覆盖的部分，面之间的重叠处出现了新的形状。透叠时，不会产生明显的上与下的关系，任何一形其轮廓都完好无损（见图 3-45）。

联合：指要素与要素相互交错重叠，在同一平面层次上，面与面相互结合，组成面积较大的新形象，它会使空间中的形象变得整体而含糊（见图 3-46）。

减缺：一个可见形某一局部被一个不可见的形象覆盖，使可见形产生减缺现象，这就是两形相遇的减缺现象，它比单形或复形的变化更为激烈（见图 3-47）。

差叠：要素与要素相互交叠，交叠而产生的新形象被强调出来，在平面空间中可呈现产生的新形象，也可让三个形象并存（见图 3-48）。

重合：相同的要素，一个覆盖在另一之上，形成合二为一的完全重合的形象。在重合方式中，若两形的形状、大小、方向相同，就只会见到一个形，不会有远近变动感。若两形形状、大小、方向不同，一形包裹另一形，人为的加上黑白块面就会产生不同的造型和空间效果。

在景观设计实践中，往往会综合运用上述各种组合关系，以获得丰富多彩的构成效果（见图 3-49）。

3. 面的错视

由于面与点线的特殊关系，面的错视与点和线的错视多有相关，如由对比产生的大小错视、明度错视等。另外，由于面在画面中所占比例较大，面的形状很关键，“图底翻转”也成为造成面的错视的因素（见图 3-50）。

4. 图与底

一般而言，在画面的构成上有主题与背景之分，属于主题部分的谓之“图”，其周围衬托图空虚部分的谓之“底”。图有明确的形象感，具有清晰、紧凑的前进感，能给人强烈的视觉印象；底则与之相反，没有明确的形象感，具有衬托图的后退性质。

图与底在设计中的运用，在图面中产生正图感有以下特点：① 色彩明度较高的有正图感；② 凹凸变化中凸的形象有正图感；③ 面积大小的比较中，小的有正图感；④ 在空间中被包围的形状有正图感；⑤ 在静与动的两者中，动态的具有正图感；⑥ 在抽象的与具象的之间，具象的有正图感；⑦ 在几何图案中，图底可根据对比的关系而定，对比越大越容易区别图与底。

另外，由于每个人背景与经验的不同，对于图与底的认知也会有所不同，所以往往一幅画也会出现不同图案。尤其是在构成上，当两者对比构成强烈，主体与背景势力均衡时，则容易把底看成图，图看成底。这就是图底的反转现象，它是一种有趣的构成方式，在设计时可以巧妙地加以利用（见图 3-51，图 3-52）。

5. 面的立体空间表达

在二维空间的基础上，给面增加一个深度空间，便可形成有空间感的立体造型

(见图 3-53)。这里说的是二维面上的视觉立体感,而非真实的三维空间或者实体。在二维中,立体感是通过人视觉的错觉实现的。在平面中,有透视感的斜面和有明暗对比的面是最能有效表现立体感的形式,而有立体感的形式相对单纯的面,更能给人的视觉以冲击力。传统的绘画和表现空间的效果图就是利用了透视,在二维上传达三维的立体感。

3.3.3 面的作用

景观设计中,面的合理应用能够突出主题,具有很强的视觉冲击力。

1. 围合空间的界面和手段(见图 3-54)

就景观设计而言,景观铺贴地坪可以看做是面,水景营造中静止的水面或者跌水形成的立面可以看做是面,紧密成行的植物或者阻挡视线的绿篱可以形成垂直的面,而浓密的树冠能形成类似屋顶的面,空间构架或棚架也能作为较透明的面界定空间。各种形式的面围合空间,从而建造了开敞的体。景观设计中,空间的营造通常通过乔木、灌木的片植或群植所形成的垂直立面进行围合,并和构筑物相结合的方式进行。

2. 肌理处置的媒介(见图 3-55)

在景观设计中,面还作为一种媒介,用于纹理、材质或颜色等的应用,即根据不同的功能和视觉要求,材质的纹理、颜色、规格要求和相互搭配应用于各种铺贴面上。如商业街的公共铺贴,其材质应考虑坚硬、耐磨、防滑,颜色和规格则根据主体建筑和空间尺度来协调,最终的使用性质和视觉效果通过铺贴面来传达。

3.4 体

体在几何学上被定义为"面的移动轨迹",它是通过不同面的平移、斜移、旋转而产生的不同的立体形式,是实际占有空间的实体。体具有位置、长度、宽度、厚度,具有尺度和量感(见图 3-56)。

3.4.1 体的类型

从体的总体造型系统分,体的形态可分为直线系立体和曲线系立体,也可称为几何型立体和自由型立体(见图 3-57)。

根据造型的具体形式,体可分为半立体、点立体、线立体、面立体和块立体。

1. 半立体

半立体是以平面为基础而将其部分空间立体化,是介于平面与立体之间的形状,它的特性在于平面凹凸的层次感和不同变化的光影效果,它可以使单调的平面产生各种不同的变化(见图 3-58)。

半立体空间的创造可以通过各种手段将二维发展为半立体。可以将二维图形从平面上拉起,或者通过对平面物体的剪切、捻转、编织、弯曲、粘贴等多种手段对其进行空间转换；同时，也可以将实体形态进行分割，使其具有半立体空间的特征。

2. 点立体

点立体是以点的形态在空间产生视觉凝聚的形体，它富有玲珑、活泼的独特效果。通常情况下可以采用支架或者以悬挂的方式将“点”展开，以便于使它们在维度上得以拓宽(见图 3-59)。

3. 线立体

线立体是以线的形态在空间中构成的形体，它富有穿透性的深度感。线立体构成可以线框、线层、自由线组合等各种组织方法来完成。

线框是物体构架的骨格，任何实体空间都可以还原成线框构造。不同形态的线框的构成方法有两种：一是将线进行重复、渐变、密集等韵律变成构成，可形成丰富的视觉效果；二是将任意形态还原为线框(见图 3-60)。

线层是将线沿一定的方向轨迹，作有秩序的层层排出，会使呆板的硬质直线变得优雅生动，具有很强的韵律感和秩序感，尤其是轨迹为曲线形态时，所形成的韵律动感更为明显(见图 3-61)。

自由线组合，避开具有严谨秩序的线框、线层等构成方法的一系列约束，可以用一些自由形态线，并以轻松随意的方法进行构成(见图 3-62)。地表的龟裂纹、满墙的爬山虎以及各种生物运行的轨迹都展现了自然造化的魅力，它们都有着自身独特的构成规则。这些形态生动、构造合理的自然物象和运行轨迹都是创作中取之不尽的素材。

4. 面立体

面立体是以平面形态在空间中构成的形体，它富有分离空间或虚或实或开或关的局限效果。面立体通过层面排列、相互穿插等手法，能构成丰富的艺术作品。

层面排列是指用若干直面(或少量柱面、锥面)在同一个平面上进行各种有秩序的连续排列而形成的立体形态；面形的变化形式有重复、渐变、交替、近似等；层面的排列方式一般为直线、曲线、分组、错位、倾斜、渐变、发射、旋转等(见图 3-63)。

相互穿插是在面材上切出插缝然后相互插接，使之榫在一起而构成立体造型，这种方法简单易行，在立体构成中使用较多(见图 3-64)。

另外，薄壳结构也属于面立体。它把一个平面通过折叠、切割、翻转等加工手段构成一个空腹，壳体能充分利用材料强度，表面轻薄而凹凸，同时又能将承重与围护两种功能融合为一(见图 3-65)。按曲面生成的形式分筒壳、圆顶薄壳、双曲扁壳和双曲抛物面壳等。

5. 块立体

块立体是以三次元的形态在空间构成的完全封闭的立体，它富有厚实和浑重的感觉。最基本的块立体有以下四种。

一是平面几何形体，它是由四个以上的平面组成，且各平面的边线互相连接在一起所形成的封闭空间。其稳定性比较强，给人一种简单、大方、庄重的感觉(见图 3-

66)。

二是几何曲面体,是带有几何曲线形边的平面沿着直线方向运动的轨迹。如果平面的一边是直线,以该直线边为轴进行旋转,那么平面的运动轨迹就是几何曲面的回转体(见图 3-67)。

三是自由曲面体,就是由多个曲面组合而成的立体造型(见图 3-68)。

四是自然形体,是指在大自然中自然形成的形体。也有的自然形体须经过少许的简单加工。

3.4.2 体的构成方法

块立体构成的基本方法是分割和积聚,两种形态的混合应用在空间形态的造型中最为常见。分割和积聚是相互联合使用的;积聚以被分割的单位为前提。

1. 基本形体的演绎

基本形体的演绎是用球、圆柱、圆锥、立方体、方棱体和方锥体作基本形态,通过外力的拉扯或压挤作用,使这几种基本形态变形,并产生某种旺盛的生命力(见图 3-69)。

2. 体的分割

体的分割是研究被分割形体与整体造型之间的关系;它们之间的关系主要体现在分割的线形和分割量两方面。

分割的线形如下(见图 3-70)。

直线切割。在正方形的方体块材上进行宽窄不同的垂直和水平方向的切割,经过切割后的形体可形成大小、高低错落的对比变化,产生富有变化的造型。

斜向切割。切割后所形成的形体可呈现出不等边三角形、梯形等各种造型。

曲线切割。经过曲线切割的形体会呈现出几何曲面的效果,它可表现出曲面与平面的对比,增强形体变化的美感效能。

3. 体的增减

增减是在体块的表面、边线或棱角作增加或减削处理(见图 3-71)。增加是在体块上附加某种形体,减削则是在体块上作切除、挖雕、穿孔等处理。边线的处理会影响邻近的表面,因为边线是由几何体上相邻的两表面合成的,本身无实际厚度。棱角的处理则会产生更多的棱角及更多的表面和边线。

4. 体的积聚

体的积聚是指两个以上的基本块体进行积聚组合来构成新的立体形态。在组合的过程中,可以在位置、数量和方向上进行多种综合变化,而单元形体本身既可是相同的形,也可以是类似的或不同的形(见图 3-72)。

重复形、相似形的积聚。重复不仅可增强韵律,而且可使设计的形象具有明显的个性;此外还包括各种变体的,如渐变形、相似形,再加上方向、组织(线性、放射式、中心式等）以及形体间的联结关系的变化。

对比形的积聚。对比形的积聚更为自由，主要是把握其平衡感。对比的范围包括形状、大小、动静、垂直等。可以以中轴线为依据，也可以使其从各方面看来都是自由的、均衡的形体。

5. 体的组合

组合的关键在于追求各块体的整体效果；结构要求有秩序，整体性要强；注意大小的变化、形体的多样统一。

此外，转换是体块组合的另一重要方法，它有以下四种。

（1）角度转换

基本形体表面保持不变，而改变局部形体的方向，产生外形角度变化的效果。

（2）方向转换

改变基本形体放置的方向，与正置的形体相比，斜置与倒置的形体给人的视觉刺激量加大，产生与形体正置所不同的空间感受。

（3）量度转换

形体通过改变一个或多个量度的方法进行变化，同时保持着本体的特征。例如一个立方体，可以变化其长度、宽度或高度，使其变成长方体。

（4）虚实转换

即虚体和实体之间的联系和变化，虚体是建筑实体实际占有的空间之外的、被暗示出来的、由空间张力限定出来的空间。在形态的组织中，这种联想空间越多，形态就越丰富。

3.4.3 体的作用

1. 体积感

体积感是体的根本特征，是实力和存在的标志。在建筑形态设计中经常利用体积感表示雄伟、庄严、稳重的气氛。古代庙宇和宫殿总是用巨大的体量表示神和君王的威慑力，也常表示对人力、自然力的歌颂和对英雄或丰功伟绩的纪念，唤起人的重视、敬仰的感情。

2. 构成环境雕塑或景观艺术品

造型中的半立体、点立体、线立体、面立体和块立体，在景观中都是常见的构成要素。体块构成是景观中环境雕塑设计艺术和景观小品的主要表现方式。通过各种几何体块的组合，如重复、并列、叠加、相交、切割、贯穿等，产生独特的效果和强烈的视觉冲击力。虽然人们对很多的环境雕塑作品或景观艺术品不知其确切的名称和具体含义，但其形体巧妙的构思及创意、多元化的雕塑造型语言与环境空间设计，构成了一个个向公众展示艺术魅力和烘托环境气氛的场所，使每个观赏者都会从不同的审美视角对其进行联想及诠释，都会令人赏心悦目，回味无穷（见图 3-73）。

3. 建筑物或构筑物的体块推敲与表达

在大尺度的环境景观规划设计中，掌握体的构成知识，运用各种美学法则调控和推敲建筑物或构筑物的体块关系、尺度、比例、材质、肌理、色彩，光影等，有利于创造良好的群体空间序列，有利于控制方案的成型与表达（见图 3-74）。

3.5 空间构成

人们生活在空间中，尤指建筑空间，它以六个界面构成，界面既形成了一个适合人生产、生活的各种内部空间，同时也造就了一个外部空间。“埏埴以为器，当其无，有器之用。凿户牖以为室，当其无，有室之用。”（老子《道德经》）深刻地阐述了“正”与“负”、“实体”与“虚空”的辨证关系。而景观空间一般只是缺了一个顶面，天空成为景观空间的虚面。因此，除了这个差别之外，景观空间与建筑空间在视觉原理、空间意向、心理感受等方面有很多共同之处，可以对其借鉴与引用，这样不仅可加深对空间的理解，而且为创造景观空间提供了帮助与支持。

一般认为建筑的室内空间是内部空间，几乎一切不属于内部空间的生产、生活空间都被称为外部空间。建筑设计注重研究内部空间，而景观设计则着重研究外部空间，目的在于提供给人们一个舒适而美好的外部休闲憩息的场所。

景观空间是指在人的视线范围内，由地形、植物、建筑、山石、水体、铺装道路、小品设施等构图单体所组成的景观区域。

地形是形成空间最基本的要素，它可以是自然的，亦可以人工营造。平坦或起伏的地形所表达的视觉感受不同（见图 3-75）。自然地形能带给人朴实的美感，人工地形则会根据不同的风格和理念自由调整以迎合不同的功能及心理感受。

植物是演绎空间效果的多面手，它不仅可以营造出空间感，同时通过它的色彩、形态、类别、质感以及时间的变迁可以营造出不同的环境氛围。

建筑在外环境中所围合成的空间形态，在景观空间限定方面发挥着举足轻重的作用，是空间围合最有效的元素。在外部环境或景观中，建筑的围合形式是多样的，可概括地分为四面围合、三面围合、两面围合和一面围合。

3.5.1 空间的概念与特征

1. 空间的概念

从广义的角度，所谓空间是相对于实体而言的，实体之外（或内）的部分就是空间。在造型领域中，空间指的是由实体所限定的，由人的视觉所感受到的空间环境。换句话说，空间是在可见实体要素限定下所形成的不可见的虚体，是被二次暗示出来的视觉“场”。

2. 空间的特征

空间的主要特征是限定，它是由点、线、面、体对空间所起的作用。由于实体而形成的"虚"空间能够给人们的生理及心理带来不同的感受,随之带来不同的意义与象征。从形态与空间关系上,它们是一对矛盾,形态增大,空间减小;形态减小,空间增大。这种大小空间感也正是各种形态赋予空间的一种限定。空间构成也可以说就是空间限定(见图 3-76,图 3-77)。

3.5.2 空间的限定

1. 空间限定要素

(1) 点限空间

它是建立空间中心、重点及领域感的方法,如空间中的灯、雕塑及装饰等。点形成了向心空间,点群是相对集中点的构成,对室内施加影响,往往给人以活泼、轻快和动态的感受(见图 3-78,图 3-79)。

(2) 线限空间

线通过架立、排列使空间增加了层次和深度,点明了标志,如旗杆、牌楼。线构成的室内雕塑或空间结构具有轻巧、剔透的轻盈感(见图 3-80,图 3-81)。

(3) 面限空间

面的种类、位置不同,面的形状不同(如水平面、垂直面、斜面、曲面等),对空间的限定起着不同的影响与效果(见图 3-82,图 3-83)。

① 水平面。作为基面的水平面可作凸起、凹陷、覆盖等的多种处理,如不同的处理必将给视觉带来不同感受。

② 垂直面。空间中的垂直面是起分隔作用的,由于开口的位置、大小、方向、材料的不同,垂直面将起到通透、穿插、隔而不围等方面的作用。加之面的边界、相交面的转角处理更丰富了内外空间的视觉效果。

2. 空间的限定方法

空间是由限定开始的,空间的限定又是由各种要素完成的,包围空间的六个面就是空间的限定要素。限定空间是景观设计常用的手法,一般常用的有设立、围合、凸起、下沉、覆盖、悬架和质感变化七种方法,不同的限定方法形成了不同的空间类型。

(1) 设立(见图 3-84)

设立形成的空间是把物体独立设置于空间中所形成的一种空间形式,也可以设置多个相同要素。物体设置在空间中,指明某一场所,从而限定其周围的局部空间。

(2) 围合(见图 3-85)

围合是用垂直方向的物体从周边限定空间。通过围合的方法来限定空间是最典型的空间限定方法,在景观设计中用于围合的限定元素很多,常用的有建筑、绿化、隔墙、小品等。由于这些限定元素在质感、透明度、高低、疏密等方面的不同,其所形成的限定度也各有差异,相应的空间感觉亦不尽相同。

(3) 凸起(见图 3-86)

凸起是将部分底面升高的一种空间限定,所形成的空间高出周围的地面。在景观设计中，由于上升形成一种小土丘式或阶梯式的空间，故这种空间形式有展示、强调、突出、防御等优越性，容易成为视觉焦点，有时也具有限制人们活动的意味。

(4) 下沉(见图 3-87)

将部分地面凹进周围的一种空间限定，是采用一种低洼盆地或倒阶梯形式的限定而形成的。下沉既能为周围空间提供一处居高临下的视觉条件，而且易于营造一种静谧的气氛，具有内向性和保护性，同时也有一定的限制人们活动的功能。

如常见的下沉广场，它能形成一个和街道的喧闹相互隔离的独立空间。

景观环境中的下沉空间通常有三种类型：一是水体下沉空间，也就是低于周边地面的水系；二是园中园下沉空间；三是表现特定形状的下沉空间。

(5) 覆盖(见图 3-88)

覆盖是指空间的四周是开敞的，而顶部用构件限定。一般都采取在下面支撑或在上面悬吊限定要素来形成空间。上方的覆盖，是为了使下部空间具有明显的使用价值。景观环境中的覆盖空间通常由建筑屋顶或乔木树冠形成。

(6) 悬架(见图 3-89)

部分地面凸出周围空间，其下部包含有从属副空间的一种空间限定。吊架形成的空间“解放”了原来的基地，在它的正下方创造了从属的限定空间，创造了更为活跃的空间形式。

(7) 质感变化(见图 3-90)

空间的限定还可以通过界面材质、肌理、色彩、形状及照明等的变化，通过元素间的对比或图案的变化同样可以起到划分空间的效果。例如地被植物中的草坪、花卉、铺地灌木等也可在底面中起到划分空间的效果。覆盖于地面的硬质材料如石材、混凝土、砖、沥青、木材等材质以及铺装图案、质感、色彩的变化同样给空间限定提供了多样的表现手段。

设计师的高明之处不在于运用手法的多少，而在于统筹安排的水准。

3.5.3 景观空间的限定度

由于限定元素本身的不同特点和不同的组合方式，其形成的空间限定的感觉也不尽相同，这时，可以用“限定度”来判别和比较限定程度的强弱。有些空间具有较强的限定度，有些则限定度比较弱。

1. 限定元素的特性与限定度(见表 3-1)

表 3-1 限定元素的特性与限定度

限定度强	限定度弱
限定元素高度较高	限定元素高度较低
限定元素高度较宽	限定元素宽度较窄
限定元素为向心形状	限定元素为离心形状

续表

限定度强	限定度弱
限定元素本身封闭	限定元素本身开放
限定元素凹凸较少	限定元素凹凸较多
限定元素质地较硬较粗	限定元素质地较软较细
限定元素明度较低	限定元素明度较高
限定元素色彩鲜艳	限定元素色彩淡雅
限定元素移动困难	限定元素易于移动
限定元素与人距离较近	限定元素与人距离较远
视线无法通过限定元素	视线可以通过限定元素
限定元素的视线通过度低	限定元素的视线通过度高

2. 限定元素的组合方式与限定度

除了限定元素本身的特性之外，限定元素之间的组合方式与限定度亦存在着很大的关系。

在现实生活中，不同限定元素具有不同的特征，加之其组合方式的不同，因而形成了一系列限定度各不相同的空间，创造了丰富多彩的空间感觉。

3.5.4 空间的组合

空间构成，不仅仅是要展示空间界面本身的装饰，更重要的是体现人在空间中流动的整体艺术感受。不同的空间形态会产生不同的空间感受。

1. 空间的方向

空间的方向感是由空间的形状给予人的一种指向、引导，3.5.2 节中列举了七种空间形式及其所具有的空间效果。

2. 空间的尺度感

人们对景观空间的视觉感受，如宽广、狭窄、逼仄，不仅与景观的实际尺度有关，还涉及视觉原理中提及的景观视点、视距、清晰度、景观对象诸方面的影响，如单一的大尺度景观给人们的只是一定的空间感受，视觉流程相对短暂。为在有限空间得到无限的感受，或是在一定空间中通过分隔、划分不同的尺度的手法处理使获得更丰富的时空感与视觉信息量的增加，在第四章中将详述景观的三种尺度。

3. 空间的质感

空间质感是指空间组成要素表面质地的特性给人的感受。质感按人的感觉可分为视觉质感和触觉质感，按材料可分为粗、细、光、麻、软、硬等。不同的质感表现出不同的性格：粗的质感朴实、厚重、粗犷；光的质感华丽、高贵、轻快；软的质感柔和、温暖、舒适；硬的质感刚健、坚实、冷漠。

在外部空间设计中质感与人的观察距离关系密切，不同距离只能观察到相应尺度的纹理。设计时要分别按适宜视距有意识地进行布置。

4. 空间的转换感

从一个空间到另一个空间，空间的各种因素（如大小、高低、方向、色彩、肌理等）的变化都会使人产生空间的转换感。

5. 空间的层次感

空间可以按功能确定其层次，可分为：公共的——半公共的——私密的，外部的——半外部的——内部的，嘈杂的——中间性的——宁静的，动态的——中间性的——静态的。

如居住小区内的住宅属私密空间，宅间庭院属半公共空间，商业服务与公共绿地、休闲广场则为公共空间。空间的不同层次对空间范围的大小、开闭程度、纹理粗细、小品选择与布置等都有不同的要求。

处理好空间层次可以创造出从外部过渡到内部的空间秩序，同理也可以创造出其他的空间层次。

图3-1 点的大小

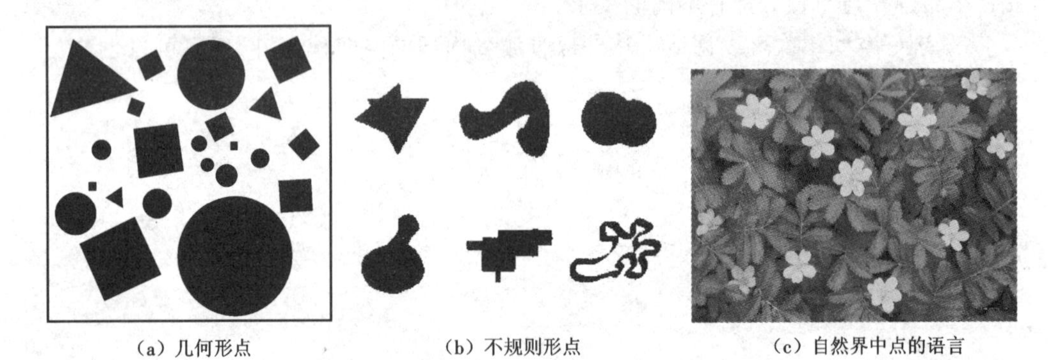

（a）几何形点　（b）不规则形点　（c）自然界中点的语言

图3-2 点的形状

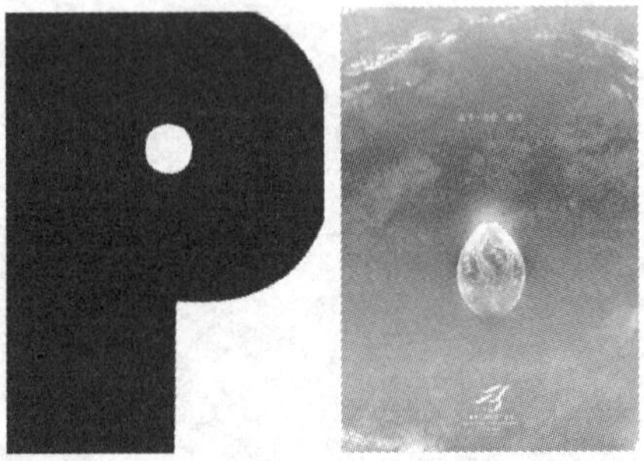

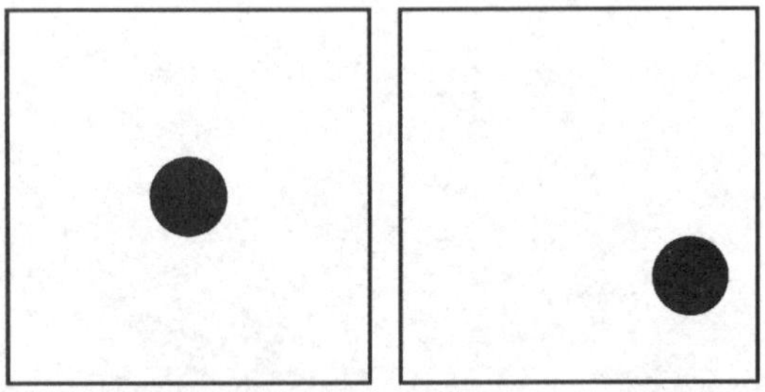

（a）点位居于构图中心　（b）点位居于构图边缘

图3-3 单点

图3-4 单点的位置

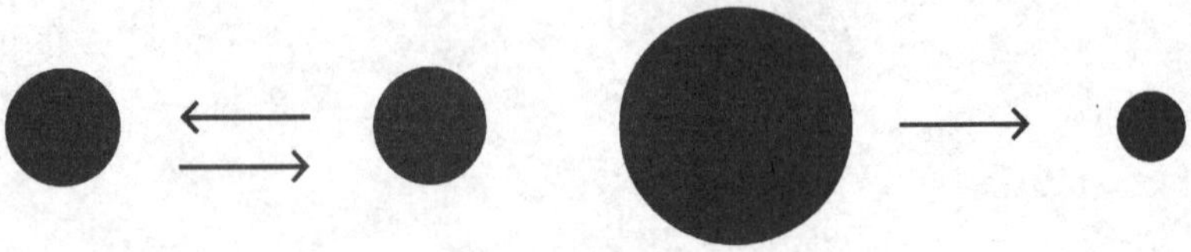

图3-5 双点的视觉连线与转移

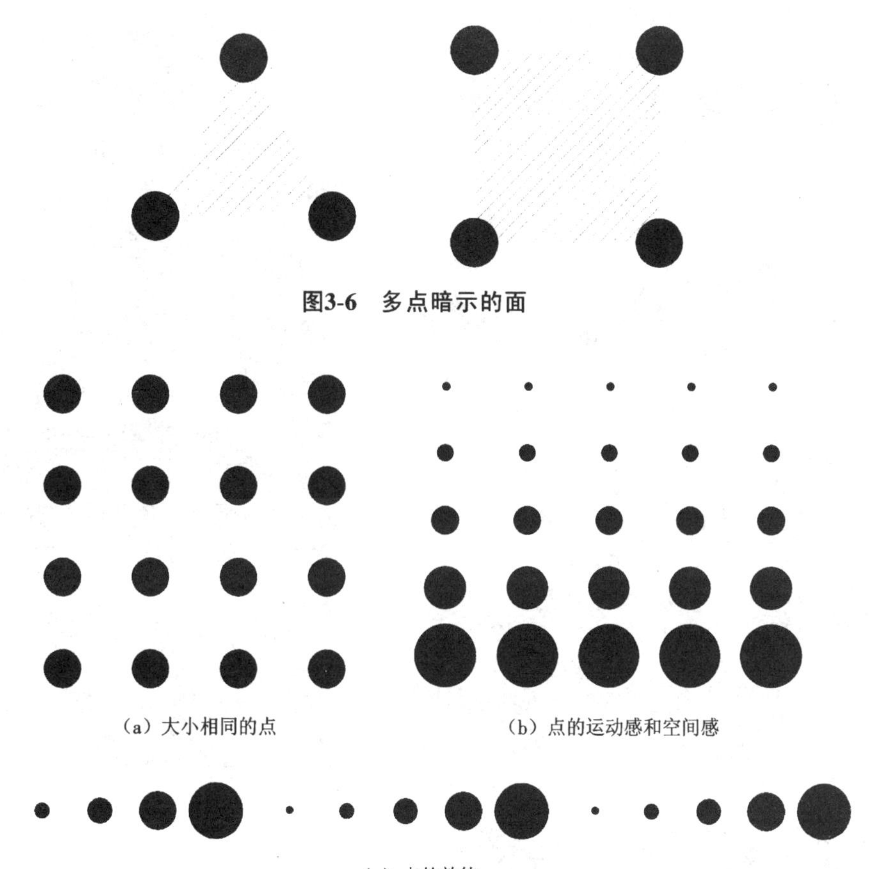

图3-6　多点暗示的面

（a）大小相同的点

（b）点的运动感和空间感

（c）点的韵律

图3-7　点群

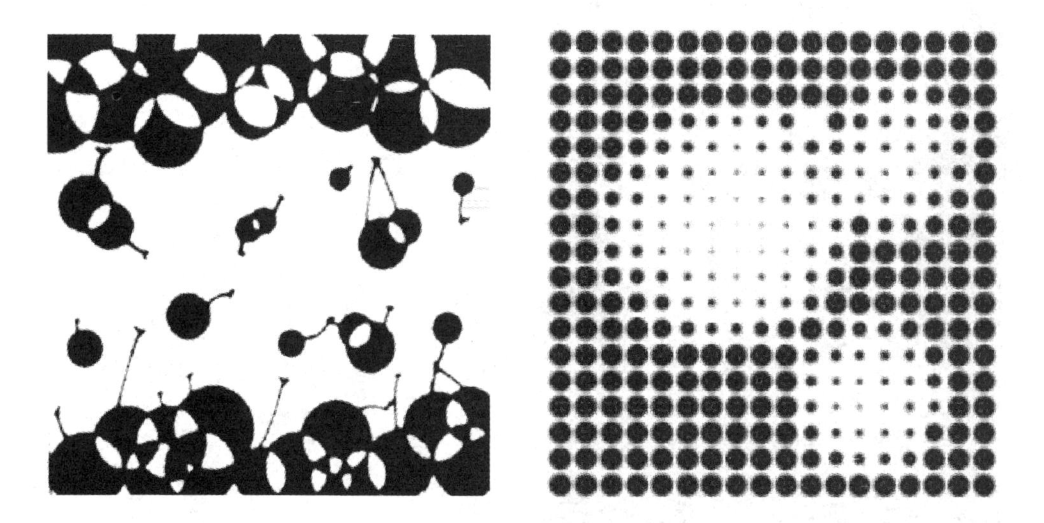

图3-8　点群的聚散

图3-9　点的线化

图3-10　点的面化

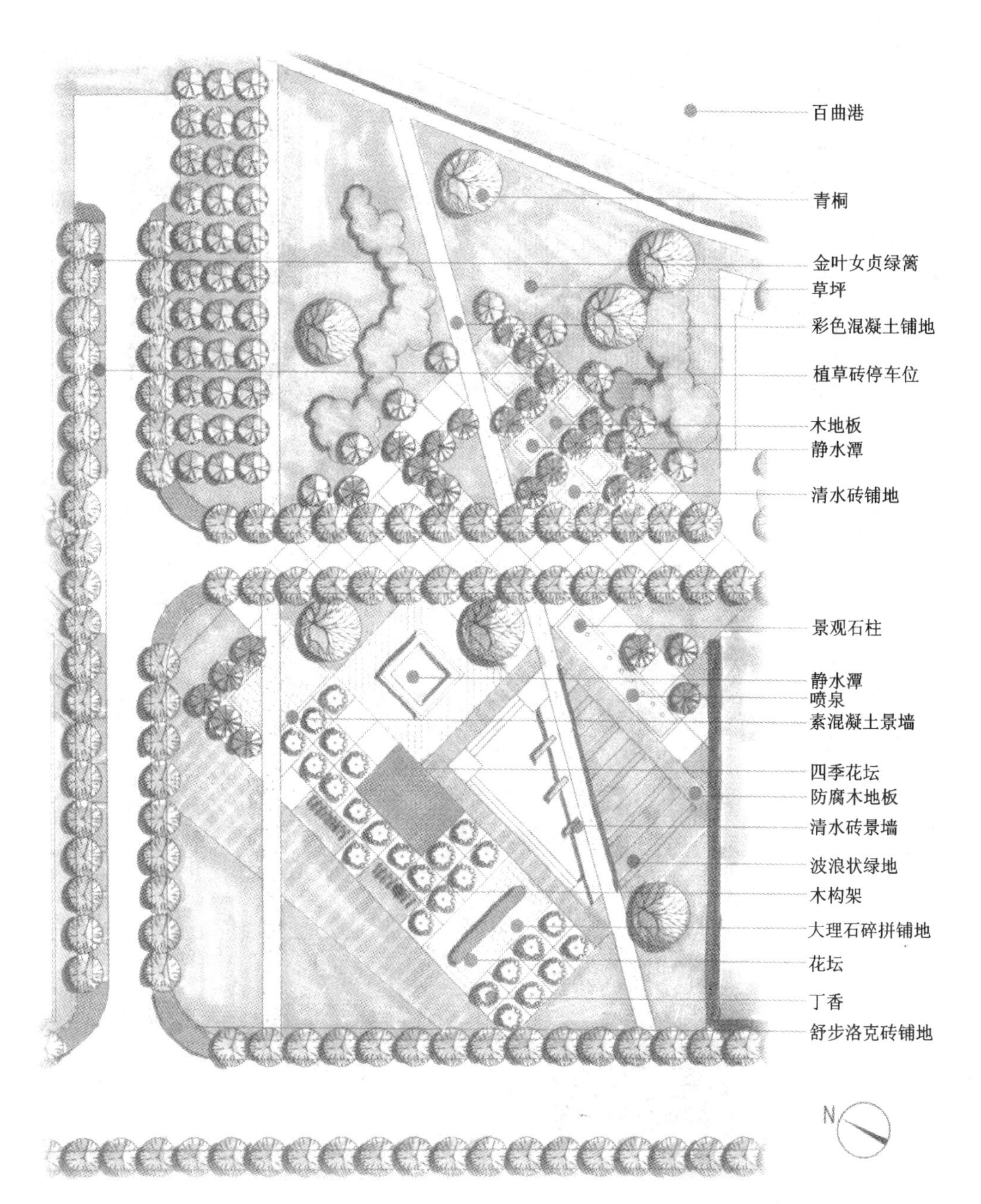

图3-11 景观中点的线化与面化

植栽的排布运用了点的线化与点的面化，以及面与线的穿插，形成了活泼有序的构图。

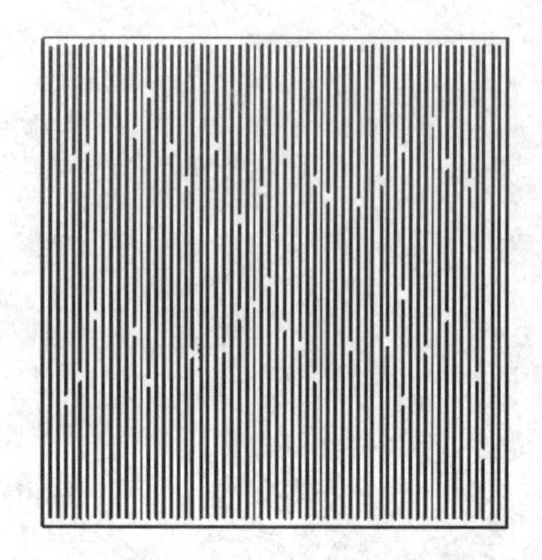

图3-12　点的虚实

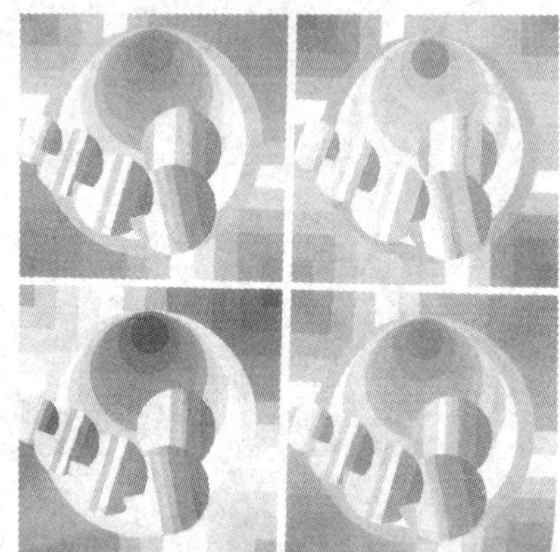

图3-13　点的肌理与色彩

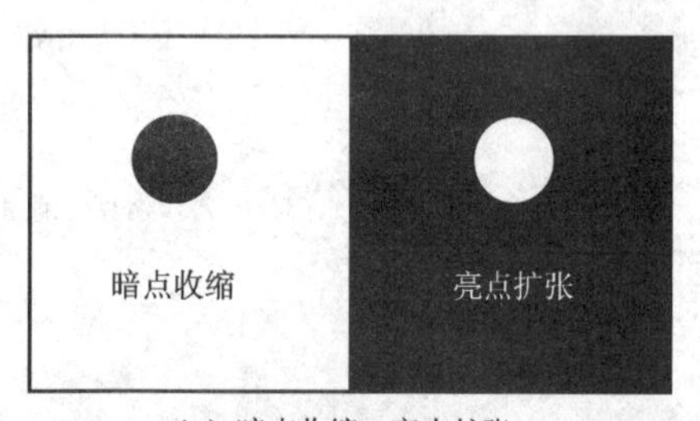

（a）暗点收缩，亮点扩张

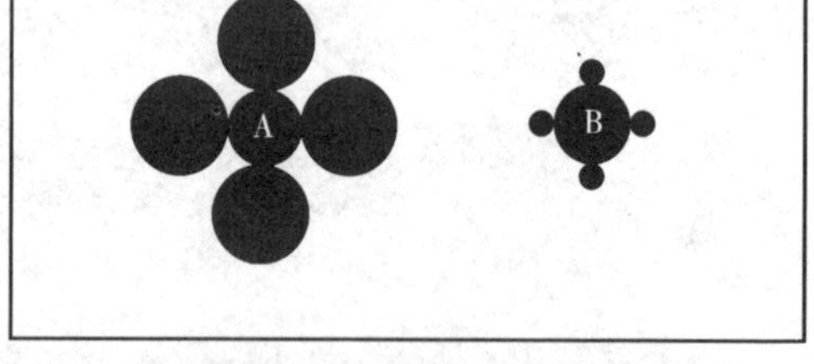

（b）A圆、B圆实际面积相等，视觉中A>B

（c）点与空间的关系，视觉中A<B

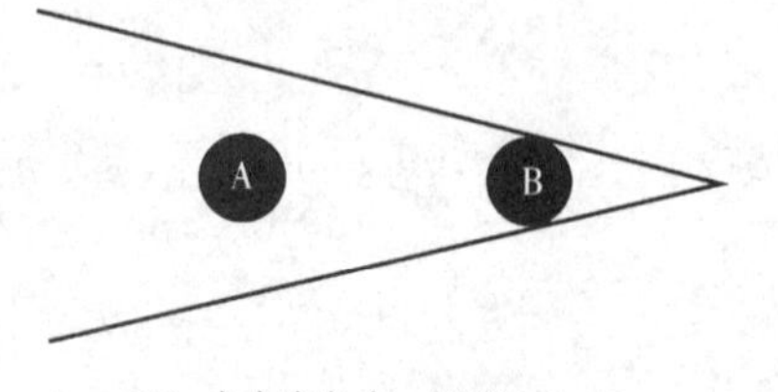

（d）点在夹角中，视觉中A<B

图3-14　点的错视

（a）远方的建筑可视为景观空间中的点

（b）在大尺度的景观规划中，建筑被视为点

图3-15 景观中点的相对性

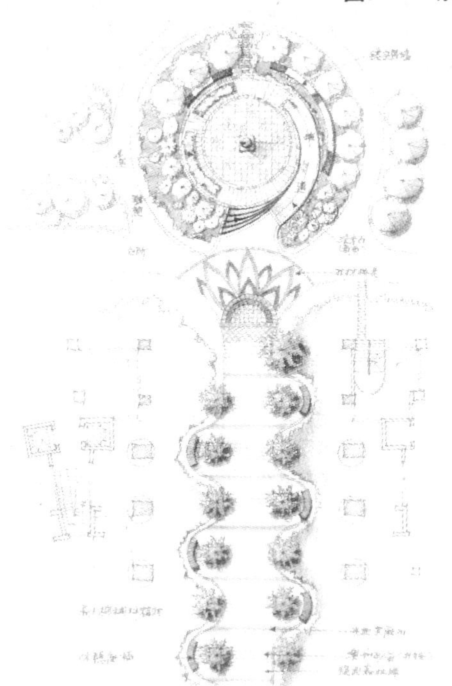

（a）轴线端部的雕塑起到定位和引导的作用

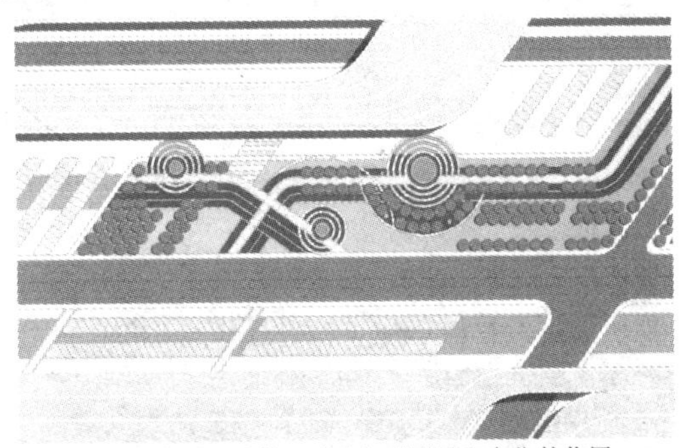

（b）水面形成的三个点起到引导和定位的作用

（d）远方的塔起到定位和引导的作用

图3-16 景观中点的定位和引导作用

图3-17 点景——杭州西湖“三潭印月”

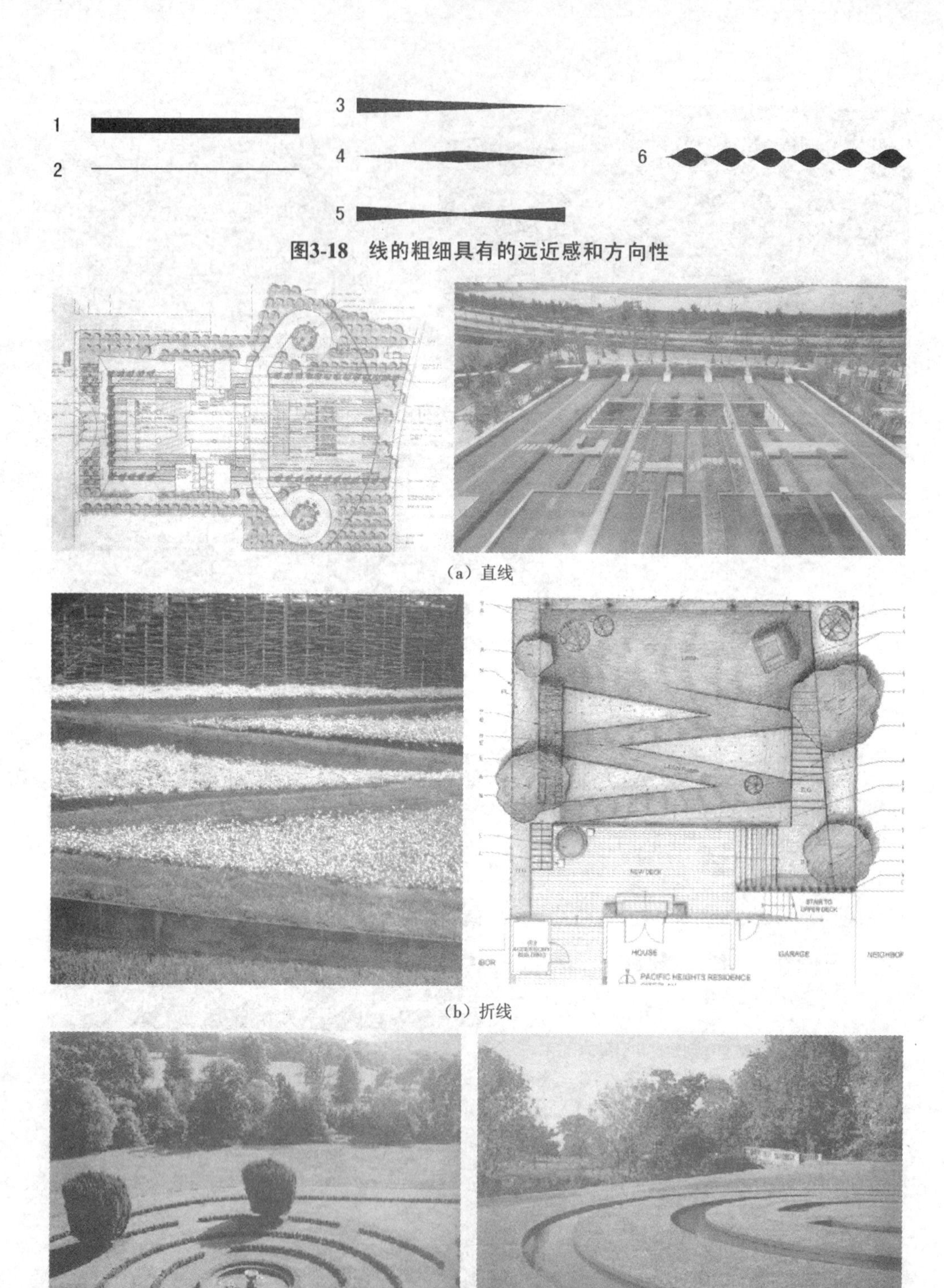

图3-18 线的粗细具有的远近感和方向性

(a) 直线

(b) 折线

(c) 圆弧线

图3-19 线的类型与性格

300 m×400 m的土地上，犁出的图案，似东方园林的砂纹，儿童堆积的沙丘，更像大地的音符。飞机降落时富于动感的地标，加深了慕尼黑城市印象。

（d）圆弧线（时间之岛，[德]W·霍德里德）

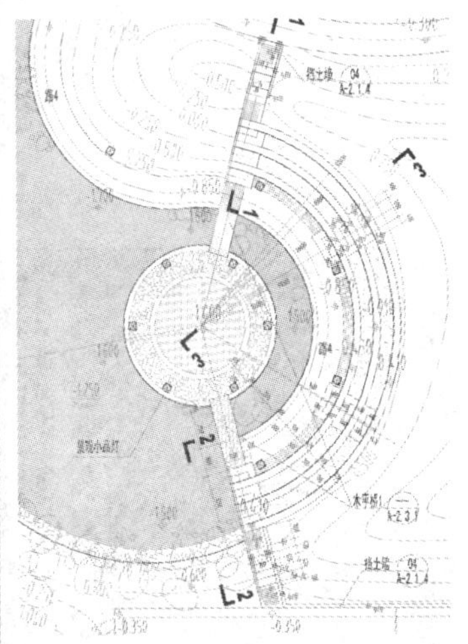

（e）弧线组合（水上剧场）

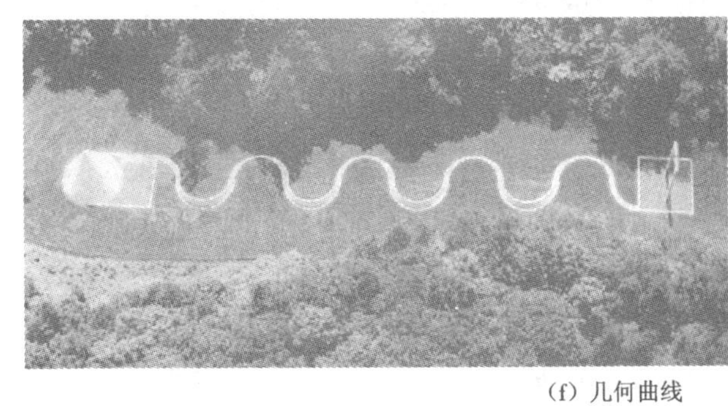

（f）几何曲线

图3-19　线的类型与性格（续）

(g) 自由曲线

图3-19 线的类型与性格（续）

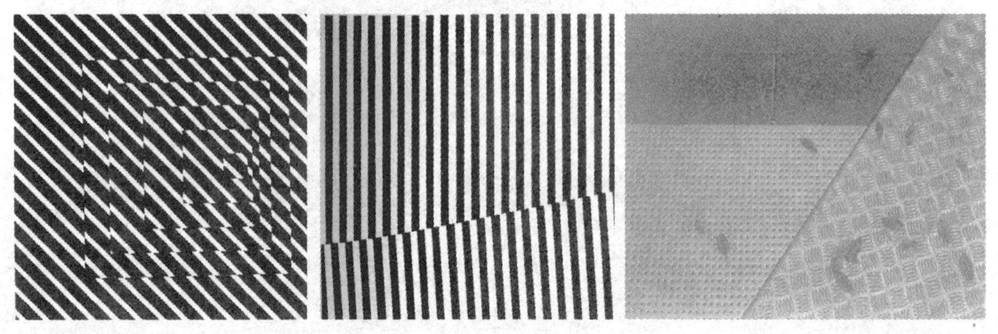

图3-20 消极的线

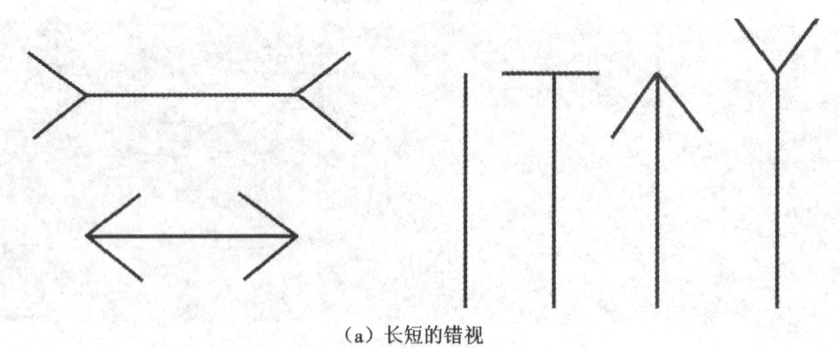

(a) 长短的错视

图3-21 线的错视

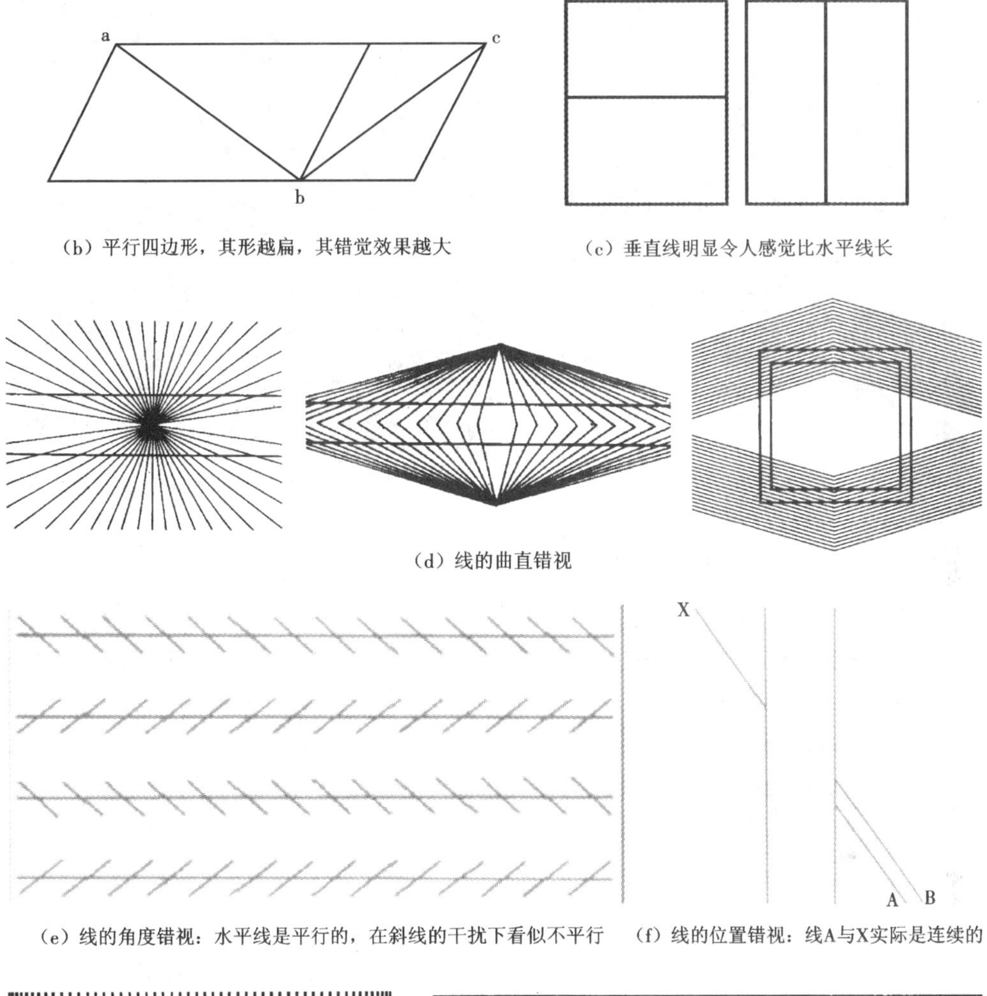

（b）平行四边形，其形越扁，其错觉效果越大

（c）垂直线明显令人感觉比水平线长

（d）线的曲直错视

（e）线的角度错视：水平线是平行的，在斜线的干扰下看似不平行

（f）线的位置错视：线A与X实际是连续的

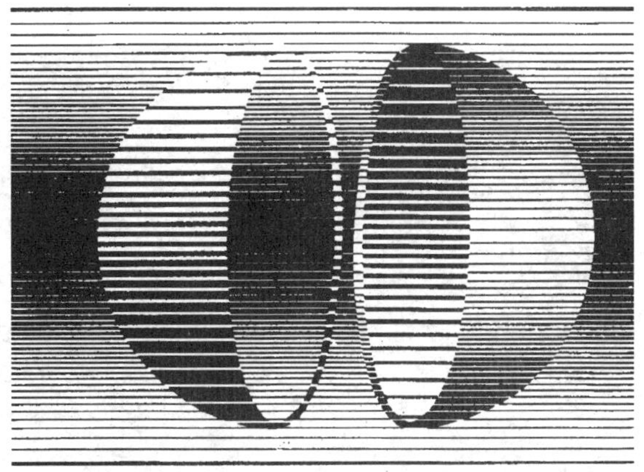

（g）线的立体感错视

图3-21 线的错视（续）

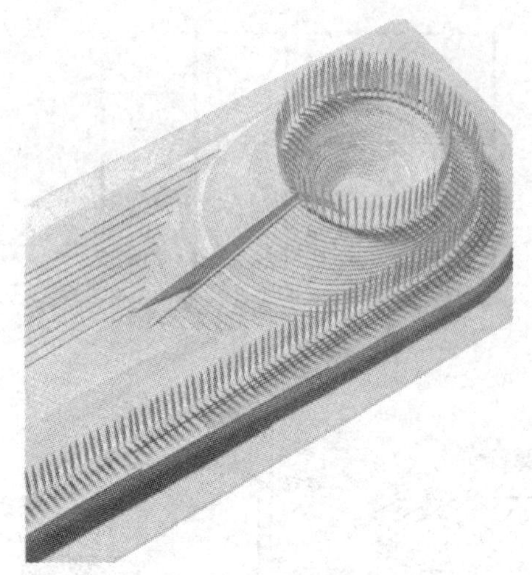

图3-22 线的点化

图3-23 线的面化

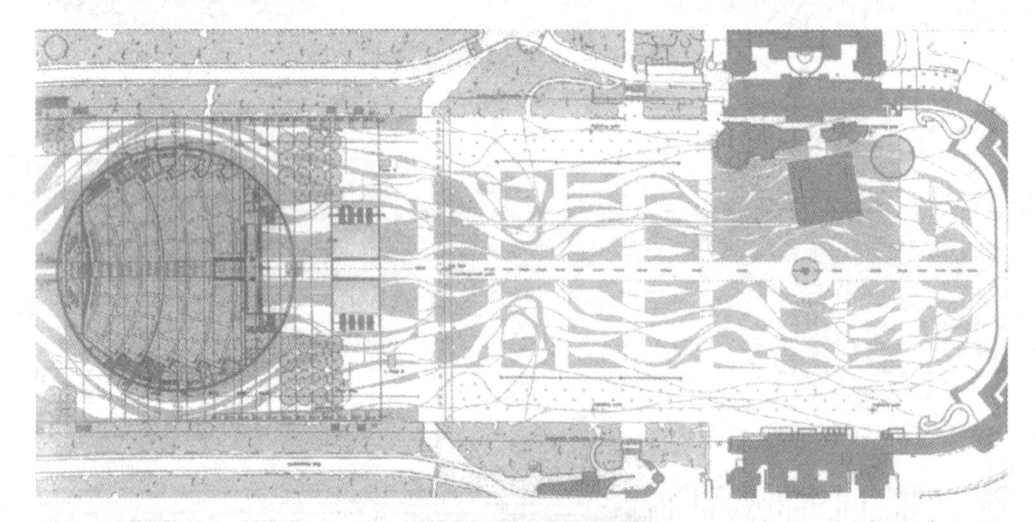

图3-24 线的积聚与群化

（a）园内道路是景观结构的导引脉络

（b）曲折的石板路起到引导人流的作用

图3-25 引导方向

（a）水面与石材铺地形成不规则的曲线

（b）下沉广场台面之间形成弧线

图3-26 限定边界

（a）用绿篱和道路来分隔空间

（b）用弧线形的矮墙来分隔空间

图3-27　分隔空间

图3-28 线的分割与装饰

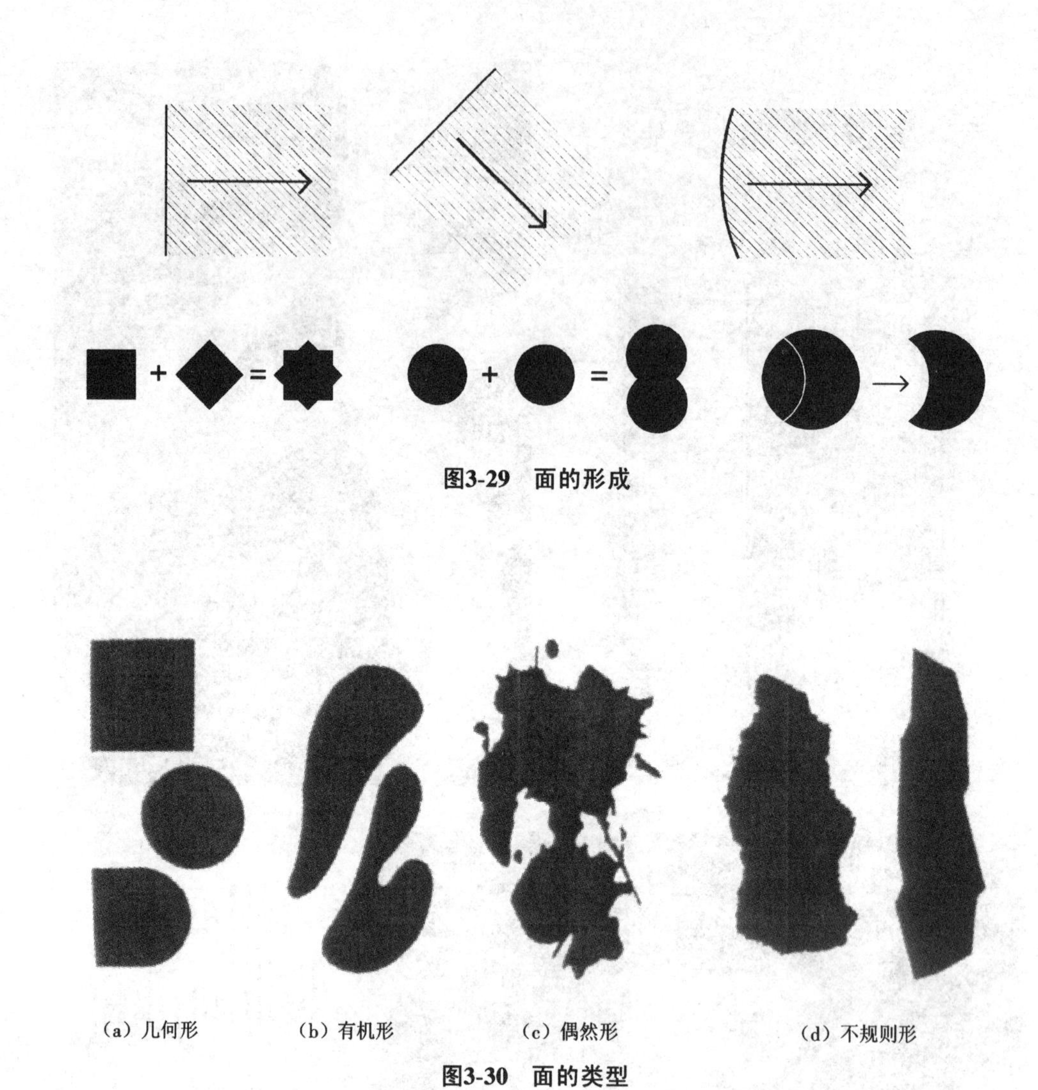

图3-29　面的形成

（a）几何形　（b）有机形　（c）偶然形　（d）不规则形

图3-30　面的类型

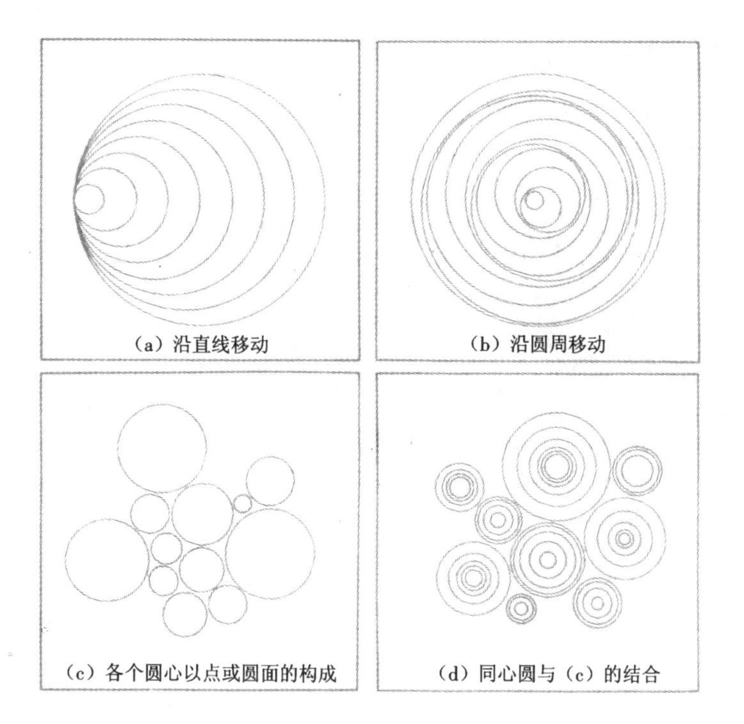

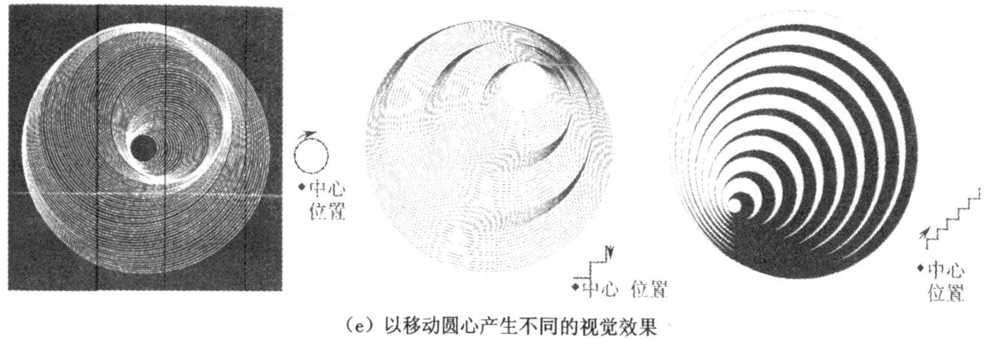

(e) 以移动圆心产生不同的视觉效果

图3-31 圆的构成方法

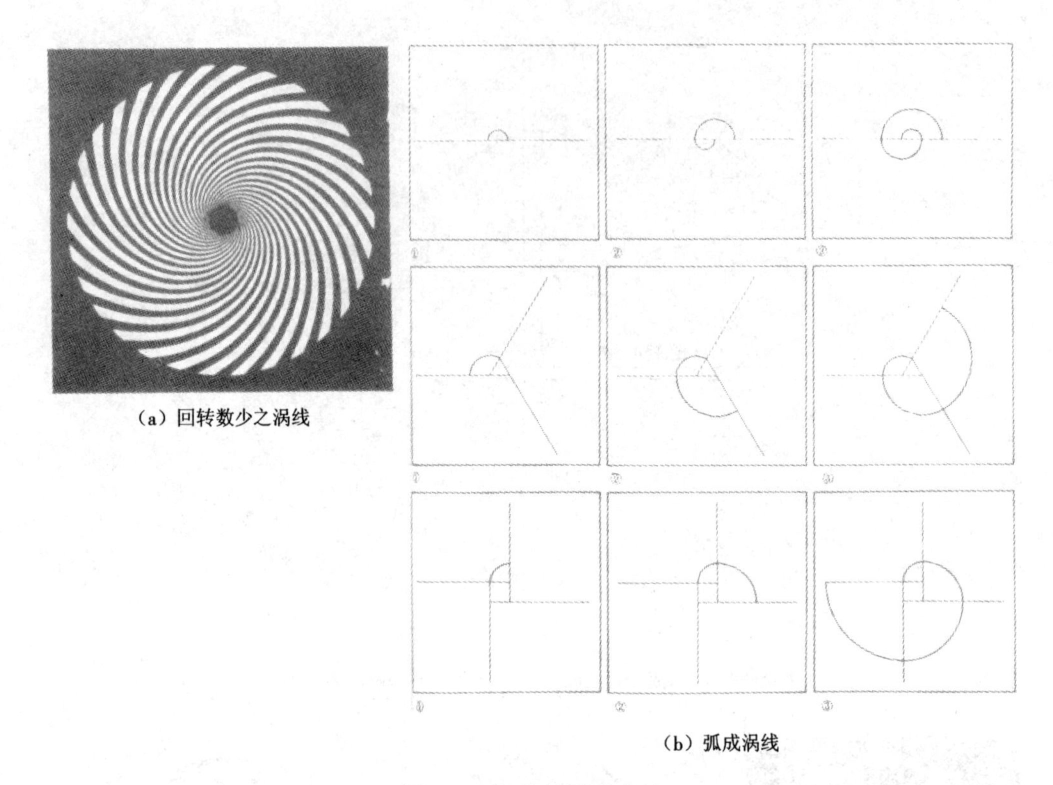

（a）回转数少之涡线

（b）弧成涡线

图3-32　涡线的形成方法

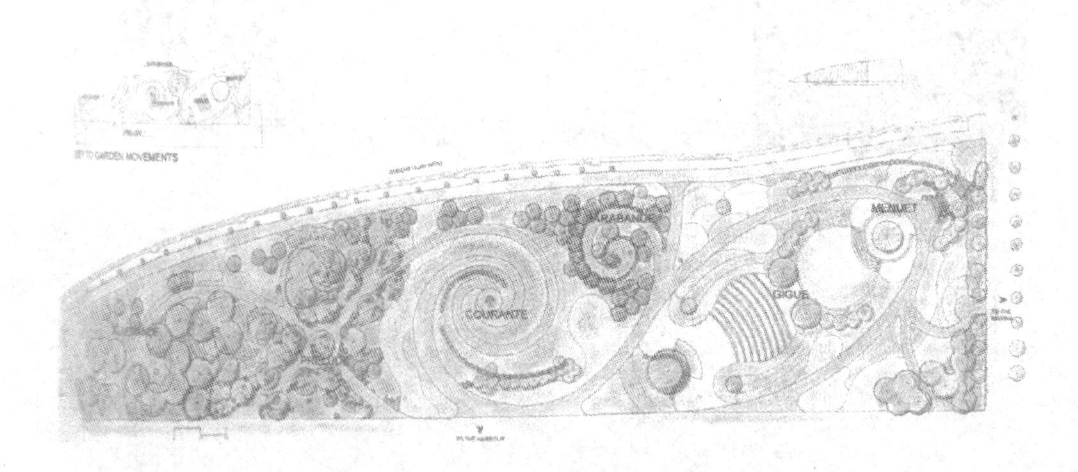

图3-33　涡线应用示例

图3-33 涡线应用示例（续）

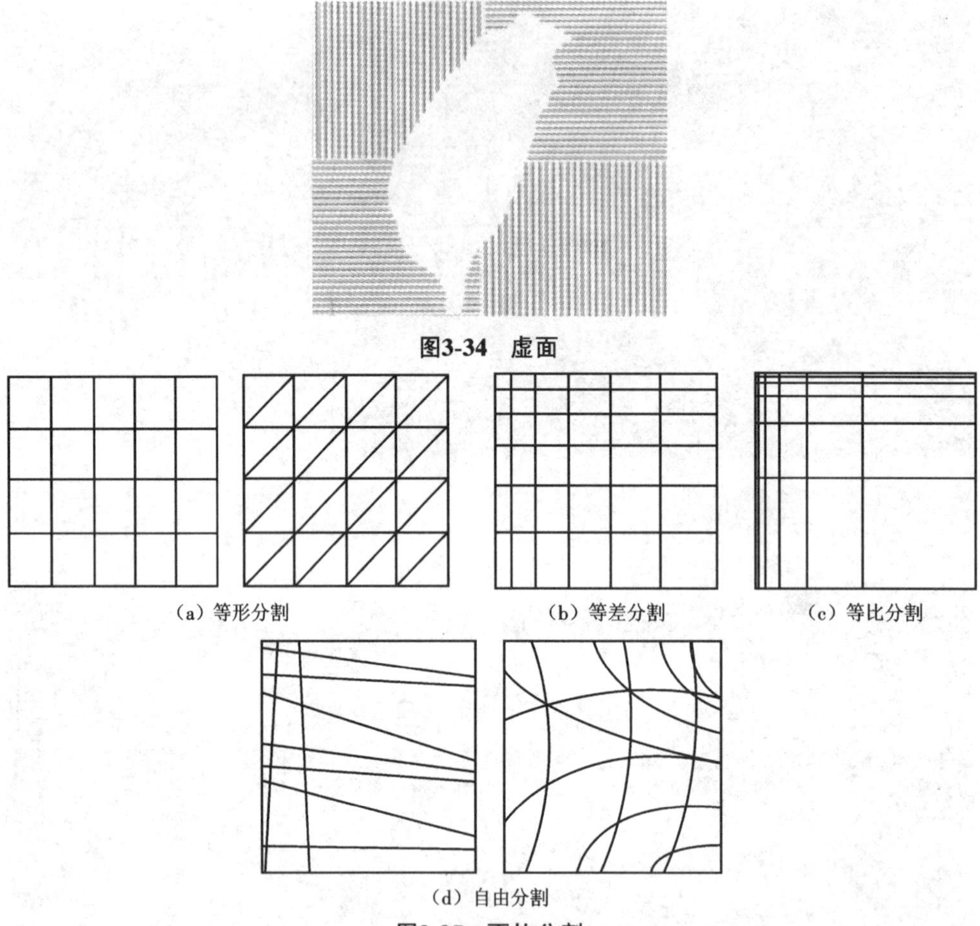

图3-34 虚面

（a）等形分割　（b）等差分割　（c）等比分割

（d）自由分割

图3-35 面的分割

图3-36 重复

图3-36 重复（续）

图3-37 近似

图3-38 渐变

图3-39 发射

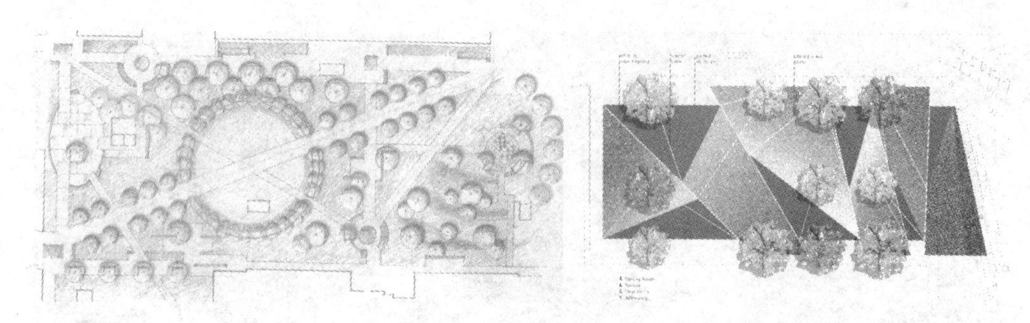

图3-40 非规则性分割

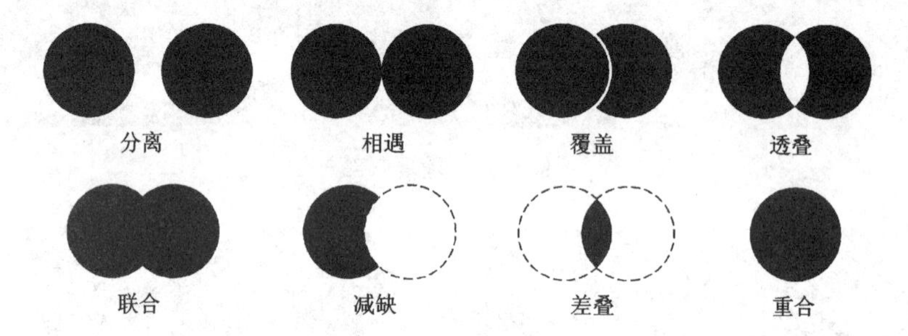

图3-41 面的组合方式

图3-42 面的分离

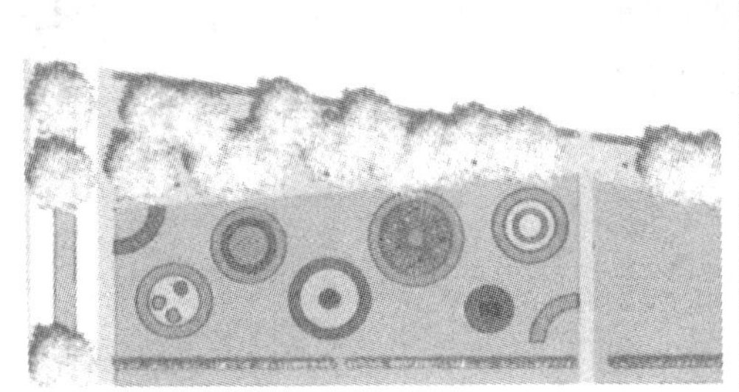

图3-42 面的分离（续）

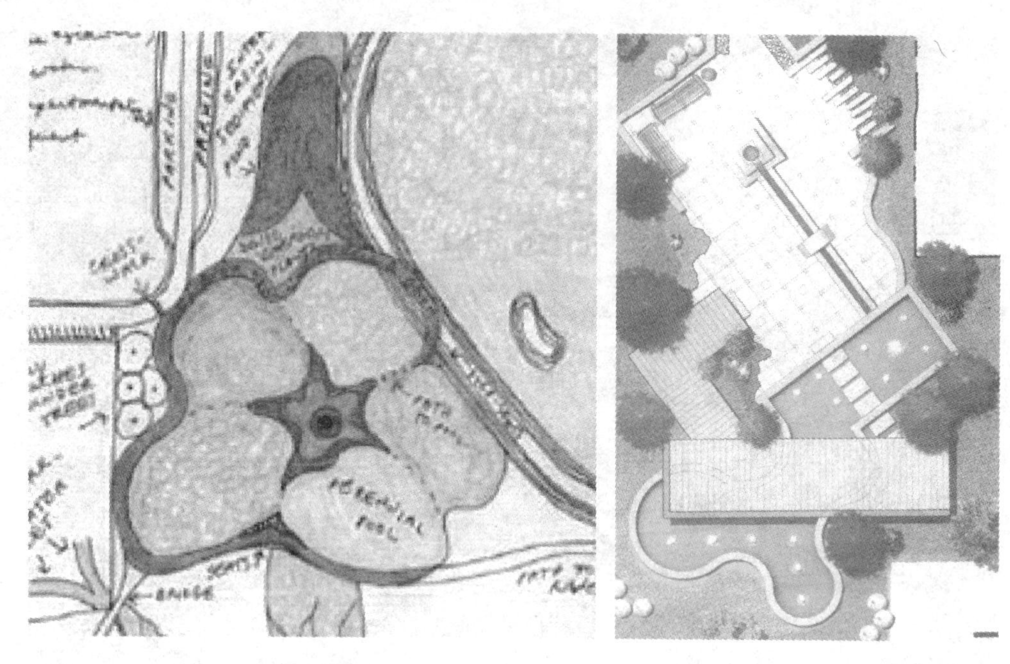

图3-43　面的相遇（接触）　　　图3-44　面的覆叠

图3-45　面的透叠

图3-46 面的联合

图3-47 面的减缺

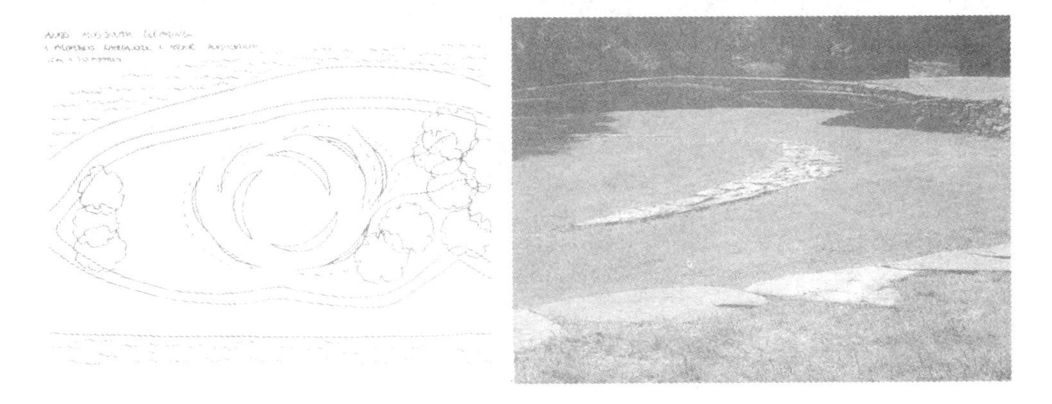

图3-48 面的差叠

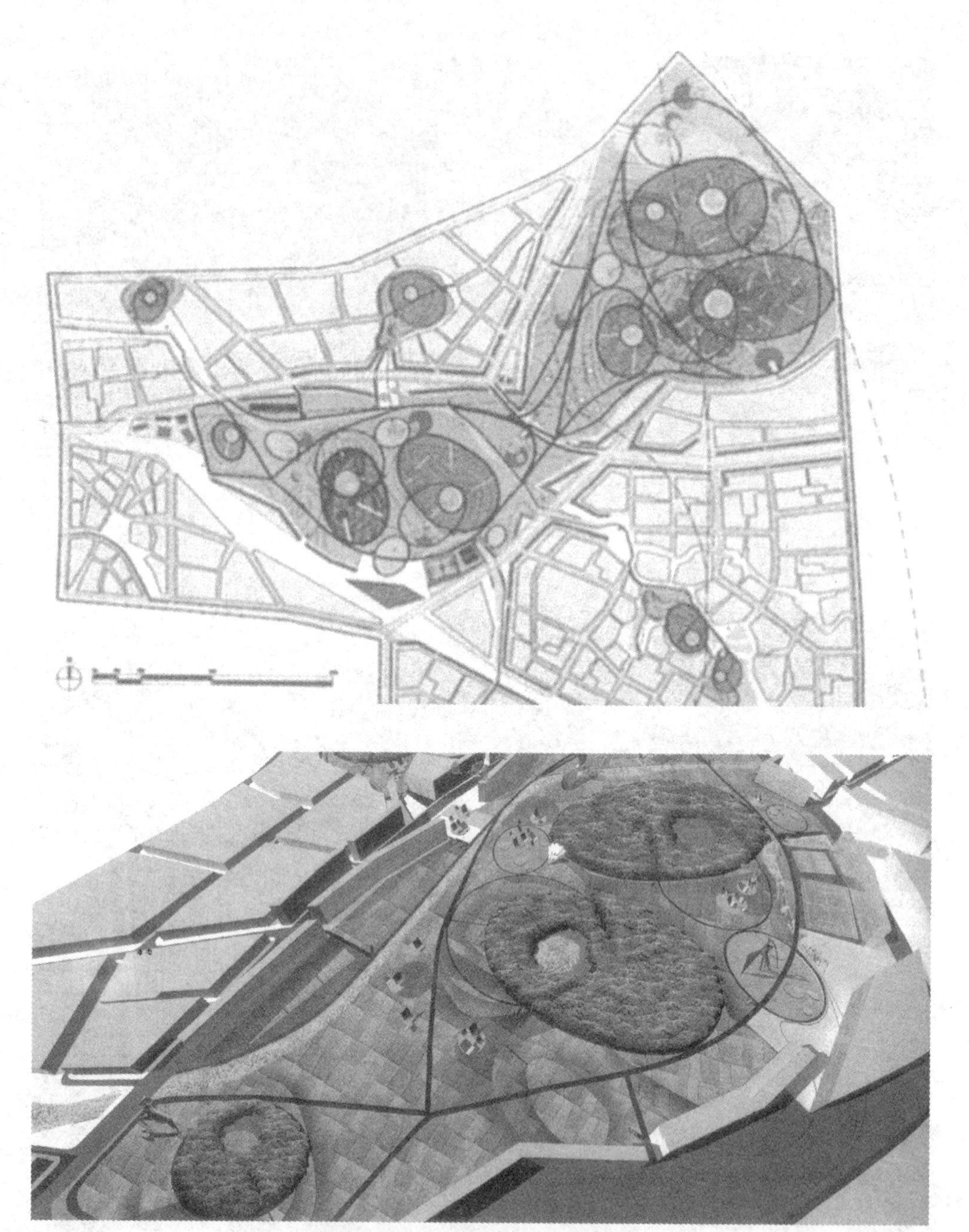

图3-49 面与面关系的综合运用

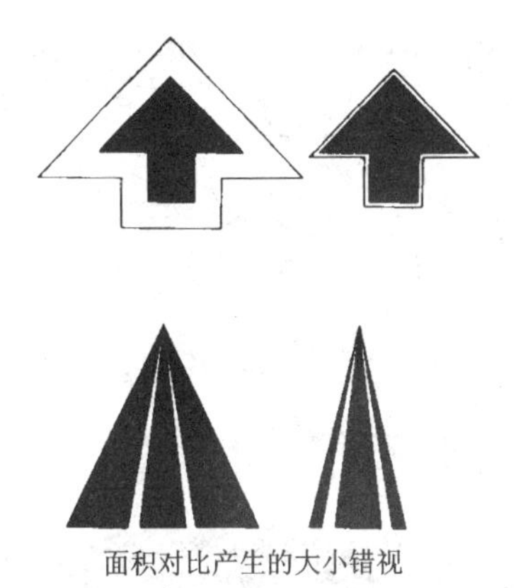

面积对比产生的大小错视

同形态、同大小的面上下并置时，上面的会略显大，当上面的面略缩小时才具有完全等大的视觉感受。

(a) 面的大小错视

同一种明度的面，分别放在黑底色上和白底色上，黑底色上的面显得亮，而白底色上的面显得暗，这就是同明度面在不同亮暗环境下的对比所产生的明度错视。

(b) 面的明度错视

(c) 图底翻转错视

图3-50 面的错视

图3-51 图与底

图3-52 景观中的图与底

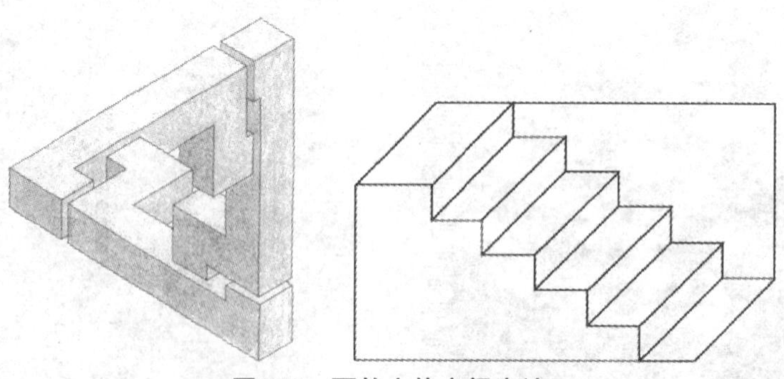

图3-53 面的立体空间表达

图3-54 围合限定空间

图3-55 面的肌理处置

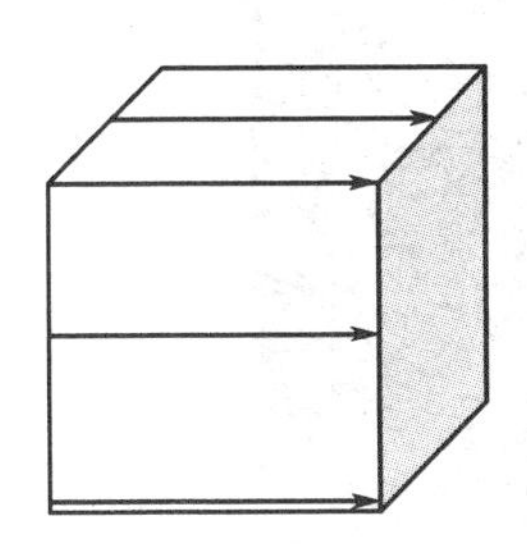
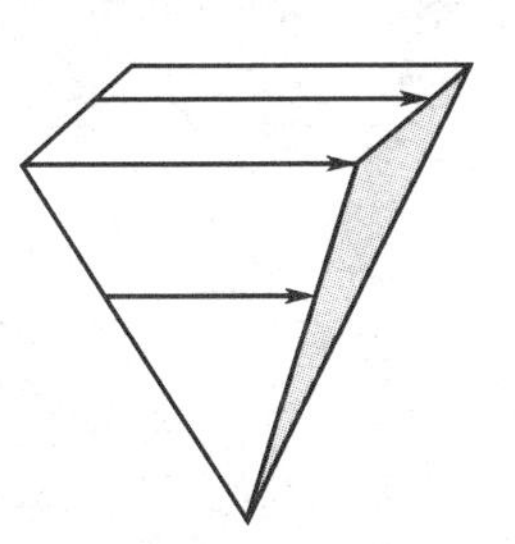

图3-56 面与体的转化关系

（a）几何型立体

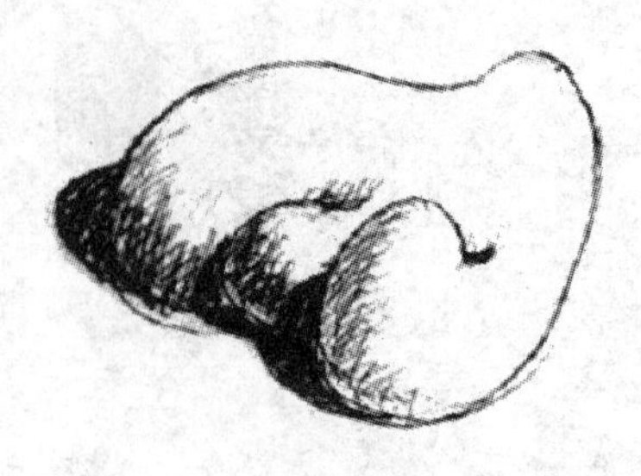

（b）自由型立体

图3-57　体的类型

图3-58　半立体

图3-59　点立体

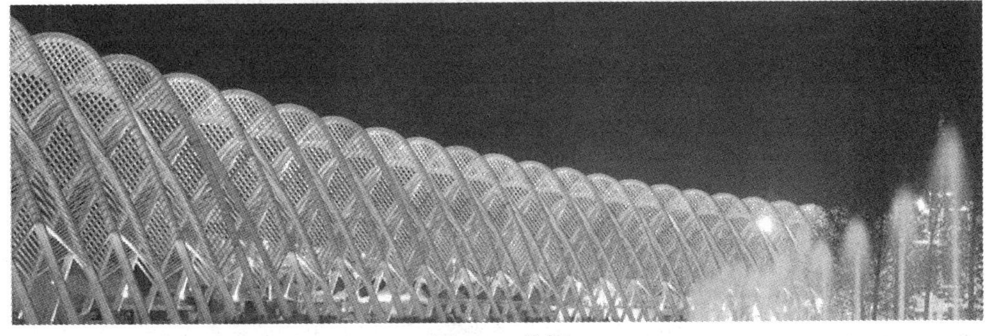

图3-60 线框

图3-61　线层

图3-62　自由线立体

图3-63 层面排列构成的面立体

图3-64 插接构成的面立体

图3-65 薄壳结构的面立体

图3-66 平面几何体

图3-67 几何曲面体

图3-68 自由曲面体

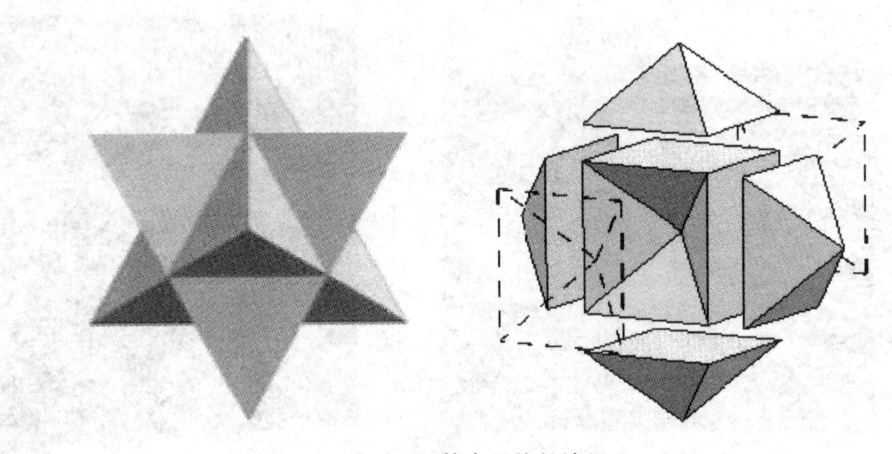

图3-69　基本形体的演绎

（a）直线切割

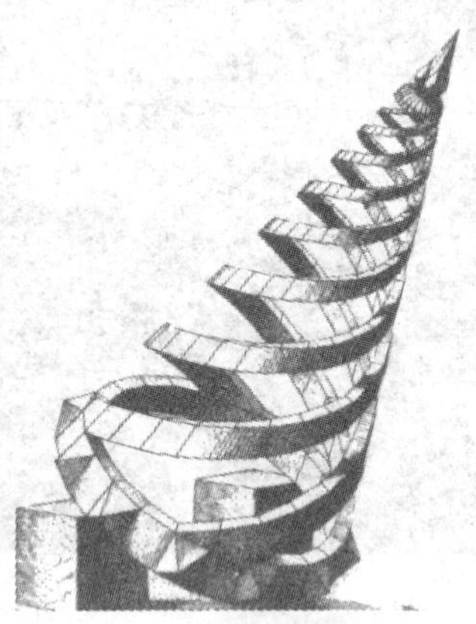

（b）曲线切割

图3-70　体的分割

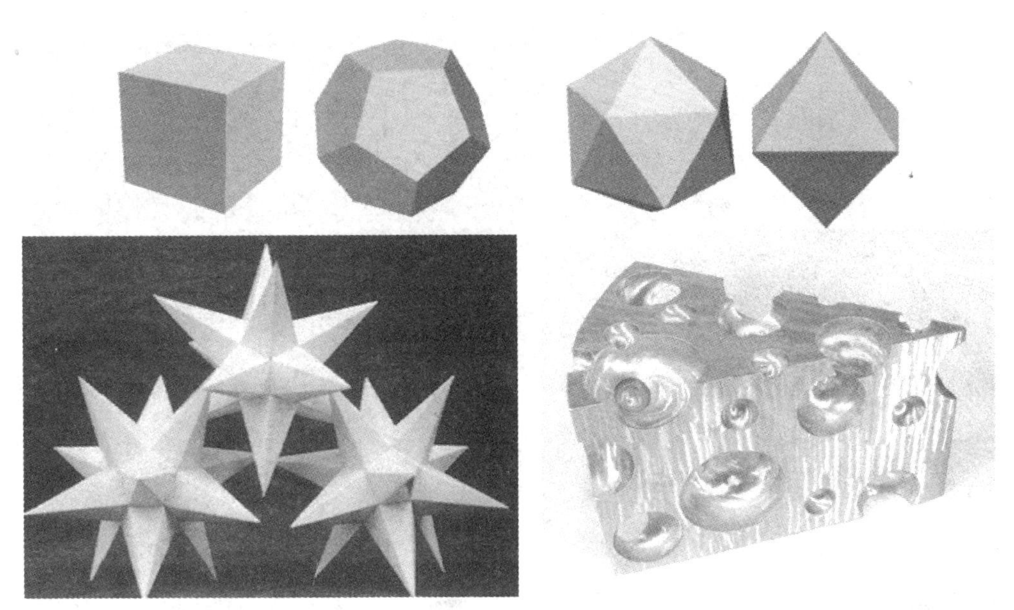

图3-71 体的增减

图3-72 体的积聚

图3-73　体构成的景观艺术品

图3-74 城市设计中体的推敲与表达

（a）保持视觉的联系　　（b）产生明显的隔离感

图3-75　地形与空间

外部空间下沉营造出相对独立的空间，给予人某种程度的围合感、保护感，因其范围的大小、下沉高度的不同，可营造出不同的功能空间。

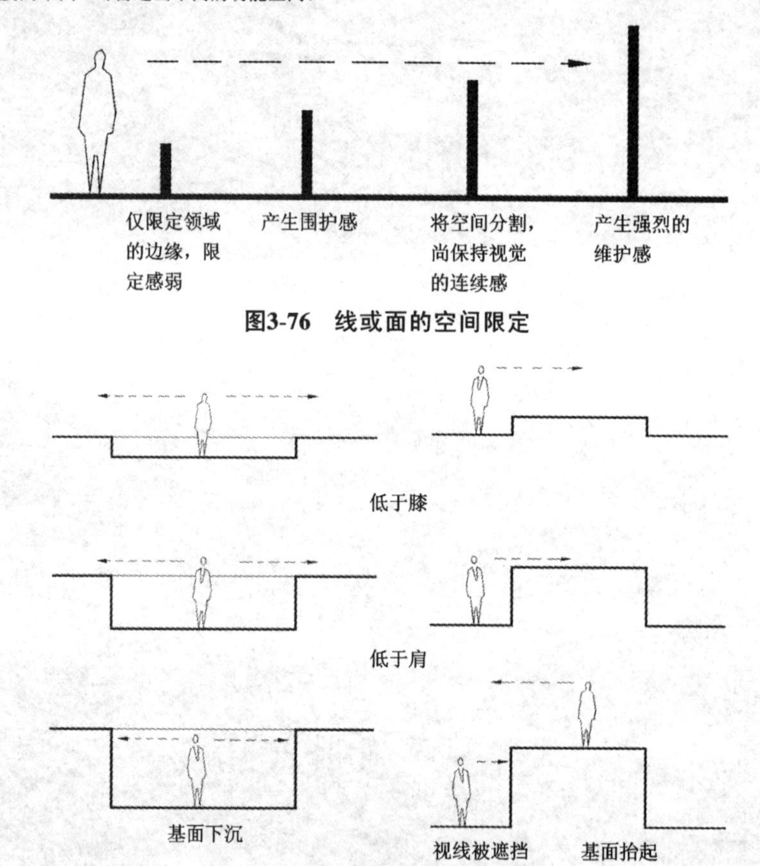

图3-76　线或面的空间限定

图3-77　不同高度底面的空间限定

空间限定感的强弱、视觉的联系程度与底面的高度变化有关。

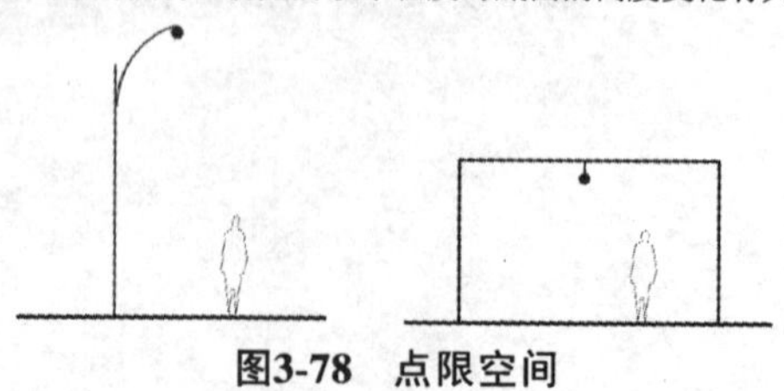

图3-78　点限空间

广场上和房间里的一盏灯都对整个空间有控制作用。

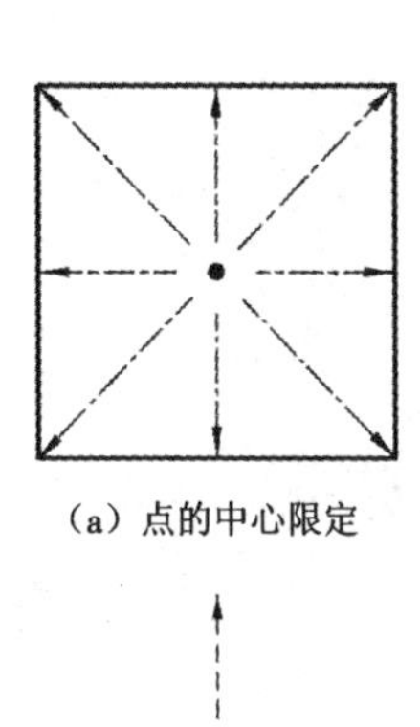

（a）点的中心限定

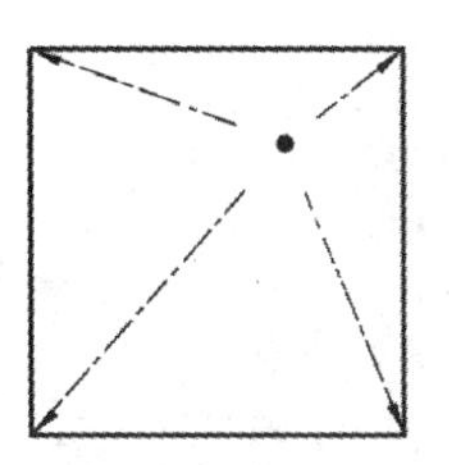

（b）点的非中心限定

（c）两点之间的虚轴

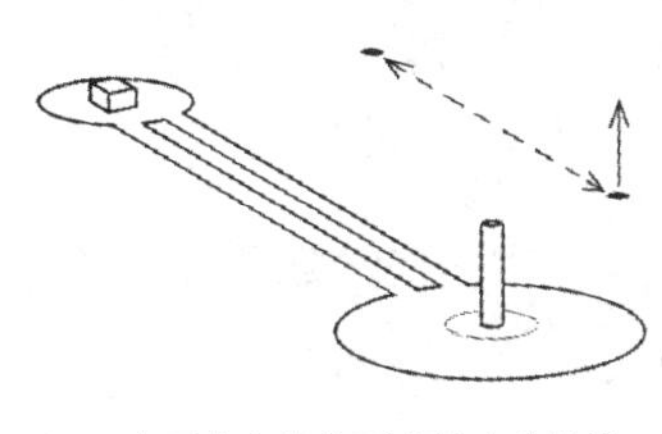

（d）点要素和柱状要素限定的轴线

图3-79 点限空间特征分析与示例

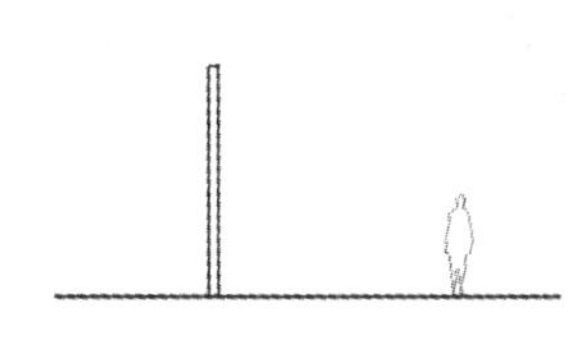

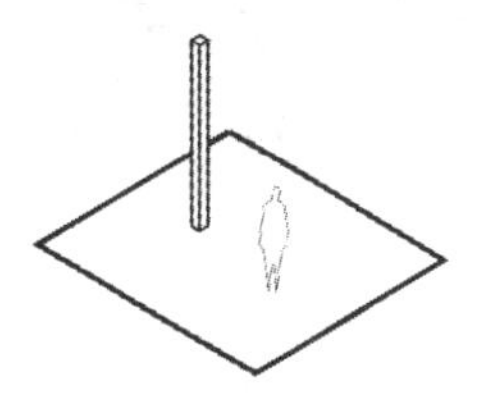

图3-80 线限空间

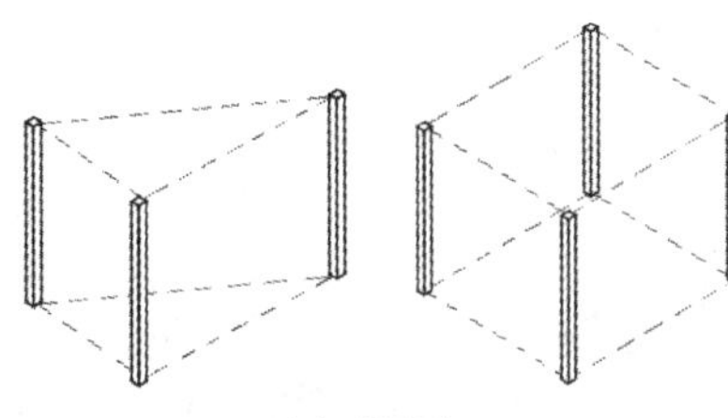

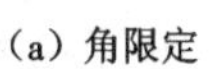

（a）角限定

三根以上的垂直线能够限定空间容积的转角，建立视觉空间框架，构成通透的空间，边界感很弱，改变线的位置和高度可以调整空间的形状、比例和尺度感。

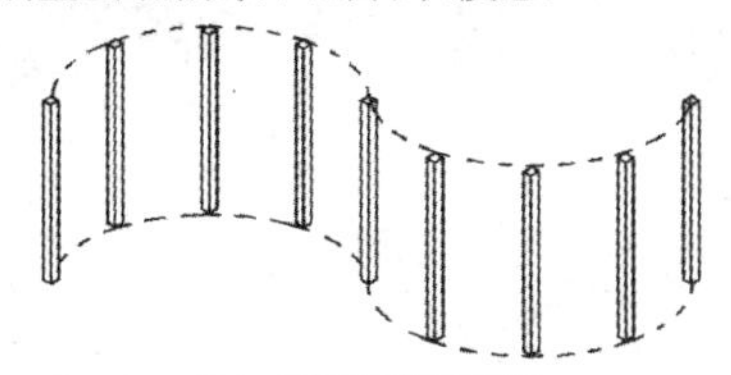

（b）多根垂直线限定

面感较强，可以限定一个由虚面构成的通透空间。

图3-81 线限空间特征分析与示例

图3-81 线限空间特征分析与示例（续）

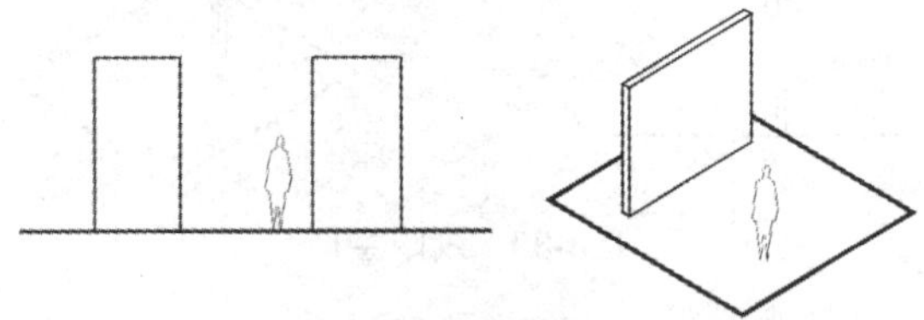

图3-82 面限空间

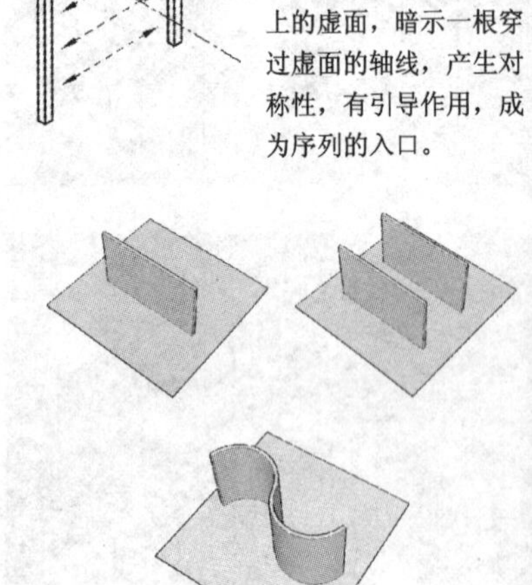

虚面限定：由于视觉张力的存在，两根垂线相互吸引，形成心理上的虚面，暗示一根穿过虚面的轴线，产生对称性，有引导作用，成为序列的入口。

图3-83 面限空间特征分析与示例

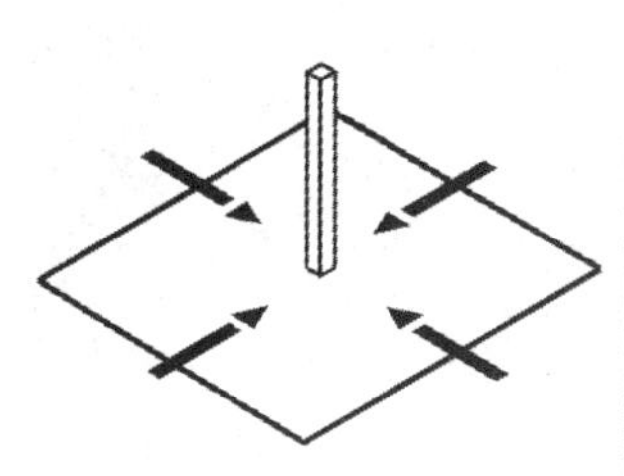

图3-84 设立

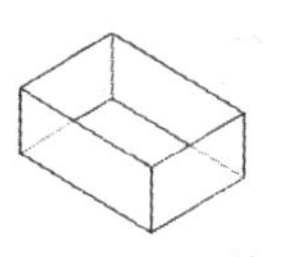
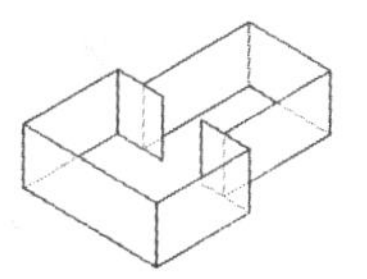

（a）单一空间和复合空间

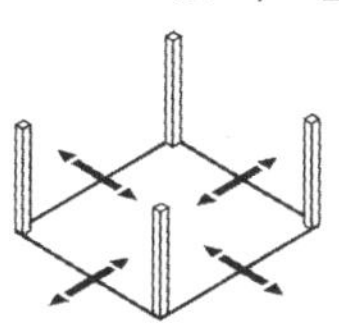
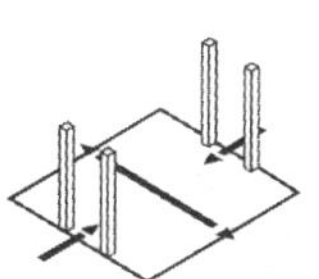

开敞空间

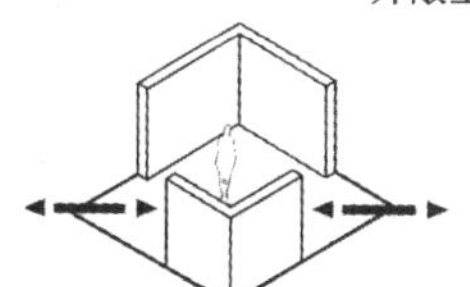
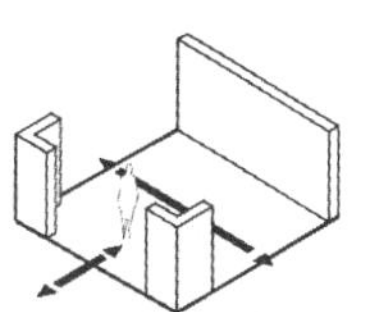

半开敞空间

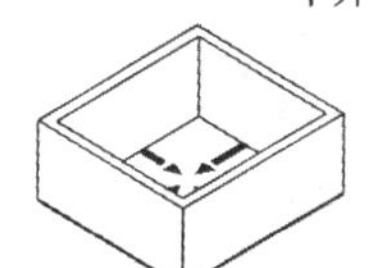
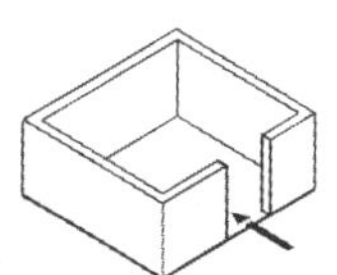

封闭空间

（b）限定程度不同的空间

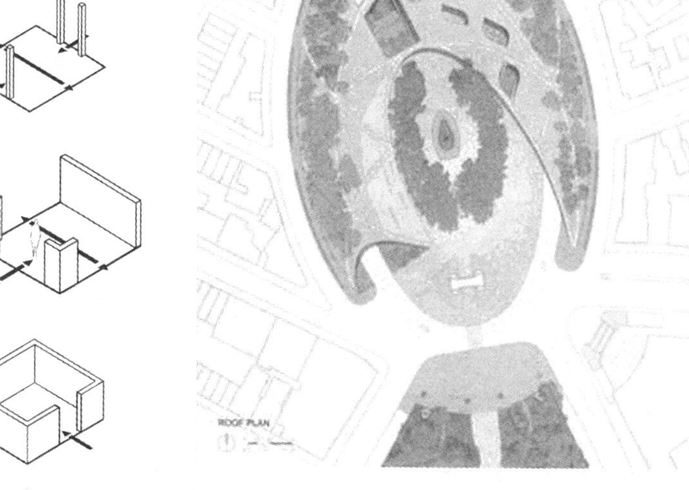

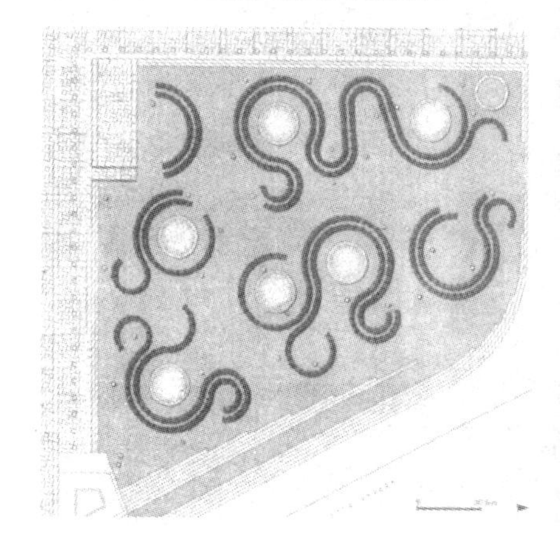

图3-85 围合

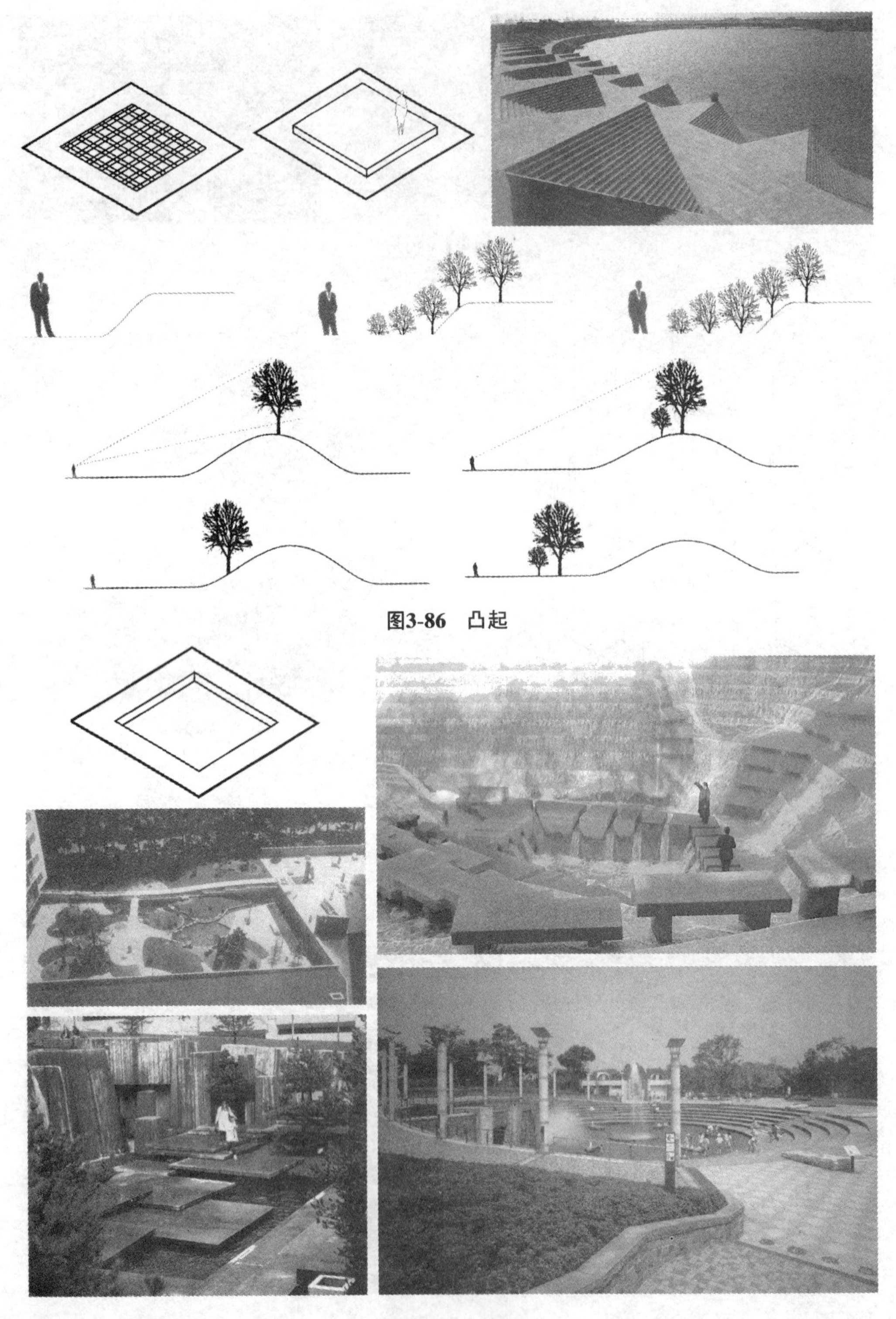

图3-86 凸起

图3-87 下沉

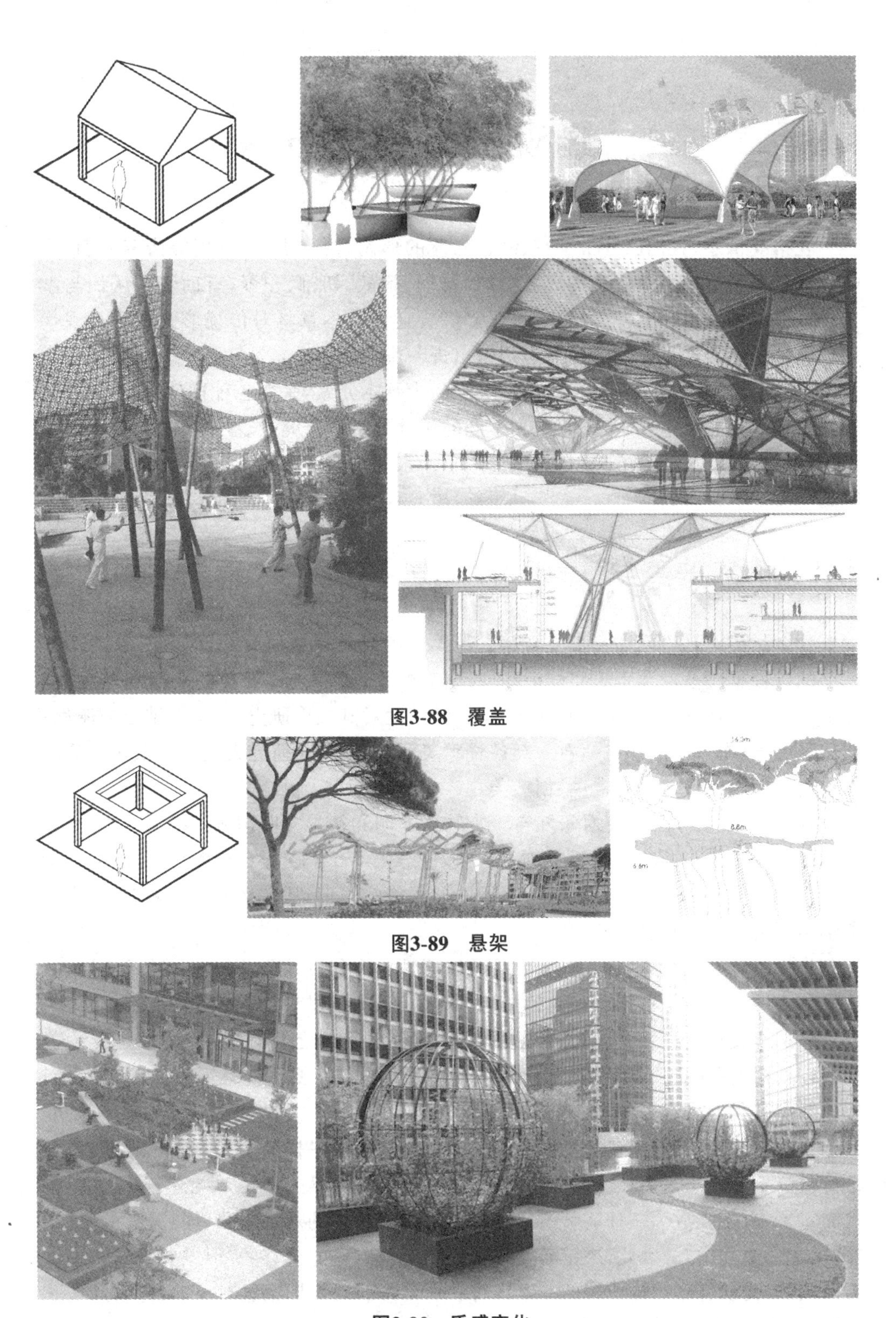

图3-88 覆盖

图3-89 悬架

图3-90 质感变化

4 景观形态构成方法

在第3章中，我们已分析了点、线、面、体的形态特征、类型、作用等诸多方面，同时涉及各要素之间的关系和构成方法，如排列、聚散、切割、积聚，有助于在认识与掌握构成原理的基础上，进一步将诸多要素综合运用。本章将对传统形式构图与现代构成方法的结合在景观设计中的运用做出进一步的阐述。

现代景观形态构成以点、线、面、体、空间为基本元素，采取各种排列方法，通过分解与重构等途径创造各式构图，达到不同的设计要求。研究景观形态构成方法，能够培养对形式美的敏感，并能更自觉地运用它们来表现美的内容，以达到美的形式与内容的高度统一。

4.1 构成的美学

什么是美？这个问题自古以来一直被无数的哲学家所研究，其研究对象离不开人类的各种审美意识或审美实践活动。这包含了古今中外一切美的东西和道理，但并不是一一考察它们，而是从宏观角度、哲学角度对其加以研究，从中总结出普遍性、规律性的东西。此外，还包括对人类各种审美活动的研究，研究人们在这众多的活动中如何按照美的规律去欣赏美、创造美。

到了近代，美学的研究对象随着人类物质文明和精神文明领域的扩大而扩大，逐步构成了一系列不同的美学研究对象，如文艺美学、戏剧美学、技术美学、建筑美学等。构成的美学是指从设计创造角度研讨形式美的原理，从广义的设计来看，构成的美学是研究“美的要素”的基础。

作为设计必须美，也就是设计要具有审美性。现代设计要求艺术与技术相结合，从而形成的一门边缘科学——设计美学，而构成美学就成为它一个重要的组成部分。

除了审美性，设计还应同时考虑适用性、经济性和独创性，这些因素也是设计美学赖以生存的基础。如何理解设计中的美？它意味着什么？就某项设计而言，我们怎样判定其是否具有美的价值，或者美的价值有多大呢？作为美的规范和美的尺度的东西，虽然没有能与测量长度和重量的尺度和计量器一样的“美的等级刻度”，但凡是价值都不能脱离人类社会而存在，凡是价值都外在于人的客观存在。美反映在鉴赏的对象中，使之成为一种能够引起爱慕和喜悦的感情的观赏对象，即“美在形象”或“美寓于形象之中”。因此，决定着美的价值或是影响美的价值的“形式要素”和“感觉要素”就成为研究形态构成美的基本内容。所谓形式要素即根据对象的目的、意义等内容进而能分开运用的“形态”和“色彩”。若从生理学和心理学的角度看，则又可以将其叫做“感觉要素”。通常,形式要素可以说是构成形象的条件,感觉要素是指形象之间的关系与形式美的规律。

4.1.1 整体与部分

为了进行形的组合,必须对形的整体与部分关系有一个初步的认识,如形的分解、单纯化,以及部分的意义等。

1. 分解与单纯化

图 4-1 中,(a)可看作一个完整的图形;(b)既可看做一个六角形,又可看做两个正三角形的组合,还可认为是可分解成两个正三角形;(c)则因外形的不规则而难于捕捉,要断定其是什么形时,势将其分解成两个部分,即三角形和长方形。又如图 4-2,可将(a)中的八个点看做(b)中排列在圆周上的点或(c)中两正方形交叉形成的星形的顶点,而前者更为普遍。

对不等边三角形和正方形来说,哪一个更单纯呢?若只比较边和顶点的数目无疑是三角形。确实,形成三角形的要素较少,可是三角形的构造远比正方形复杂。对于正方形来说,4 个边有相同的长度,边和中心的距离亦相等,而且只有垂直和水平两个方向,4 个内角也相同。对于三角形来说,则三条边的大小、位置、方向、内角等都各不相同,它具有复杂的构造。

图 4-3 中的图形由相同的单位构成,构成图形的单位(圆和正方形)位置不同。其中(a)比(b)更单纯,(b)比(c)更单纯,圆和正方形有着一致中心的(a)构造最为简单。

图 4-4 中,平行线比交叉线更单纯,因为前者两直线间的距离是一定的,而对于直角相交和其他角度相交的线来说,则前者更单纯,因为直角是以同一角度(90°)反复地分割空间。

从以上各图的分析,可以归纳为以下各点。

① “部分”是能分解整体结构的单位,将整体做自由切割的是片断,而不是“部分”,所以破坏整体结构的片断势将缺乏完整性或统一性。

② 图形的分解往往远比整体容易理解。分解并不妨碍把图形作为一个整体来认识,而形态的单纯性更易于对形态整体的认识,这种尽可能用简单的构造去认识对象的方法称之为单纯化原理。

③ 记忆中的某个复杂形态若保持很长时间,一般都会逐渐被单纯化。因此,形式手法的单纯化有利于突出某一种形式的韵律特征,易于使人领悟其视觉规律,加深印象,获得较强烈的视觉效果。

2. 部分

所谓部分依存于整体,就是要求部分和整体有着某种关系。这种关系是指部分左右着整体的性格和价值,还是整体支配着部分呢?一般来说,后者较妥切。任何部分的改变,或多或少地会给整体带来影响。如果关键性的或价值较高的部分发生变化，那么整体也就失去了存在价值。因此，整体的意思就是统一体，在这样的统一体中，部分和部分应具有某种关系（或规律）而被组织在一起。

4.1.2　秩序

所谓秩序是指变化中统一的因素，即部分与整体的内在关系。声音没有秩序不成其为语言，文字因秩序不同而能够表达不同的意思。秩序存在于大至宇宙，小到生物或原子、质子世界中。造型的范畴同样要求所给予的某些要素具有特定的秩序，因此，造型的美是以秩序为前提而产生的。在某种意义上，美就是秩序，丑就是无秩序。

在艺术创作与造型活动中，常把凭直觉感受唤起的秩序进而与客观原理相结合，使之理性发展，达到造型要素的统一性。

秩序的规律有对称与均衡、主次与重复、节奏与韵律、对比与协调。

4.1.3　视觉原理

1. 视觉规律

一切有关视觉艺术的设计，都必须了解人的视觉现象，并通过对其理性分析，把握视觉规律以达到景观预期的艺术效果。

视觉是人感知周围环境的主要方式，人们获得的外界信息中有 87%通过眼睛，并且 75%～90%的人体活动是由视觉引起的。“视”是感受“景”的主要方式，离开了主体的观察，景观就无从谈起。要研究视觉景观，必须首先了解人是如何去“看”的，有助于对景视空间设计的视觉现象进行理论的分析。

由于视距、视角、视域影响着视觉对物质世界产生不同景象，一般来说，景象在视野中央最敏锐而清晰，愈近边缘愈模糊，愈远景观会愈小，这种由距离引起的景象外貌变化称为感觉衰落。

人对景物的观察与判断主要由视距与视角两方面决定，视距即人与景物之间的距离，视角是人眼视锥的顶角。

（1）视距

人对景物尺度的感知随视距与视角的不同而不同，“远人无目，远树无枝”，景象愈远，细部则愈小而模糊。图 4-5 中，A_1、A_2 尺度相同，由于视距不同，$a_1 > a_2$，A_1、A_2在感知上有差别。

通常在人们的正常视域下，对景象的不同视距会产生从发现、辨认、清晰、模糊以至细部轮廓的不同观赏效果。

① 正常人的清晰视距为 25～30 m，依据视距经验值，可将景观分为近景、中景、远景。当需要看清景物的细部时，视距在 30 m 以内的景物称为至近景。

② 较清晰地看到景物细部的视野为 30～50 m。

③ 能识别景物类型的视距为 150～270 m。

④ 当视距在 500 m 左右时只能辨认景物的轮廓。

⑤ 超越 1200 m 以外视距的任何景象就难以区分了。

(2) 视角

当视觉注意某一景象时，根据视角、视距与景象的不同关系，观景可分为平视、仰视和俯视，如中国画论的三远法，平视中远、仰视高远、俯视深远，都与视角相关。

① 垂直视角：图 4-6 中，随着垂直视角的不同，对景观的感知也不同：

H/D=1/1，垂直视角 45°，细察局部；

H/D=1/2，垂直视角 27°，统观主体；

H/D=1/3，垂直视角 18°，纵观总体；

H/D=1/4，垂直视角 14°，仅显轮廓；

H/D=1/5，垂直视角 11.20°，目标分散；

H/D<1/5，只能观察景观对象的大体气势。

在景观空间中，视距产生不同的视角，天空对景观的支配效果也不同，如广阔、亲切、局促的感觉(图 4-7)。

当垂直视角以视平线为中心形成 30°夹角时，景观给人开阔、宁静舒展之势(见图 4-8(a))。当视角大于 45°、60°以至 90°时，向上的视角变化会产生高大的雄伟感，反之则易产生渺小感(图 4-8(b))。当俯视视角大于 45°、30°以至 10°时，则使人感到深远、凌空之感，当接近 0°时则产生欲坠的危机感。“一览众山小”即是此意。

② 水平视角：在理论上为垂直视角的 2 倍，人眼最大水平视角为 40°，则景象的宽度为 1.37D，可对景物对象得到全景感的关系。一般情况下，不同视距也会产生不同的水平视角变化。

当水平视角为 55°，全景感最佳；当水平视角小于 25°，全景感微弱(图 4-9)。

人们在观景时，当水平视角大于 55°时，身随景转，因此，当人们静观景物的对象，最佳视距为对象高度的 2 倍或宽度的 1.2 倍，亦即以此定位设景则景观效果最佳。

当以静观为主时，驻足停憩，登台观景，虽然景到随机，不拘一格，但“江干湖畔，深柳疏芦之际，略成小筑，足征大观也。”([明]计成《园治》)

在设计实践中，景观设计不是景物的杂陈，如境段的连续、景物的造型、轮廓、地形、朝向、日照等都会产生不同的影响，参照视觉原理将有助于把握全局与多种因素的关系，才能进行很好的组景。

人与空间发生联系，特别是对空间氛围的体验，除了视距与视角的作用，视点与视线也是重要的影响因素。

(3) 视点

视点的选取对观赏风景具有重要作用，一般多选取视线开阔的地方，观赏点一般可分为景外观赏点和景区观赏点。

景外观赏点：人在景外，景是静态的，人感受到的是相对稳定的视觉界面，景不动，人围着景动。如选择观看景色的站点时，若对象是一座山，从一个观赏点看，看到的是它的一个面,从多个观赏点看,看到的画面集合是它的体量体态,才会对它产生"横看成岭侧成峰"的立体感。

景区的观赏点:从一个观赏点扫视周围,看到的连续画面构成观赏点所在空间的视觉界面。身处景区的观赏点中,空间感受主要产生于一个个印象集合而成的空间视觉界面。

(4) 视线

视线指看东西时眼睛与目标之间的假想直线。在实际设计中,为保障人与自然和人工景观要素之间在视觉上的延伸关系,以求得较好的观赏形象,就要求保证视点之间的视线通畅,保持重要景点之间的视线联系。

视线的开敞或封闭影响着人对空间的感知。空间的开放性和封闭性取决于物理空间的围合程度、容积感等,更取决于人的视觉感受。

开敞空间与开朗风景:人的视平线高于四周景物的空间是开敞空间,在开敞空间中所见的风景是开朗风景,视线视平行向前,可延伸到无穷远处,视觉不易疲劳。

闭锁空间与闭锁风景:人的视线被四周屏障遮挡的空间是闭锁空间,所见的风景是闭锁风景,屏障物的顶部与游人视线所成角度越大,闭锁感越强。这也与游人和景物的距离有关,距离越小,闭锁感越强,距离越大则闭锁感越小。闭锁风景的近景感染力强,但久赏易感闭塞,易觉疲劳。

2. 视觉方式

视觉对于空间的感知包括形状知觉、大小知觉、距离知觉、深度知觉和方位知觉等,在景的营造过程中,不仅要考虑视点、视线、视角、视距、视野与视域等对景物要素及其组合关系的影响,还要考虑人在动、静态下不同的观看方式。视觉方式有多种,可以分为动观和静赏,不同的视觉方式会给人不同的视觉感受。

(1) 漫视

漫视是在观察过程中没有中心目标,其视觉游离不定,在漫视中发现目标。每当人们进入一个新环境,首先是通过漫视得到总的印象。

(2) 注视

注视是在观察中视觉停留时间较短,按着选定的目标深入观察,在观察中还伴随着思维活动。观看陈列展品、研究一个特定的目标时,常出现注视。

(3) 盯视

盯视是视觉固定在一个目标,或是一个点,深入细微,以探索究竟。其视野范围最小,在观察微型雕刻、细小物象时采用盯视。

(4) 凝视

凝视是静观,时间较长,有时系由外界的异常物象所诱导,伴随着思维上的困惑和猎奇,凝视有时是由无意识而发展到有意识的观察,不受外界的干扰而专心一意地观察事物。

(5) 扫描

视觉环顾四周,上下打量,左右巡视,重在环境观察,具有无意识性。

(6) 浏览

浏览本身是“动视”，实际上是“走马观花”，所观察的对象一般印象不深。浏览有两种情况：一是人不动而景物动，如翻书、看画展；二是景物不动而观察者动，如走路、坐车、坐船，观看的效果因运动的速度不同而有所差别。

4.2 传统的形式构图理论

在人们创造美的长期实践活动中，形成了一套形式美的理论和法则，称之为“形式法则”、“形式美的规律”或“构图原理”等，这些法则是在创造美的过程中对美的形式规律的经验总结和抽象概括。传统形式美的法则主要包括主次与重点、对称与均衡、单纯与齐一、调和与对比、比例与尺度、节奏与韵律、多样与统一等。

景观设计作为艺术美的表现形式与重要对象，美与审美是其主要内容之一。形式的法则与事物的普遍规律一样，是随着物质文化的生产和时代的变化而发展变化着的，突破与创新才是其根本。

4.2.1 主次与重点

在构成设计中，为吸引观众的注意力，并给其带来视觉上的刺激与满足，“重点”的处理是重要方法之一。

所谓重点是指形式构成中被突出表现的部分或要素。重点的处理有时虽然不只一处，但过多的中心必然引起涣散，即“每一部分的加强就等于没有加强”。重点与主从是两个概念，因为在造型中起支配作用的要素不一定靠量的多少来决定，而是靠它引起视觉强度来统率全局，主宰所有的其他因素（见图 4-10）。

① 依靠其优势来达到支配的作用，如分离或聚焦，即某一个单位脱离密度的部分，或是众多单位指向某一个要素，注意力便自然向后者而形成重点，例如发射。

② 通过量、色、质、形等的对比形成重点。如在众多的垂直元素构件中，若干的水平要素打破这一模式而形成重点，又如众多不规则的随意形态中，规正的几何形态插入而形成重点。

无论什么形式的构成，都必须有经营的重点，这样才能产生“趣味中心”，而使造型富于生气。因此，当我们评价一件造型作品时，说它重点不突出，并非指它的主从关系处理不当，而是指主要形象在构图中没有居于“关键”的位置。

景观中各构成要素所处的位置和作用不同，不能同等对设计时也应区别对待，须按主次与重点关系进行设计，并处理好主与从、重点与一般、核心与外围组织的区别。没有烘托和渲染，主体便会被埋没，无法给人以强烈的印象；陪衬过度隆重、喧宾夺主，难免会流于松散、单调而失去统一性。

4.2.2 比例与尺度

比例是“关系的规律”，它描述的是部分与部分或部分与整体之间的关系。对线、面、体的分割是产生比例的前提，不同的比例在视觉上的不同感受，是产生不同形式美感的基础。

(1) 分割的方法与性格

直线对面的分割可分为下列四种(见图 4-11)。

① 等间隔的分割。在视觉上给人以安定、坚实之感，然而又过于平凡、呆板、缺乏趣味性。直线的等分可以作横、竖、斜线的平行分割或同时使用其中一两种。

② 黄金比率的分割。把一线段 AB 分割成两部分，如小部分之 a 与大部分之 b 两者之比等于大部分之 b 与全线段之比，即 $a:b=b:(a+b)=1:1.618$，则 a 与 b 之比为黄金比率。两边之比成黄金比率的矩形谓之黄金矩形。

黄金比率的应用从古埃及、希腊，一直沿用至今。现代著名建筑大师柯布西耶，通过对人体比例的研究将黄金分割发展为“黄金尺”，谋求给予建筑造型、人体比例与家具尺度合理的关系。

以一定数量关系构成的和谐的美，反映了视觉形象—形式的逻辑关系。但是永恒的美的比例是不存在的，随着时间的推移，美的观念和习惯也会发展，不会一成不变。

③ 等差数列比的分割。按照某种规则排列的数列，其邻近数目的差一定，谓之“等差数列”，该邻近数目的差叫做“公差”。

④ 等比数列比的分割。数列之各项，在其前项乘上一定数而产生的数列谓之“等比数列”，也就是“几何级数”。用来乘各项的一定数谓之“公比”，等比数列其邻近之数目比都相等。

(2) 以几何图形为基础的分割

以方、圆、三角形等几何形为基础，用直、横、斜、弧曲线为分割线，在几何形体内或在一定的骨格结构中，可运用对角线、分割线、同心圆，在不同方向、位置、角度的部位上进行构成研究，它包含了以下几个方面。

了解各种图形的基本构成，根据他们的特点构思，从多种角度进行组合练习。

根据部分与部分、整体与局部的关系，制作出恰到好处的合理空间。

除考虑构成的各关系要素及形式美的规律，还应具有单纯、明确、完美的效果。

景观中，良好的比例是用几何语言对景观美的描述。尺度指事物的量与质之间相统一的界限，一般以量来体现质的标准。美的尺度，一般是指构图中整体与部分、部分与部分之间的大小、粗细、高低等恰当的比例关系。景观设计中，人的空间行为是确定景观空间尺度的主要依据。

小尺度的景观给人亲切感，人们易于亲近和易于把握，如中国古典私家园林中的假山、水池、凉亭和小桥等，“丈山、尺树、寸马、分人”确立了要素之间的尺度关系。这为庭园景观中确定各要素的比例、尺度提供了良好的参照。今天的建筑小庭院、街头小游园、绿地当属此范围，又称微观尺度。中观尺度指城市街道、广场、公园、风景名胜地。宏观尺度指区域规划自然风景保护区，当结合生态和环境保护，处理好开发、保护与利用的关系，使之走上良性的可持续发展的道路，使人的行为、心理、审美需求与自然环境的结合产生互动与深化。大尺度的景观易给人开阔、雄伟、磅礴的气势，如人造大地景观等。不同的比例和尺度会给人不同的感官刺激和美的感受(见图 4-12)。

4.2.3 对称与均衡

均衡、平衡、对称可以说是同义词。这是从视觉角度所指的一种力的感觉状态，而不是从力学平衡角度说的(见图 4-13，图 4-14)。取得平衡的手段有两种：一是对称的平衡；二是非对称的平衡。

对称是指构图中的中心视点或中轴线左右、上下两侧的视觉造型因素完全均等一致。对称的形式可以分为以下四种(见图 4-15)。

(1) 轴对称

以对称轴为中心，左右、上下或倾斜两侧的形象相同或近似的对称为轴对称。即相互的形体用对折的方法可以重叠。轴对称在建筑、图案以及日常用具的造型中随处可见，中国古典传统建筑布局采用此种形式尤为普遍。

(2) 移动对称

图形按一定的规则平行移动所得到的形状，叫做移动对称。

(3) 放射对称

使在原点上的图形按一定的角度旋转，成为放射的图形，即从中心点向四方平均运动的平衡，故又称回转对称。此外，图形移动到 180°的时候，形成彼此相逆的图形，叫做逆对称，如花，风车，伞，某些商标、标志等。

(4) 扩大对称

把图形按一定比例放大，叫做扩大对称。

对称均衡，这是一种传统而强有力的，既古老又普遍的构图形式，一种较易取得端庄、严肃的秩序感的布置方式，适合于产生安定、静止、庄重的气氛与效果。对称是均衡的完美形态。但另一方面，它具有保守性、处理手法较拘谨、缺少变化的特点。

非对称均衡，从力学平衡的含义，犹如我国的秤的计量所达到的均衡，即是一种不对称的平衡，而作为图形而言主要体现在视觉方面的均衡。

无论是图形的布置或是不同形态的配置，预期的平衡往往较活泼，具有运动的稳定感和富于变化、个性较强的形式。各元素相互位置、大小等的不同，会产生不同的对称、均衡关系，如方向性相异的线可产生不同的品格：① 两条斜线的力动关系由于对称而减弱以至消灭斜线之力动，产生了中和、安定之感；② 安定的直线加斜线而造成不安定；③ 永恒、稳定的水平线因斜线而致破坏。

为了取得非对称的均衡，可采取以下办法：① 移动形体的位置，使比重随之变化；② 调整形体的大小和图与底的色彩对比，使空间强弱关系发生变化。观察其相互关系并决定其位置关系、大小变化、色彩对比，可获得预想的平衡，通过各种组合方法的综合运用，可将画面的空间变化得更丰富和生动(见图 4-16)。

此外，凡是具有三个以上元素，或者存在着部分之间的关系时都会产生均衡的问题。例如在一定长方形内部配置直径各不相同的四个圆，使其具有良好均衡感的配置可有千百种，其中心和长方形的几何重心不一定吻合，但往往是非常接近的。

对称赋予景观作品以庄重的性格和严密的组织性，构成的图案具有稳定的重心和静止、整齐的美感，满足了人们生理和心理上的对于平衡的要求，在设计中容易被接受，但创新难度较大，处理不好会给人以缺少变化、呆滞和单调的感觉。

均衡是一种动态中的平衡，构图中的形态、面积不一定相等，甚至相差很多，但是每个元素的位置和彼此对比的关系，决定了它们在整个构图中力量的平衡。均衡没有明显的对称轴和对称中心，但具有相对稳定的构图重心，是依此重心保持力的平衡。这种构图表现出来的是一种内在美的秩序和平衡，以动为主，动中有静。在具体形态特征上，还具有多样性、自由性、感性和抒情性等特点，富有趣味和变化，给人灵巧、生动、活泼、轻快的感觉(见图 4-17)。

4.2.4 节奏与韵律

在设计中，形状、大小、色彩、肌理都相同的基本形重复出现的构成方式，可以产生绝对和谐统一的感觉，使主题得以强化，也是最富秩序和统一观感的手法，如单体建筑中的柱间、门窗、阳台等构件的重复出现。

节奏与韵律既有区别又有联系。节奏是有规律的重复，如自然现象中的寒暑昼夜、新陈代谢、风波起伏、山川交错等。各形式要素间具有单纯而明确的联系，以一定的秩序组合与排列。而韵律是有规律的抑扬顿挫，使形式富于律动的变化。节奏是韵律形式的纯化，韵律是节奏形式的深化。

节奏的基本特征如下(见图 4-18)：① 形式在节奏中的线性运动，显示其单一性；② 形式在节奏中交互渗透，反复显现，具有重复性；③ 形式在节奏中跳跃、回旋，具有对应性。因此，节奏既包含形式之间的“同”也包含形式之间的“异”，同中见异、异中见同，是“异”与“同”的统一。

节奏、旋律与和声作为音乐的三大要素表达出时间性的韵律，视觉艺术则依据视线之移动以及运动感表现出韵律。建筑是凝固的乐章，建筑以连续的不同空间的转换组织空间的节奏。因此，节奏成为时空持续的象征，以一种直观的方式表现了某种特有的“力”。

近似与渐变是“重复”经过轻度的变异向重复过渡而产生节奏感的一种方法。近似与渐变都是逐渐的、有规律的、有顺序的变动，只是两者之间有程度上的差别。在大自然中，近似的情形极多，如树的每一片叶子、森林的每一棵树、沙滩的每一粒沙粒、海洋的每一个波浪都是生动的例子。渐变则是一种日常的视觉经验，如近大远小的感觉。连续的近似产生了渐变，也可以说，渐变是近似形象有秩序的排列，是通过类同要素的微差关系求得形式统一的手段。因此，一些对立的要素之间采用渐变的手段加以过渡，二者的对立就会较轻易地转化为统一关系，如颜色的冷暖之间、体积的大小之间、形状的方圆之间。渐变在视觉上有柔和而含蓄的感觉，具有一种抒情的美。渐变在其数量的渐增渐减中，必须具有一定的比率与秩序，所以又与比例有着密切的联系。

在景观布局中，常有必要使同样的景物或者景观的美学要素重复出现。一个所有景物都各不相同的空间环境，不易组成悦目动人的景观。利用景观要素的重复强化空间环境，可使观赏者获得鲜明而深刻的印象，使主题得以强化，不致显得杂乱无章。

4.2.5 对比与协调

事物总是通过比较而存在的。对比即突出表现各形式要素间不同性质的对比，表现形式间的相异性，扩大变化幅度，创造强烈而生动的具有各种特性的效果。

对比是构成艺术中最富有活力、最有效的法则之一。对比可通过明朗、肯定、强烈的视觉效果，给人以深刻的印象。对比也有程度之分，轻微对比与强烈对比各有不同的效果，轻微对比比较柔和，强烈对比则非常刺激。构成设计可从某一特殊的对比观念出发，强调某一类因素的对比，形成该设计的独特个性。

对比的类型可分为如下几种（见图 4-19，图 4-20）：① 形状的对比，如简单与繁复、棱角与圆滑、直线与曲线、几何形与不规则形等；② 色彩的对比，色彩的冷与暖、明与暗、鲜与晦，以及色相、面积均能产生不同的对比效果，一般有明度对比、低度对比与色相对比等；③ 肌理的对比，不同材料的表面质感，如光滑与粗糙、硬与软，赋予人们视觉与触觉的感受不同，又称之为视觉肌理与触觉肌理；④ 方向的对比，相反的方向或互成直角的方向都有对比的感觉；⑤ 位置的对比，位置于画面、空间的不同，显示出上与下、左与右、高与低；⑥ 空间的对比，在平面上形与形前后感觉形成空间的对比，三向度的空间通过虚与实、有与无、穿透与阻隔、断续等造成对比。

在对比方面，还有所谓连续对比和同时对比。前者是由于时间的连续性而产生对视网膜刺激的对比，使感觉到的印象更加强烈。

对比的处理，可采用调节各要素之间的关系（如大小、形状、方向等）以改变其对比差，使之有支配与从属的关系，给造型带来时间与空间上的抑扬顿挫并形成造型的重点和趣味中心。如果在设计中没有支配与从属的关系势将产生多中心或杂乱，产生形式要素之间的涣散以至不必要的竞争。

协调，在景观中强调构成要素的共性，即差异明显强烈的视觉造型因素经过必要的调整而达到整体上的协调和统一，构成美的对象在部分之间不是分离和排斥，而是统一与和谐。

协调的方法有很多，通过共同的轮廓、质感、空间上的均匀分布进行调和；通过统一的色调进行调和，或通过多个形态中的共同因素、画面的导向性元素达到协调。常见的协调的形式有类似协调、渐变协调、同一协调。

4.2.6 多样与统一

统一意味着构成要素之间的同一性和相似性，各构成要素不矛盾、不分散、协调而单纯。多样是指构成要素的变化既丰富又复杂。多样统一是所有艺术形式遵循的总法则，是形式美中对称、平衡、比例、节奏、韵律等规律的集中概括，是形式美的最高法则。没有多样的变化就没有设计中的创新和发展；没有统一就会杂乱无章。设计中应利用对立面的相互作用，实现多样性的和谐统一。

“多样统一”可表现在形状的方圆、长短、曲直；方向的正侧、上下、前后；质地的刚柔、粗细、平皱；量的轻重、大小、多少；势的动静、聚散、正斜；色的深浅、浓淡、明晦、冷暖；光的强弱、明暗；韵的强弱、缓急；境的疏密、虚实、隐显、扬抑等多方面。多样统一就将各个方面有机组合，通过精心设计使其各部分互相依赖、互相渗透、互相联系，最终形成一个和谐的整体。

4.3 现代构成方法

点、线、面、体的排列、分割、组合、积聚已在第 3 章相关各节初步阐述，在本节中，将在众多优秀景观设计选例中进一步阐述与深化。

4.3.1 重复

重复是最基本的构成方法，它是衍生渐变、发射以至动感的原点（见图 4-21～图 4-25）。

4.3.2 渐变

渐变是基本形或骨格有规律的循序渐进的变化，如点的大小、线的粗细、疏密、面的形状、大小的逐渐改变。在设计中运用渐变的原理，可以得到非常有规律的理性美和有起伏高潮的韵律，渐变基本形与重复骨格与渐变骨格的组合、渐变骨格与重复基本形的组合均可取得严谨而丰富的视觉效果（见图 4-26～图 4-29）。

4.3.3 发射

发射是一种常见的自然现象，如太阳的光芒、盛开的花朵、贝壳的螺纹、蜘蛛网、炸弹的爆炸等，可以说发射也是一种特殊的重复或渐变。发射图案一般极易引人注目，可利用发射构成强有力而醒目的构图（见图 4-30，图 4-31）。发射构成必须具备两个特征：① 中心，中心是发射图案焦点所在，可迁移、分裂或多元化；② 方向，方向包括骨格线的方向和基本形的方向。这两种特征之变动与不同组合，产生了各种各样的发射图案。

发射一般可分为三种：① 离心式发射，在发射中最普遍，所有线均自中心或附近出发散向各方，线或直或曲或成特殊形，中心如迁移或分裂，则可形成众多优美的图案；② 向心式发射，以线自各方向中心逼近，线可作平行线层或渐变弧线层；③ 同心式发射，以线层层环绕中心，线多数为圆形，同心或大致同心，但亦可为方形或其他形状。上述三式经常互用。离心式往往需要同心式协助各基本形之排列。向心式常以离心式带领线之分布。同心式亦需离心式分出单位。

圆形平面或空间的建筑处理中，发射是常用的构成手法，是富于动态的、变幻的、效果显著的构成。

4.3.4 穿插

1. 穿插的意义

《汉语大词典》中对“穿”、“插”有其相应的释义。穿：破、透、通过；插：刺入、加入。在小说、戏剧等文艺创作上，穿插是写作中为了衬托主题而安排的各种次要情节。在汉字结构中，由点、划(线)连贯穿插。穿者，穿其宽处；插者，插其虚处也。如“中”字以竖穿之，“册”字以划穿之，“爽”字以撇穿之，皆穿法也；“曲”字以竖插之，“密”字以点琢之，皆插法也。穿插以其虚实相生，“计白当黑”，在笔墨处皆成妙境，景观要素之间的穿插虚实相间，其理相通。

在造型艺术中，顾名思义，穿插就是两个或多个形体相互穿破各自的界限(有形的或无形的边界)而交叉、通过、穿破、切合、叠加或并置，或者使两个物体互相渗透交融，是后来者打破、打断原来的形体、过程等的一种行为，使原本简单明了的性质变得不定、多变、复杂和丰富，造成一种冲突与变异的效果。

穿插可以是实体上的、概念上的、虚有边界上的，也可以是轴线延长后的交叉。互相穿插的两者可是同质的，也可是异质的，有大小、主从、外观、质地等区别。

2. 穿插的特征

穿插是以形态构成要素从三维到四维组构形态与空间的空间构成手法。两个或多个形态要素互相叠加、交叉、切合形成的规则与不规则的空间，打破了传统空间通常的横平竖直的视觉平衡与惯性思维。形态之间的穿插产生的多变空间给人的视觉带来不安，迥异于以往的视觉空间感知。

(1) 几何形态的对比与冲突

当两个或两个以上不同的几何形态连接时，设计者在矛盾状态中并不是调和或压抑其个性，而是充分展示形态的个性独立和冲突，并赋予其多重含义。这是对理性主义和谐一面的反叛，从而建立起非理性的和谐。

(2) 动态与瞬间的表达

在景观审美中，历来强调静态美和永恒性。辨证法认为运动是绝对的，而静止则是相对的。“运动感最明显的是由曲线传递的，但也可以由直线传递。”20 世纪 60 年代，人们已经开始不满足于现代景观与建筑形式上的僵化刻板，希望有变化的、动态观念的渗入，因此，除了运用圆弧、曲线表现动态，还在静止中寻求相对的动态美。

穿插方法创造了极具魅力、复杂、多变、暧昧的现代空间,在相对的静止与绝对的运动关系中,表达空间的动态与瞬间,多视角展示对空间产生的一瞬知觉以及在空间中连续活动(加入空间的第四维度——时间)的体验。

(3) 几何形态组合的新思路

古希腊哲学家柏拉图对几何形状如圆、方形、三角形推崇备至,认为它们是景观造型中最基本的决定因素。古典主义拘谨、严格、庄重的几何形组合,到早期现代主义功能决定形式的线形思维,导致了造型的刻板与僵化。穿插的操作看似在"不经意"、"撞击"、"不协调"的组合中表现"非理性"的对比与冲突,却在反逻辑思维的倾向中建立起"秩序"的重构。

3. 穿插的操作

点:没有长、宽、高的维度,因此无所谓点的穿插。建筑面、体上的细部,从宏观上可视为点。在点的群化与色彩、光的构成中,表达了点构成的创造性。

线:在三维空间中,直线有相交、平行、异面三种情况,多样性的线在空间进行穿插能产生秩序、韵律与动感。

面:各种形态的面是线在空间中运动的轨迹,与一维的线相比,二维的面有更多组合方式。不同形状、位置、尺度的面,其所限定的空间具有多维的特征,可在多变的不经意组合中产生时尚、新颖的视觉冲击与空间震撼。材料、质感、光影等关系要素在穿插空间中也有不可忽视的作用与效果。

体:在景观中存在体的穿插,而在建筑中人们感受到的往往是各种"壳"或"外皮"的结合,复杂多样的空间体的穿插是空间形态构成的重要手法之一。

线与线、线与面、面与面、面与体、体与体等各种穿插的操作提供了多样的空间形态构成,不少著名的建筑作品都巧妙地运用了穿插的手法,充分体现了建筑师的理论深度与风格,一些选例的分析将有助于对这一手法的理解与运用(见图 4-32,图 4-33)。

4.3.5 动感

我们这里指的"动感"是通过景观形态创造所产生的一种"动势",是视觉力场和视觉力度所造成的视觉感受(见图 4-34～图 4-36)。

1. 点、线、面产生的动感

点放在视野中就会有存在感,点处在环境中心时,其本身是稳定的、静止的,而且还可以控制它所处的范围;如果将点放在偏离中心的位置,它所处的这个范围就会变得比较有动势。

当视野中存在两个点,在两点之间就会产生相互牵拉的视觉张力。

当出现三个点时,则会形成一条无形的折线,若大、中、小三点并列放置,一种沿着大、中、小顺序或相反方向的动感便会随之产生。

直线作为造型中运用最普遍的要素,直线的划分和组合能够产生水平或垂直向的动感,线的方向、疏密、重叠和排布方式同样可以产生节奏感和运动感。

曲线、弧线具有波动、上升的视觉特征,螺旋式楼梯、波形座椅、波形屋面等都是产生动感的重要元素。

面可以起到限制体积的作用,面的属性以及它们之间的组合关系决定着面所限定的景观的视觉特征。

2.动感构成的手法

(1) 倾斜

水平与垂直的线条是人们惯常接受的力的式样——与重力平行或垂直。倾斜是指物体偏离了垂直、水平等基本空间的正常的平衡位置,看上去好像有要回到原来正常平衡位置上的倾向。

设计中常以倾斜的形或趋势构成画面中最抢眼的元素,如产生失重感的构图、倾斜的地平线、倾斜放置的画面,并且经常通过选择在现实中无法获得的超常视点,故意造成景观形态的动势。

(2) 楔形物

相对于趋向对称和平衡的长方形或与长方形比例的线条,楔形物造成的运动感要强烈得多。人们在观看这类图形时,视线总是在较宽的一端和较窄的一端之间往复移动,可以感觉到运动力由基底向高峰逐渐增强。这类图形的运用可产生以较宽的边为基底逐渐向较窄的一端前进的运动效果。

将扁平的长弧组合进图形中,或用它来代替楔形的一、二道长边,或者是弧形的路、墙等切入空间,割出一些楔形的部分,这些图形比一个纯粹的楔形的运动感更加强烈,因为我们从中得到了运动力以各种不同的速率扩张和收缩的体验。

(3) 重复

物体的运动可以看作物体在位移方向上的重复出现。其实,一个物体之所以产生了运动,其真正的原因就在于它在位移方向上有一种力的作用。因此,当物体产生运动时,看到的不仅仅是物体发生了位移的变化,而且会感知到物体位移的方向上有一个方向性的推动力,“只有知觉到这种力,我们才能知觉到物体的运动”。

重复的造型元素可以是等量的,也可以是不等量的。在重复的造型式样中,如果没有形成方向性的推动力,或是各方向的推动力大小相等,也就不可能产生某种动感。要获得某种动感特性,就必须存在一种方向性的“推动力”。

在景观造型式样中,造型元素在某一方向的重复出现会在这个方向形成一种很强的“推动力”,创造出一种连续的韵律美。

(4) 交错

在景观各种元素造型式样中,造型元素改变其原来方向而发生重复,就好像偏离了其原来的位置一样,从而产生动态效果。

(5) 聚焦

造型元素的位移方向向远处的某一焦点汇集,我们可以感觉到向心力的作用,从而整个景观具有向心运动的视觉动势。

(6) 错视

当人们发现对观察对象的主观把握与对象物之间不均衡时，就会产生这种错视与紊乱。正如前述错视的现象中，在暗示重叠、震动、运动或级数式增减水平线、垂直线的宽度并往复这种周期，也会产生动感的效果。

4.3.6 错位

1. 错位的释义

从原始艺术品到现代设计作品，错位作为一种创作手法经历了漫长的人类造型文化历史发展。古埃及时代的神、狮身人面像，中国的龙，佛教的千手佛，以及西方古典建筑造型上的人体柱式、错位的装饰构件等，错位的手法都有所体现。

《辞海》中对“错”的解释为：① 杂错；② 交错；③ 彼此不同等。总之“错”有变动之意，变则意味着创新，意味着将事物原有状态打破并重新组织新形象。《辞海》对“位”则解释为：① 方位、位置；② 居、处；③ 职位、地位等。错位不仅仅是一个形强加到另一个形的简单相加，它所带来的矛盾能吸引人的注意力，是一种不对称的、错位的、非规律性的对比关系所给予的强烈冲击力量(见图 4-37，图 4-38)。

对造型艺术而言，错位的目的不是形式的杂乱无序，不是混合与拼凑，而是以对立统一的辨证思维，在手法上的一种创新。

景观中的错位包括两个方面：一是指构图中两个以上或者可以区分为两个相对独立或不相干的对象，它们之间的空间位置与逻辑关系打破了横平竖直的正交坐标体系的限制，产生不对称的、错动的、非规则的对比关系；二是指由不同事物的整体或部分组合成为建筑整体，形成混合的强烈的视觉对比。

2. 错位的特性

1) 模糊性

打破了不同形象非此即彼以及线性思维模式的划分方式，忽视了边界条件、空间分隔及中介存在的多样性等。

2) 整体性

错位造成构成元素与符号的移位、夸大、张冠李戴，对几何原型的肢解，甚至打破不同元素之间的结构关系与固定模式，但最终通过多种手段如剪裁、拼贴等，呈现出整体性的表达。

3) 随机性

冲破现代主义形式构成的严谨理性规则，摆脱“形式追随功能”经典教条的桎梏，引入了偶然、随机、片断的元素，以不寻常的逻辑、不寻常的音节、不寻常的组合产生不和谐的和谐。错位有时也会被人看作是对要素可笑的误用，或有趣的幽默，以至杂乱无章的堆砌与凑合。

3. 产生错位的方法

1）变位

（1）二维位置错位

以建筑立面中的开窗为例，按照古典建筑范式，建筑立面中开窗通常是沿水平和垂直两条轴线相互对正的，形成对位关系。错位就是要打破这种图形间的对正关系，通过它们在水平、垂直位置或是两个方向的变动，使原有的对称关系不复存在。

（2）空间位置错位

三维空间中方体的对位关系，往往体现为通过其中心的三条定位轴线中任意一条轴线重合，其他两条轴线相互平行，形成对称的空间效果。空间位置错位就是要使两个形体之间表现出位置的错动，使三条轴线均不重合，其关系呈现出明显的不对称特征。

2）变向

变向即改变角度，在二维错位或空间错位中，错位后单元形的轴线虽然不重合，但相互间仍然保持平行关系，变角度错位则改变了轴线原有平行关系，运用旋转法使之形成任意自由的角度，不仅改变了单元形之间的相对位置，而且使其具有不同的方向性，变角度错位分二维和空间两方面。

（1）二维变向错位

在水平面上进行旋转，移动到与所对位的形体不正对的位置。

（2）空间变向错位

单元体在三个轴的方向上都有角度的变化，打破对位状态，形成非对称、不正对的空间关系。

4. 形态中的错位

1）构图中形态的错位

错位与对位的相同点在于都是基本形体（母题）按对立统一原则进行的排列组合，使形象获得抽象的建筑美感，其注重的都是抽象的形式美。对位手法的应用使形象具有稳定性和形态的恒常性。而错位手法的应用使建筑具有形态的不确定性，使人们在观看时感受到一种紧张，产生想改变它使之成为对称、规则图形的想法，格式塔心理学家称为“完形压强”，因此，运用错位手法能使建筑形态具有不对称、富有运动感的形象特征。

（1）点的错位

相对于原有稳定的点的对位形式，打破其排列秩序，重组后相对原有排列在空间定向的改变。

（2）线的错位

线相对于对位线产生位置与方向上的变化，使线的排列方式发生改变，或在线的连续性方面增加渐进性，打破了线对位时排列的连续性与均匀性，使线的位置、方向变动具有运动感与明确的方向性。

(3) 面的错位

面的错位有多种表现形式,在景观形态中能起到活跃视觉效果的作用。

2) 景观中的形象错位

(1) 形象错接

以相似或不同的形象、符号作为错位形式的主导因素,可分为以下两种情况:① 同形错位,以相似相同形象之间的轴线作方向,上下、左右位置的错位,以及轴线的旋转而形成的多维错位;② 异形错位,以不同形象、要素的并置、穿插、叠加、连接,对外部造型与内部空间造成多变、多向的似乎无序的状态,产生新的时空体验。

(2) 时空错位

将时间作为形象错位形式的主导因素,将不同历史时期的形象片断组合,是一种文化的错位。在形象中体现出时代的变迁,使各自本应属于本时代的形象片断组合形成多样化的形式,表达了新的意义。

5. 构成建筑形象错位的手法

1) 并置式

将事物整体或部分作为独立要素与建筑本体共同构成建筑环境,从构成角度来讲,并置式是在图形视觉元素的整体或某些部分上截取,然后换上另一些视觉元素,通过对比使整体更具视觉冲击力。

2) 拼贴式

拼贴式手法是利用不同时代、不同地域的建筑片断,组合形成随机、偶然的形式。这种形式顺应艺术大众化、多样化的潮流,是来源于大众又回到大众的艺术,以轻松的方式表达社会的丰富与复杂。

3) 叠加式

以相似或相同形体的错位叠加产生新的形象,使建筑形态变化多样,加强建筑的视觉感染力。

4.3.7 扭曲

1. 扭曲的产生

坚硬的建筑材料形成的面、体通过凹凸、虚实的转换,培养与丰富了形态与空间的创造,开发了隐藏在表现背后的无限可能性。这种可能性提供了一种具单纯性、规律性而又能刺激人们的感性的深奥的理性内容。运用各种转换方式,进一步研究支配几何形态构造的秩序法则,可以创造多种构成表现形式。

在不改变原形的连续性表面的卷缩与揉皱以及弯曲、变形和折叠,引发了肌理的变化而呈现柔软状,甚至产生一种动感以及有机性。同样,改变高宽比、斜扭、环形扭曲、不同方位的轴旋转弯曲、扭动,都可得到扭曲的空间。

室内家具、广场小品、连接建筑的空中廊道,以及不同类型的景观中扭曲手法的运用,充分发挥了空间想象,适应了现代人审美情趣的转化与新的时尚追求(见图 4-

39,图 4-40)。

2. 扭曲的手法

(1) 扭转式结构

从底层到顶层逐渐旋转一定的角度,最终使整个造型达到一个较大的扭转角度。

(2) 螺旋上升式结构

螺旋式上升的形态推动了技术与形式上的创新,具有刺激感官的视觉效应。

(3) 根据几何学形成的扭曲面

根据几何学中曲面形成的原理,可以根据母线运动方式的不同把曲面分为回转面和非回转面两大类。母线的轨迹可以是斜向的、环状的、不规则的,不同形式的轨迹形成了不同形式的扭曲面。

(4) 根据仿生学所形成的扭曲面

仿照自然界中所存在的非规则的曲面形态所产生的扭曲面,如模仿动植物外观的曲面,这种曲面可能同时运用了多种手法才达到了与自然界中某些生物的相似。

4.3.8 特异

特异是指构成要素在有次序的关系里,有意违反次序,使少数个别的要素显得突出,以打破其规律性。特异的效果是从比较中得来的,通过小部分不规律的对比,使人在视觉上受到刺激,形成视觉焦点,打破单调,以得到活泼的视觉效果(见图 4-41,图 4-42)。

特异的形式可分为基本形的特异和骨格特异。

基本形的特异是指在重复形式、渐变形式的基础上进行突破或变异,大部分基本形都保持着一种规律,一小部分违反了规律,这一小部分就是特异基本形,它成为视觉的中心。基本形的特异又可细分为形状的特异、大小的特异、色彩的特异、方向的特异、肌理的特异和位置的特异等。

骨格特异是在规律性骨格中,部分骨格单位的形状、大小、位置、方向发生了变异,可分为规律转移和规律突破。规律转移是规律性骨格的小部分发生变化,形成一种新的规律,并与原规律保持有机的联系,这一部分就是规律转移。规律突破是原整体规律在某一局部受到破坏和干扰,并没有产生新的规律,规律突破部分也是以少为好。

做特异设计时要注意特异的数量在整个构图中的比例要适当,不能过多,因为特异是在大部分有规律的基础上出现少量的变化,如果变得太多,就会把有规律的那部分破坏掉,特异的特点也就消失了。在一般特异的构成中,大都采用一两项视觉形象的特异即可。

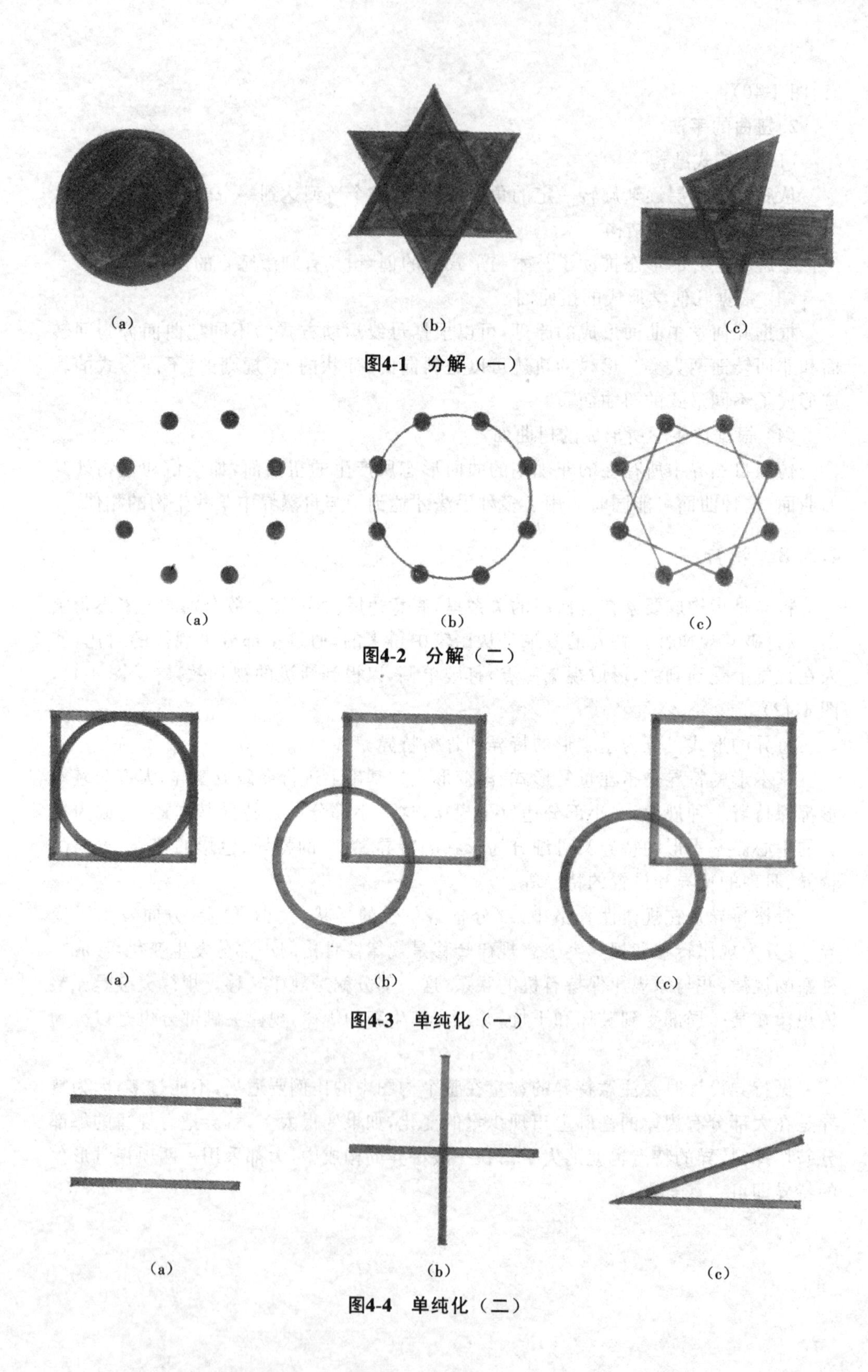

图4-1 分解（一）

图4-2 分解（二）

图4-3 单纯化（一）

图4-4 单纯化（二）

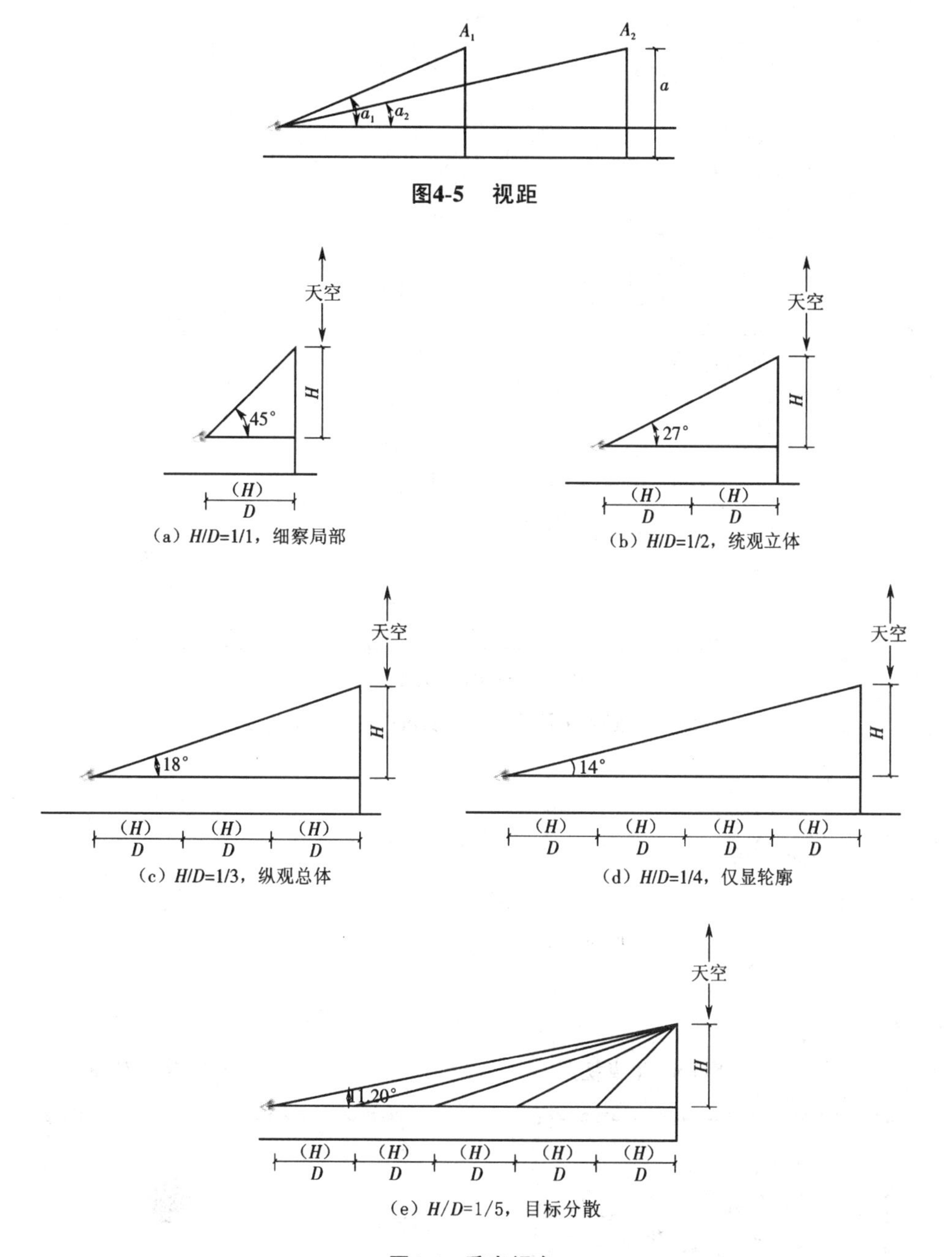

图4-5 视距

(a) H/D=1/1，细察局部

(b) H/D=1/2，统观立体

(c) H/D=1/3，纵观总体

(d) H/D=1/4，仅显轮廓

(e) H/D=1/5，目标分散

图4-6 垂直视角

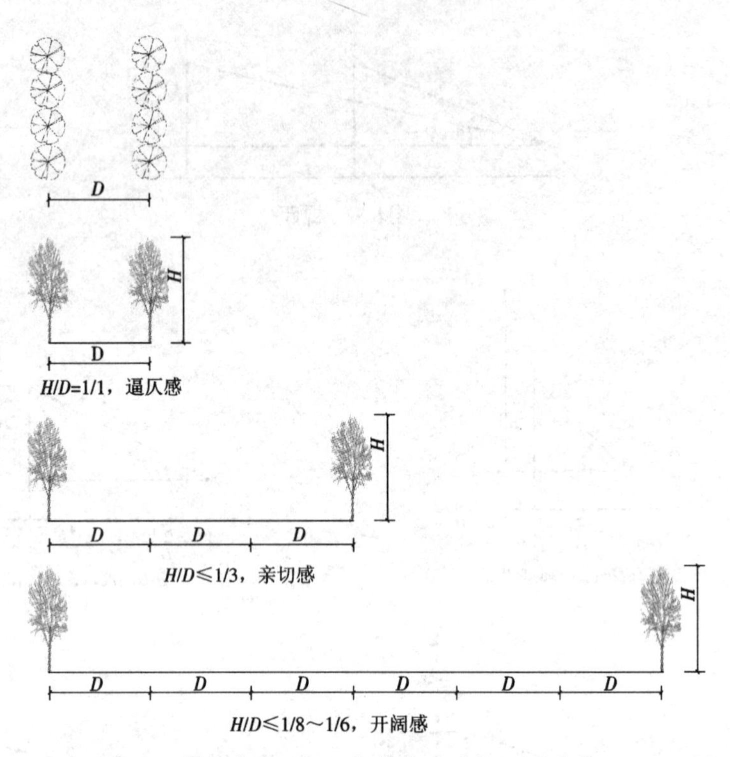

图4-7　景观中不同视距与视角产生的不同感觉

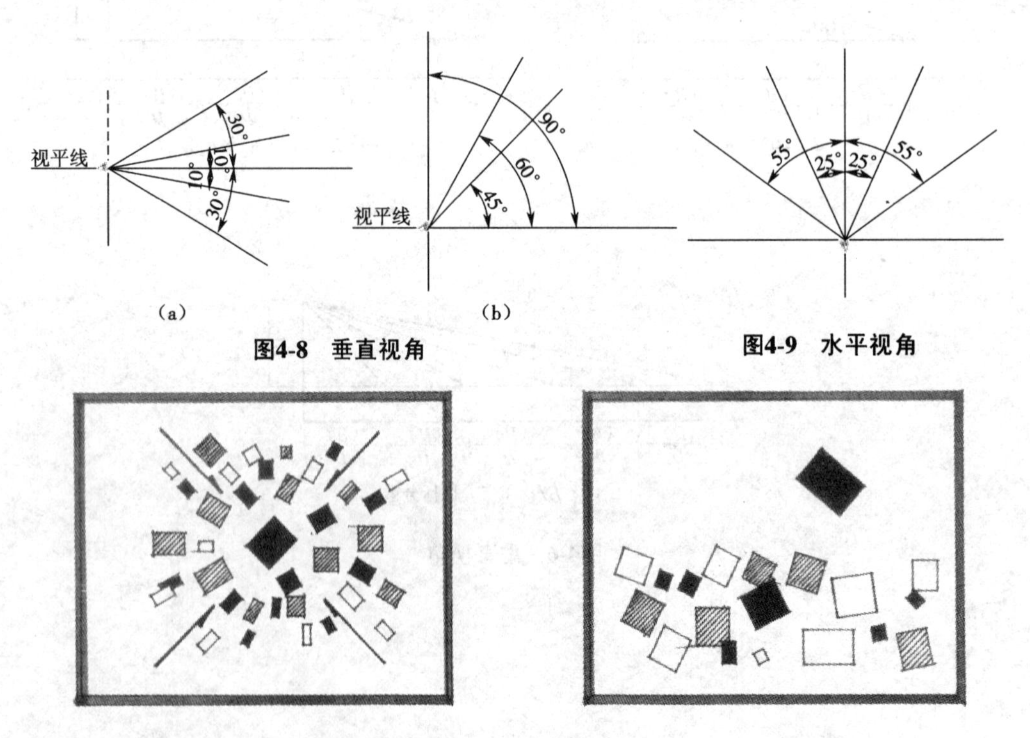

图4-8　垂直视角

图4-9　水平视角

图4-10　主次与重点

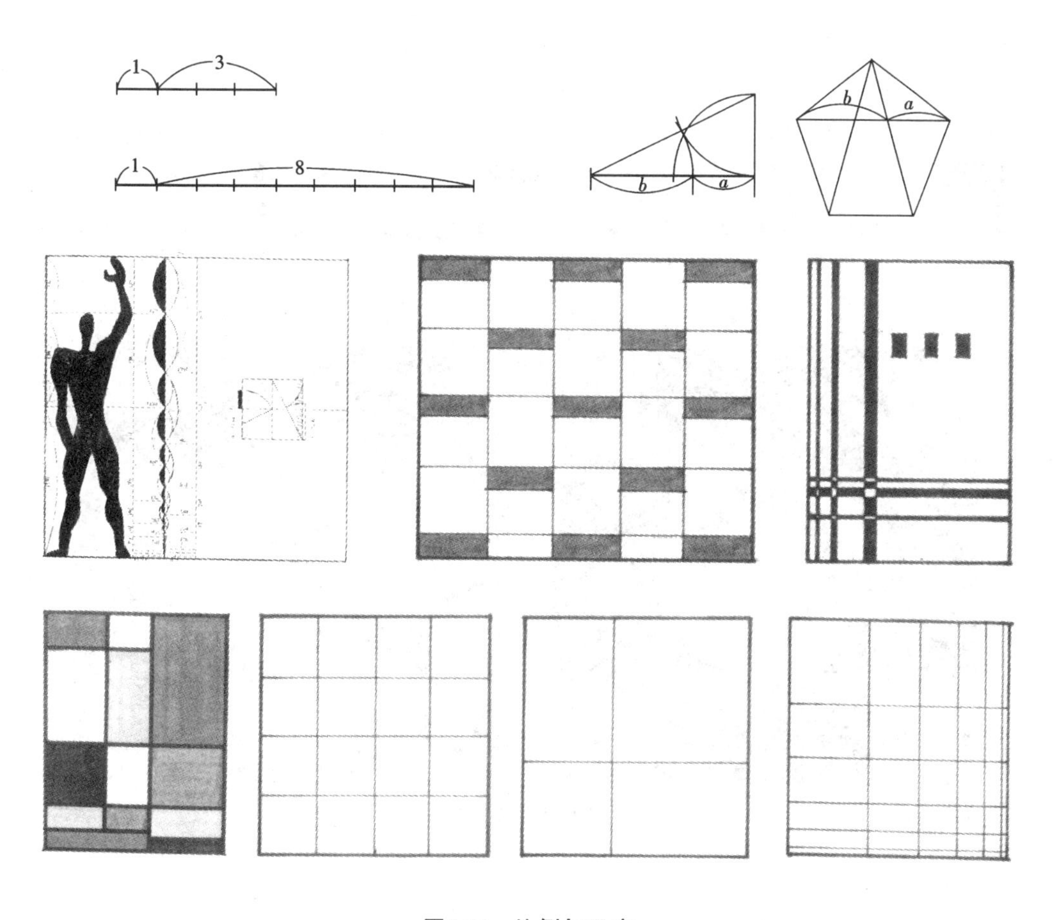

图4-11 比例与尺度

(a) 传统园林的尺度

(b) 大地景观的尺度

图4-12 景观的尺度

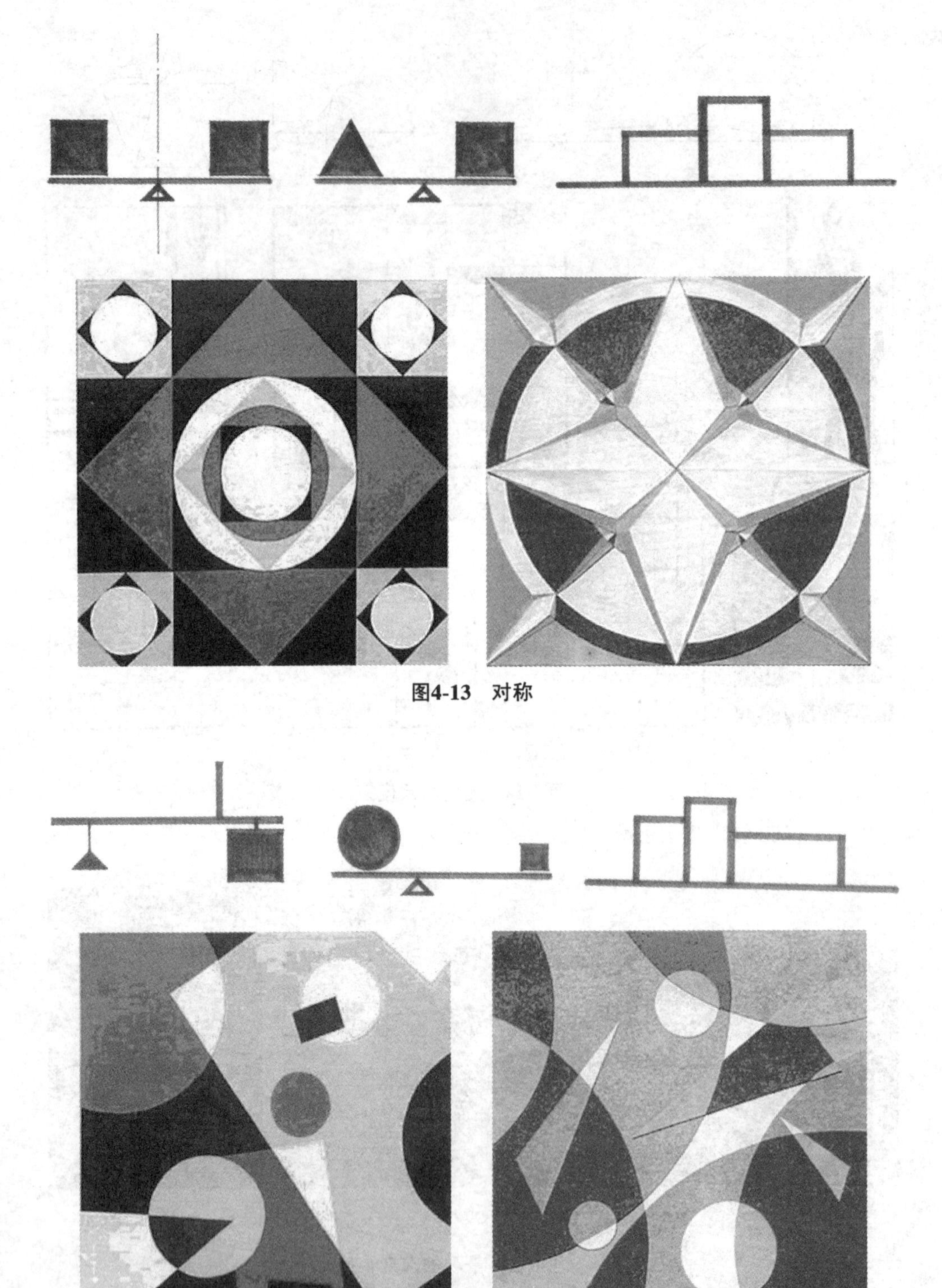

图4-13 对称

图4-14 均衡

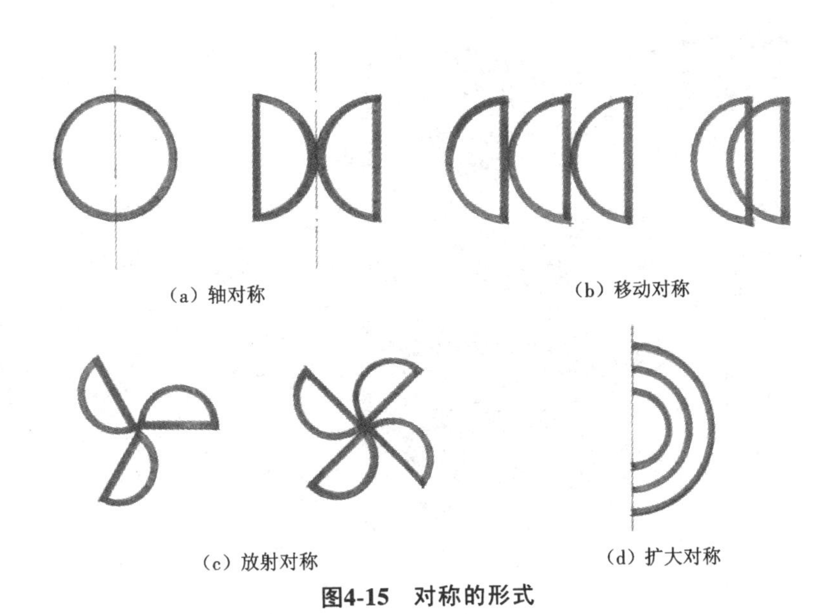

（a）轴对称 （b）移动对称

（c）放射对称 （d）扩大对称

图4-15 对称的形式

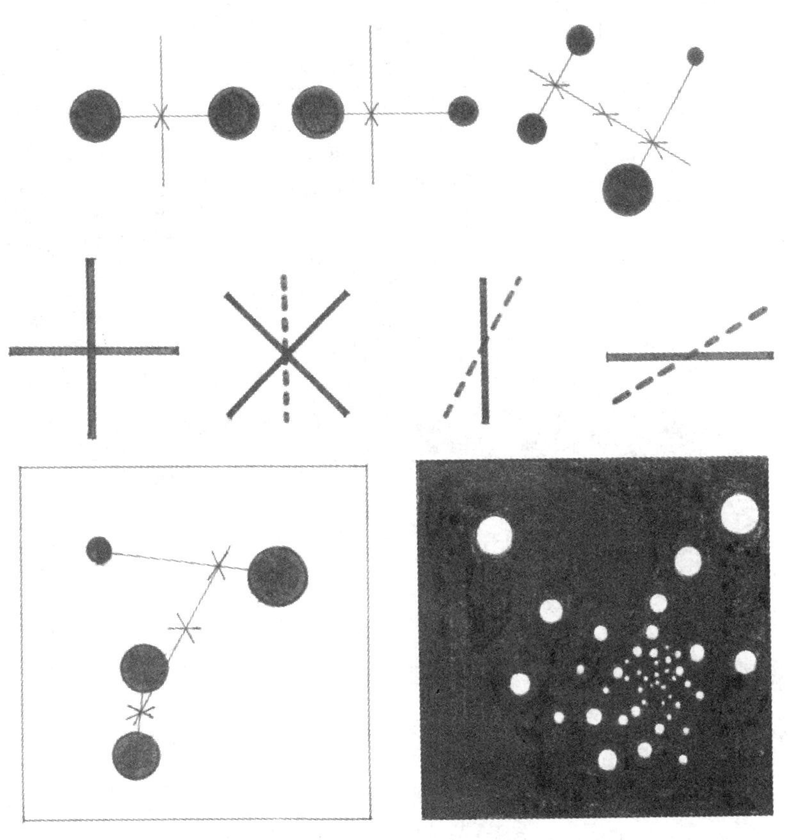

图4-16 均衡

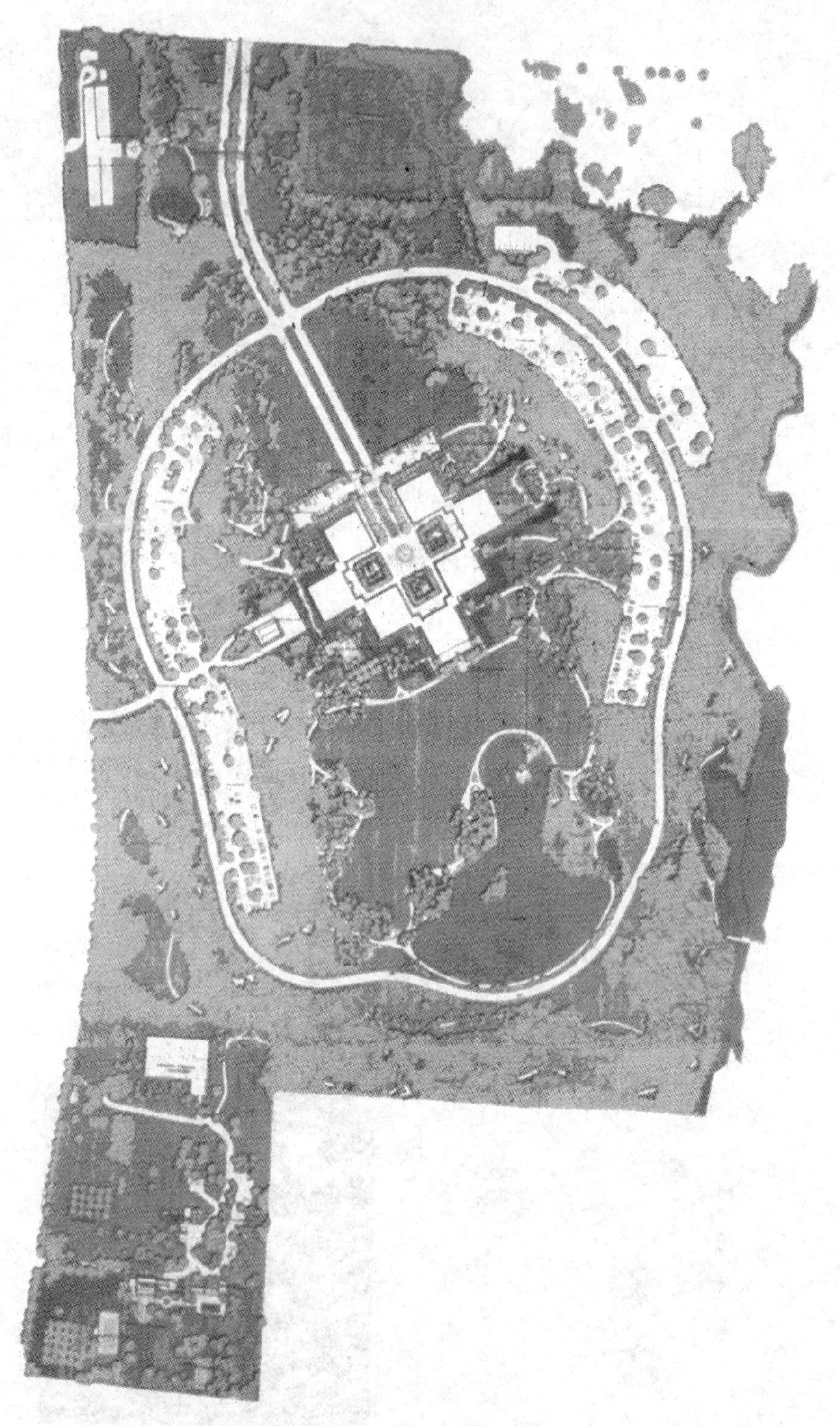

图4-17 景观中的对称与均衡

图4-18 节奏的特征

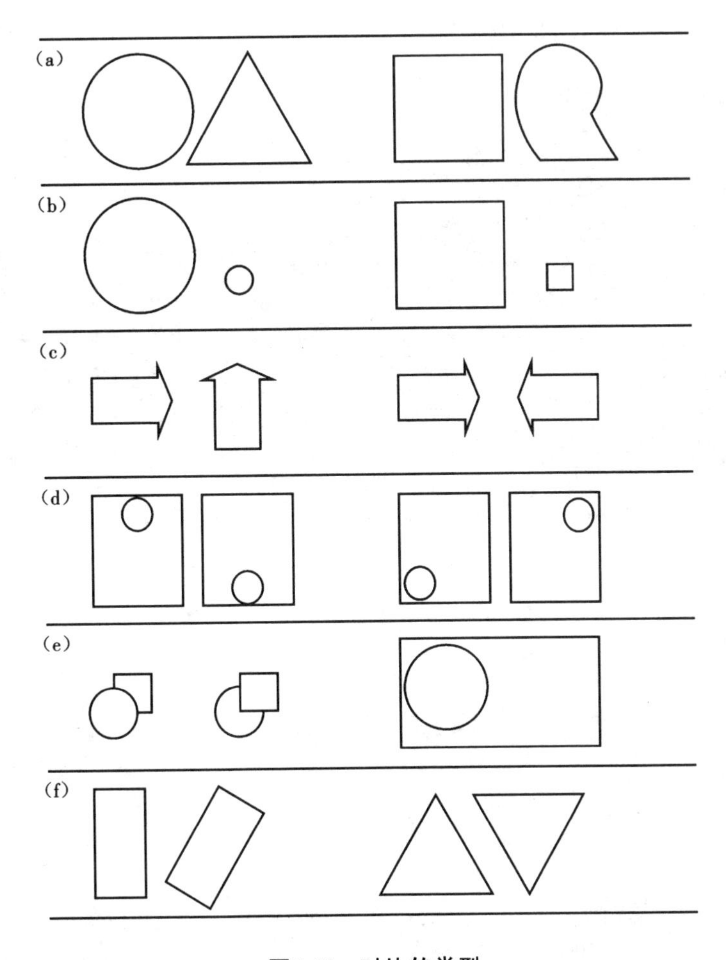

图4-19 对比的类型

（a）色彩与肌理的对比

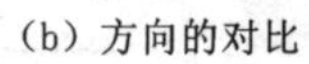

（b）方向的对比

（c）位置的对比

图4-20　对比在景观设计中的应用

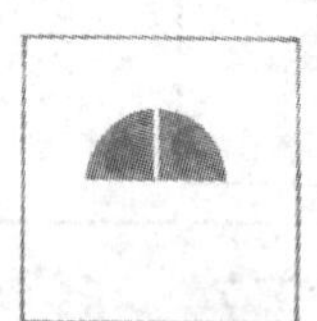

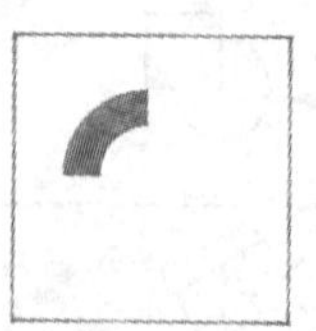

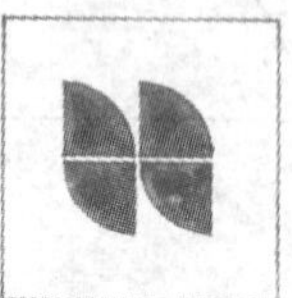

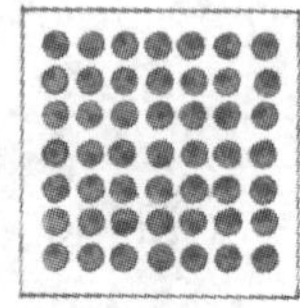

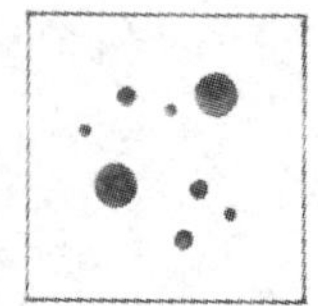

图4-21　单形的重复

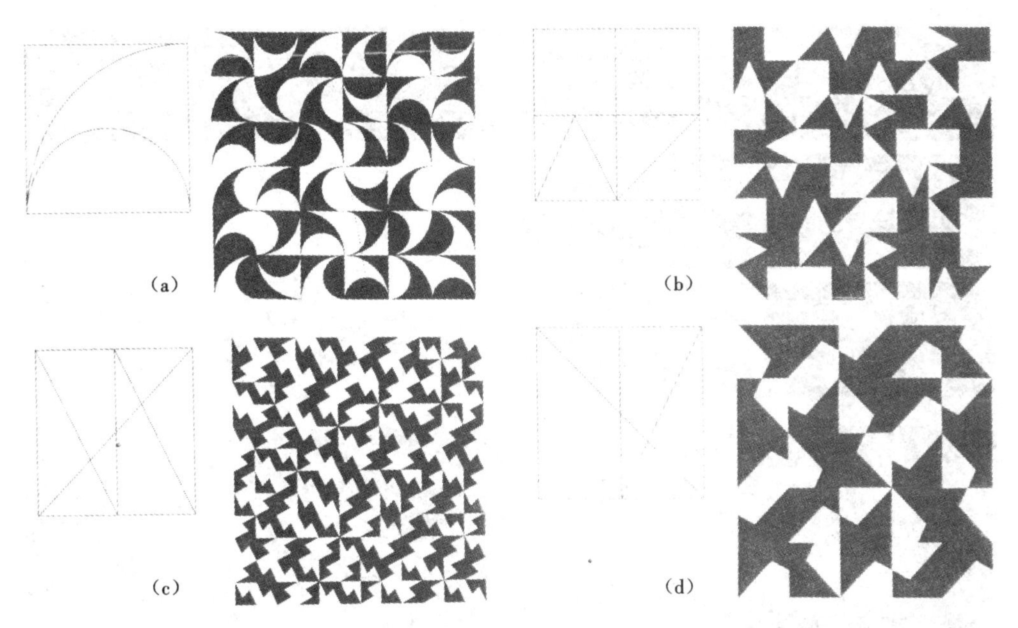

图4-22 重复的构成

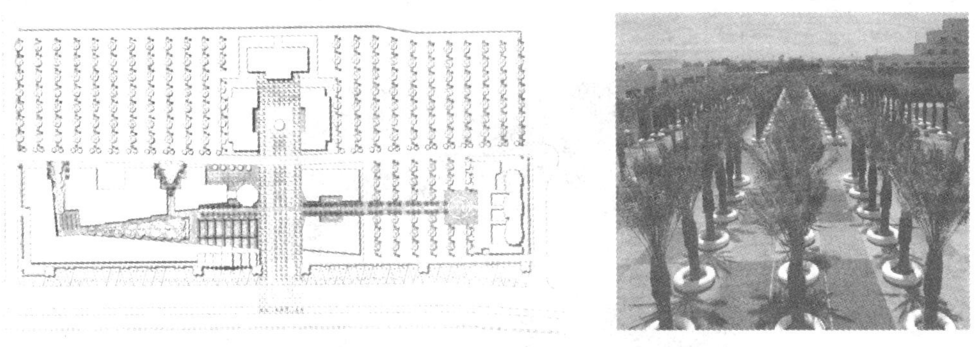

（a）（美）加州科莫恩城堡轮胎厂林荫道以套在预制白色轮胎状树池的250株椰枣种植，以矩形风格的地坪、草地及铺装组成，使人追忆该地区的历史。

（b）

图4-23 点的重复示例

图4-24　线的重复示例

（a） （b）

（c）

（d） （e）

图4-25 面的重复示例

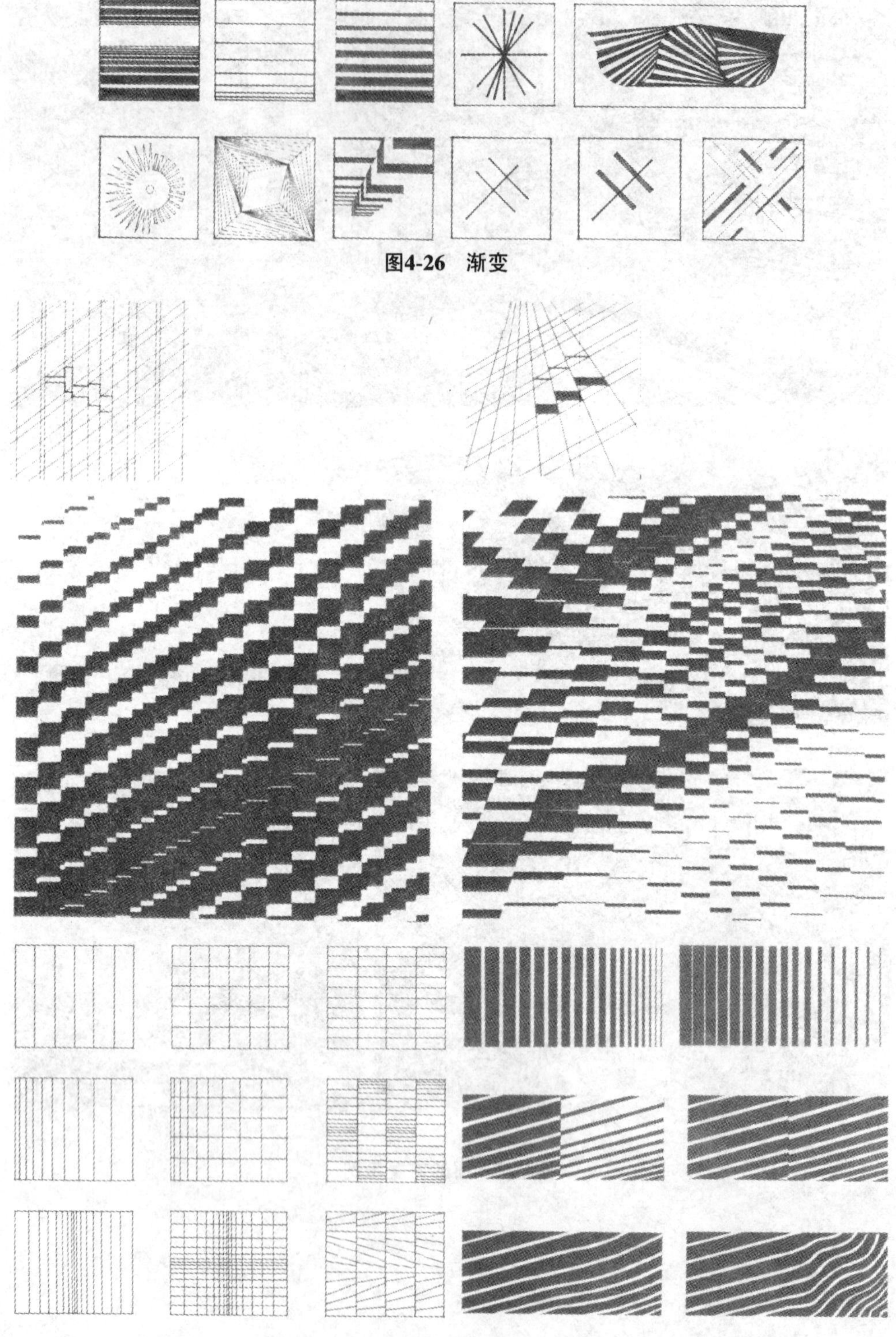

图4-26 渐变

图4-27 渐变构成

图4-28 渐变形态

(a) (b) (c) (d)

图4-29 渐变示例

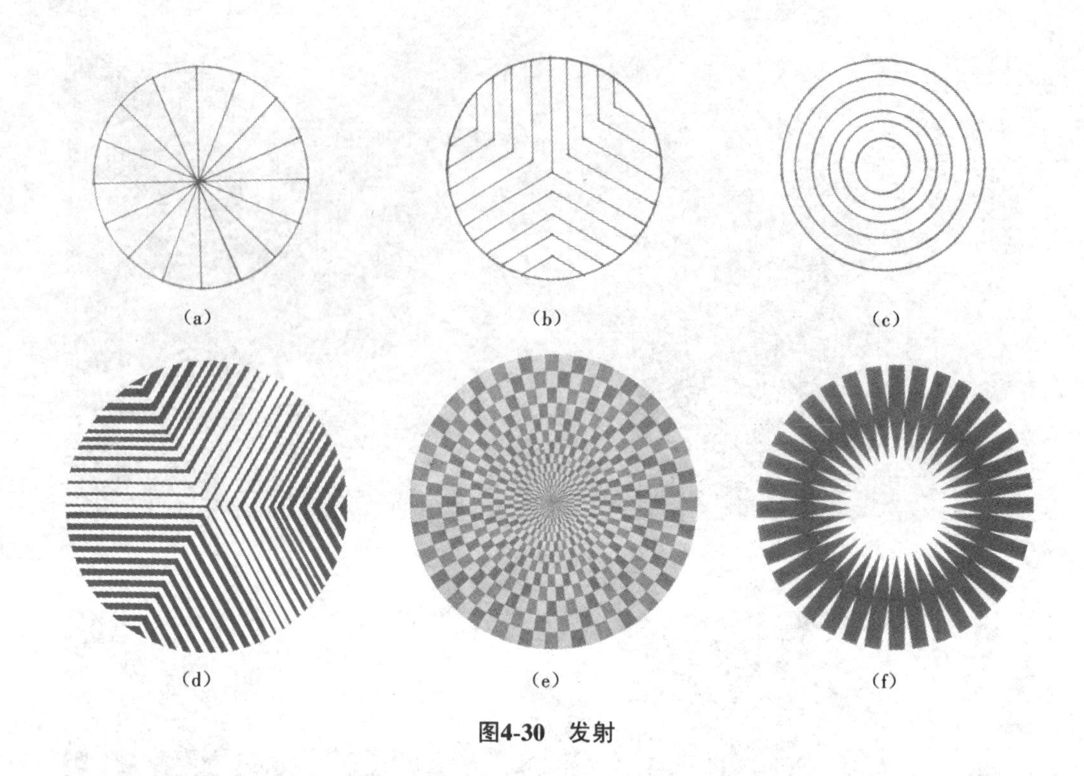

(a) (b) (c)

(d) (e) (f)

图4-30 发射

(a) (b)

图4-31 发射示例

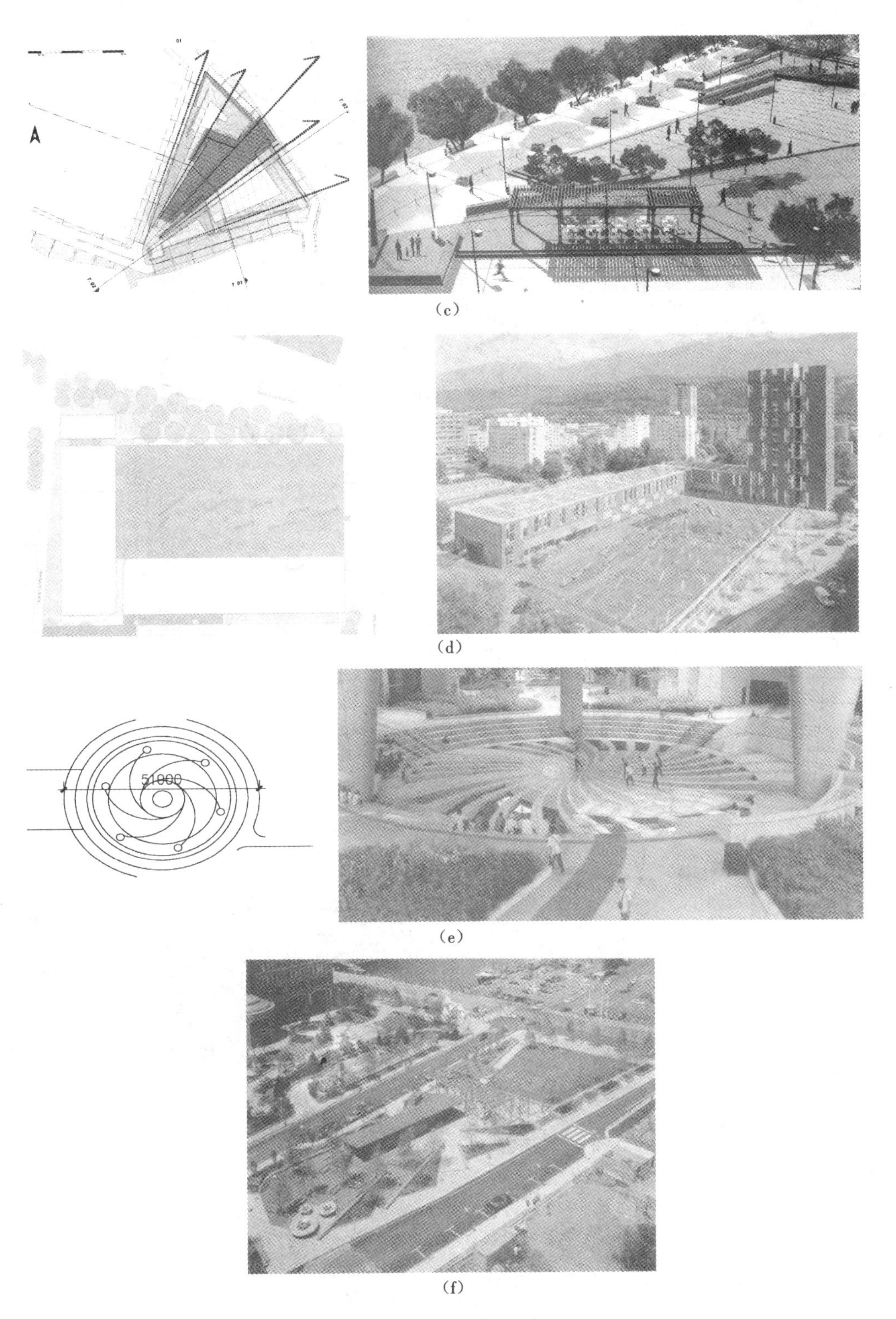

(c)

(d)

(e)

(f)

图4-31 发射示例（续）

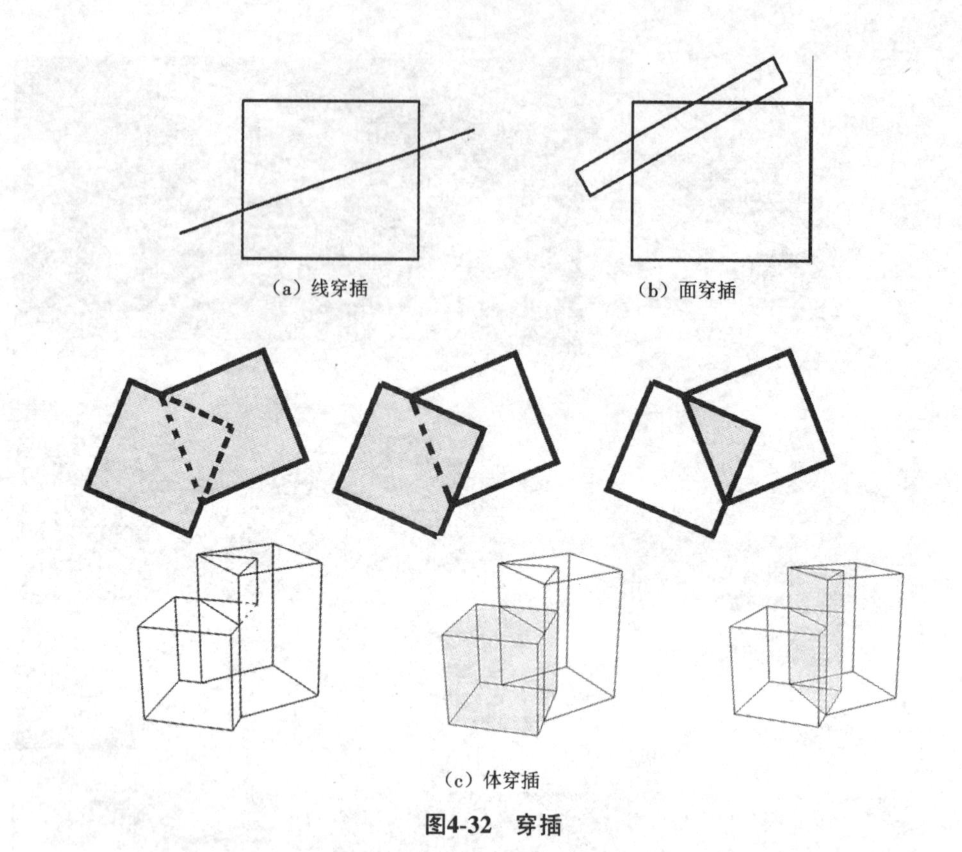

图4-32　穿插

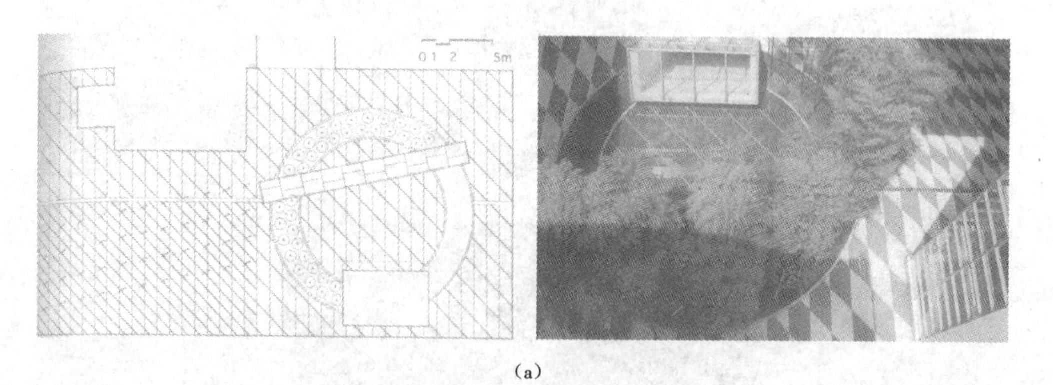

图4-33　穿插示例

(b)

(c)

(d)

图4-33 穿插示例（续）

(e)

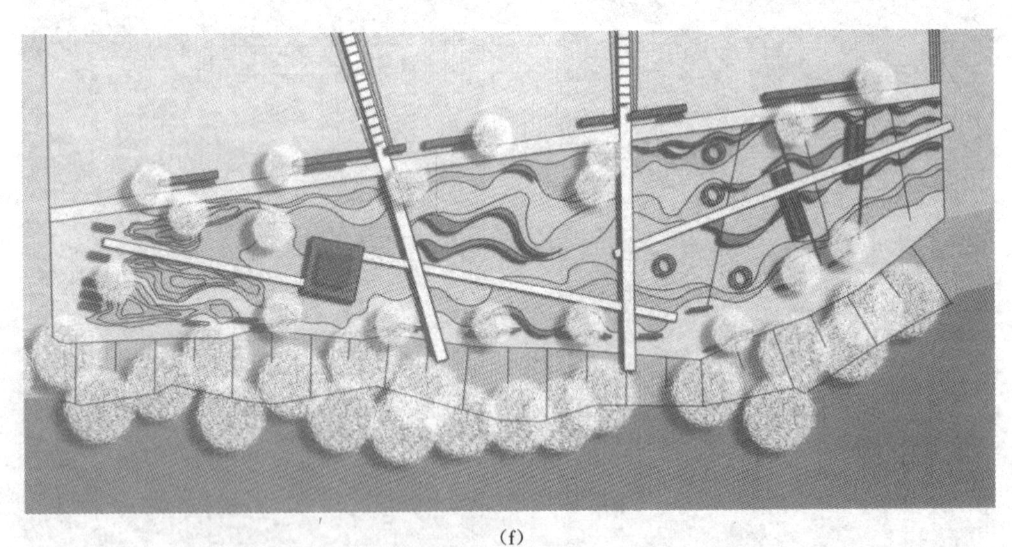

(f)

图4-33　穿插示例（续）

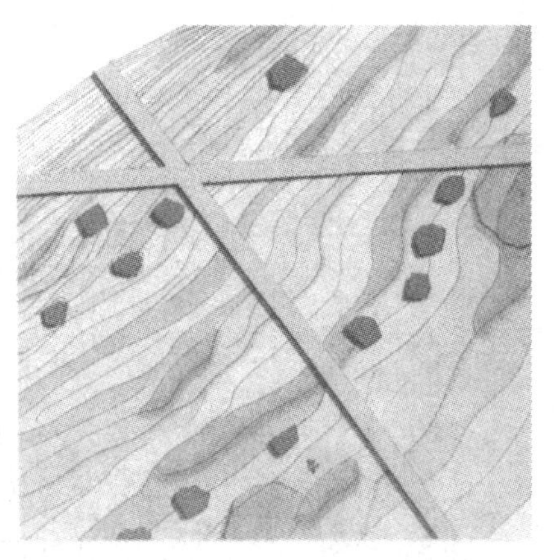

(g)

(h)

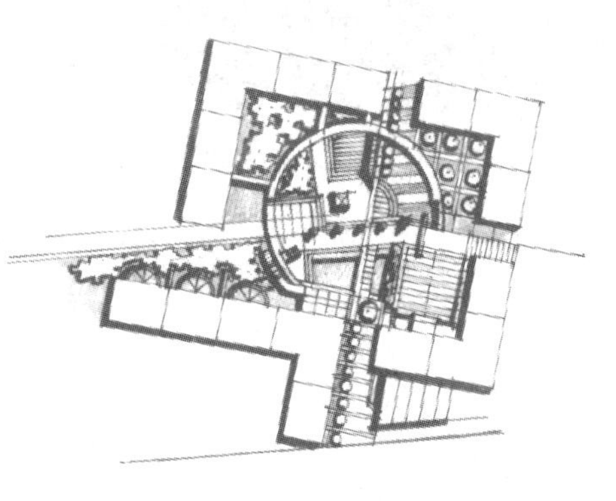

(i)

图4-33 穿插示例（续）

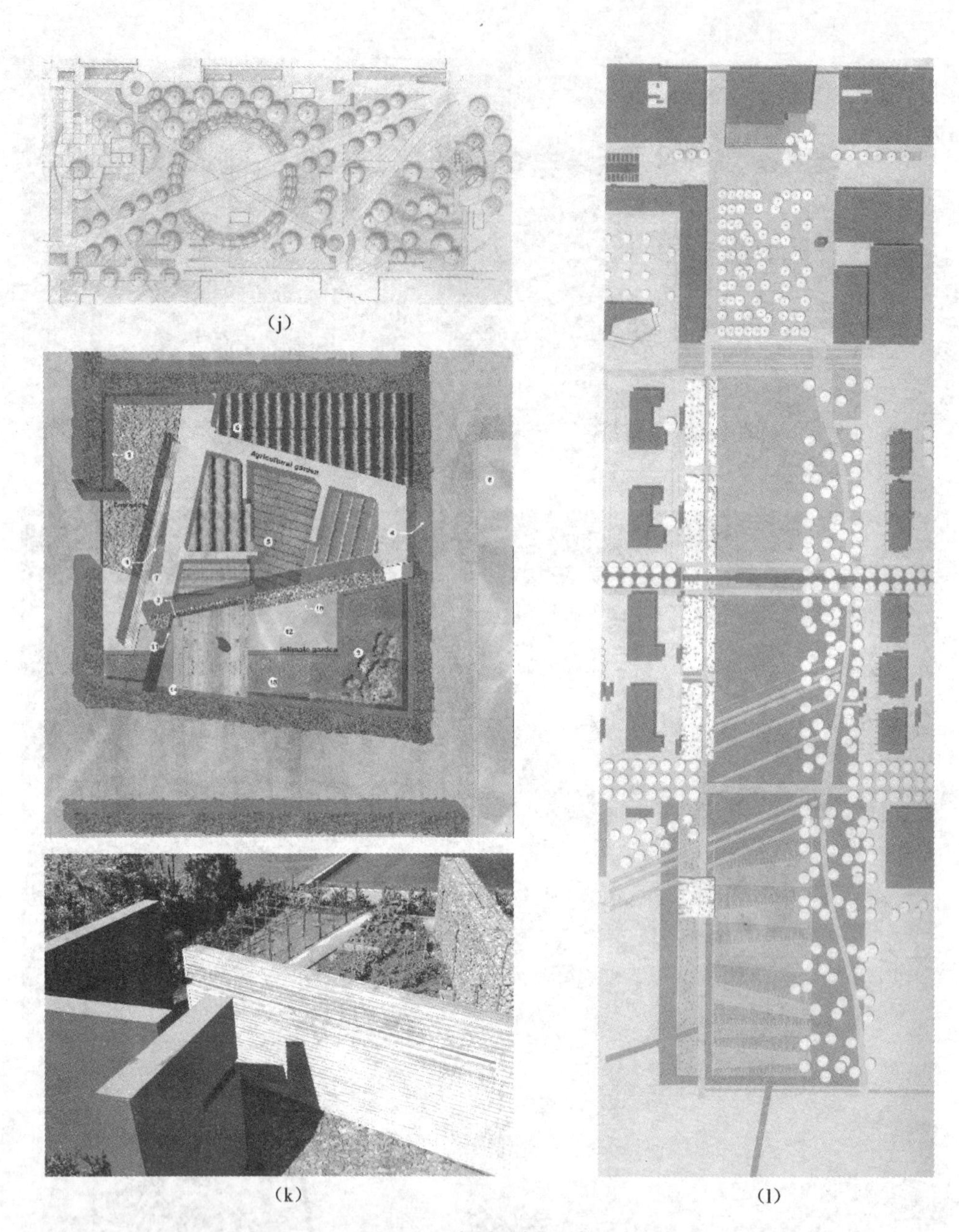

（j）

（k）

（l）

图4-33　穿插示例（续）

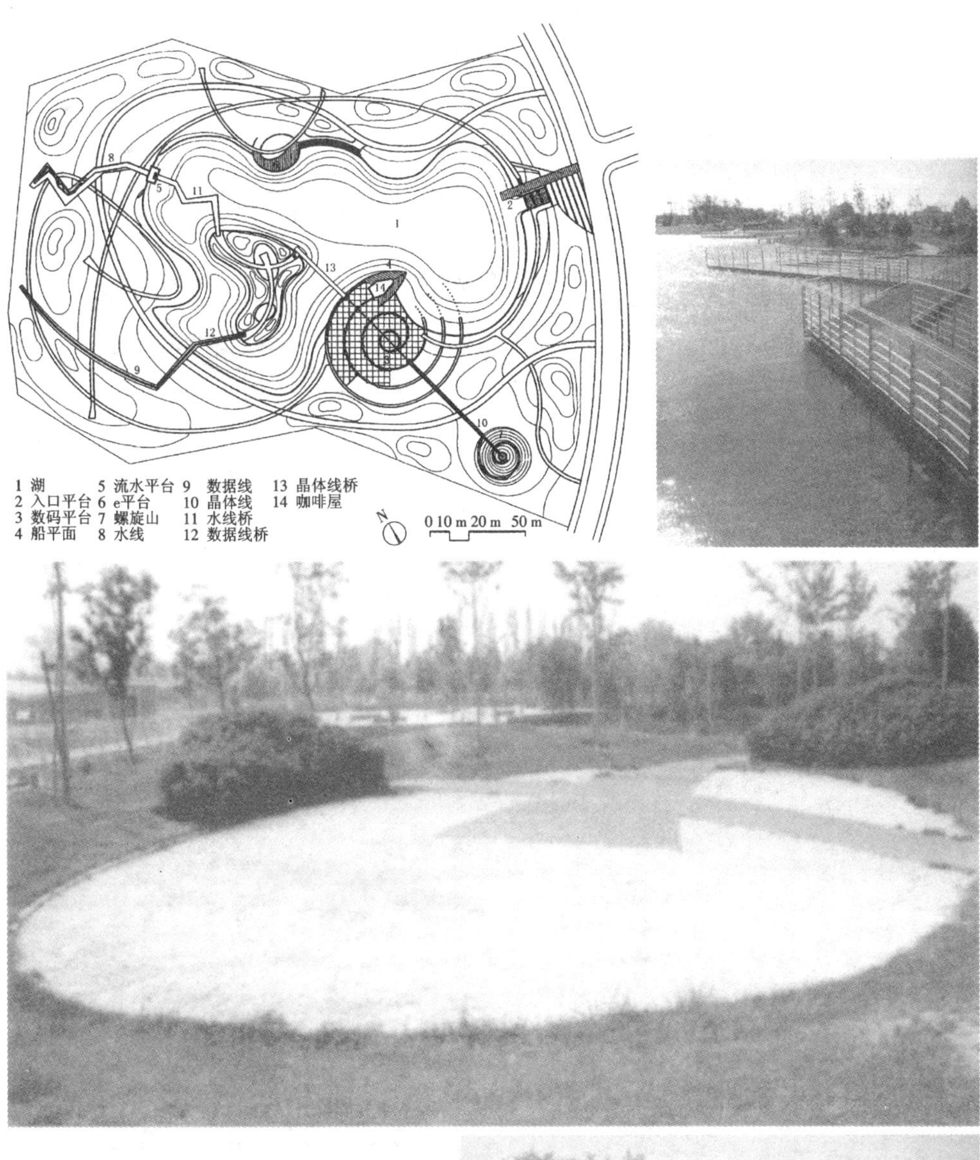

（m）北京中关村软件园D-G1地块景观（北京多义景观设计事务所）

以各种弧线的交织，围绕着1.6 ha的核心水面，并串联起五处平台（入口、数码、船、流水、e平台），形成了较典型构成。水线、晶体线和数据线将湖中小岛与岸边联合。绿地南部的螺旋山是全园的至高点，也是晶体线的终点。线的交错相融，隐含着现代科技中思维的交叉。

图4-33 穿插示例（续）

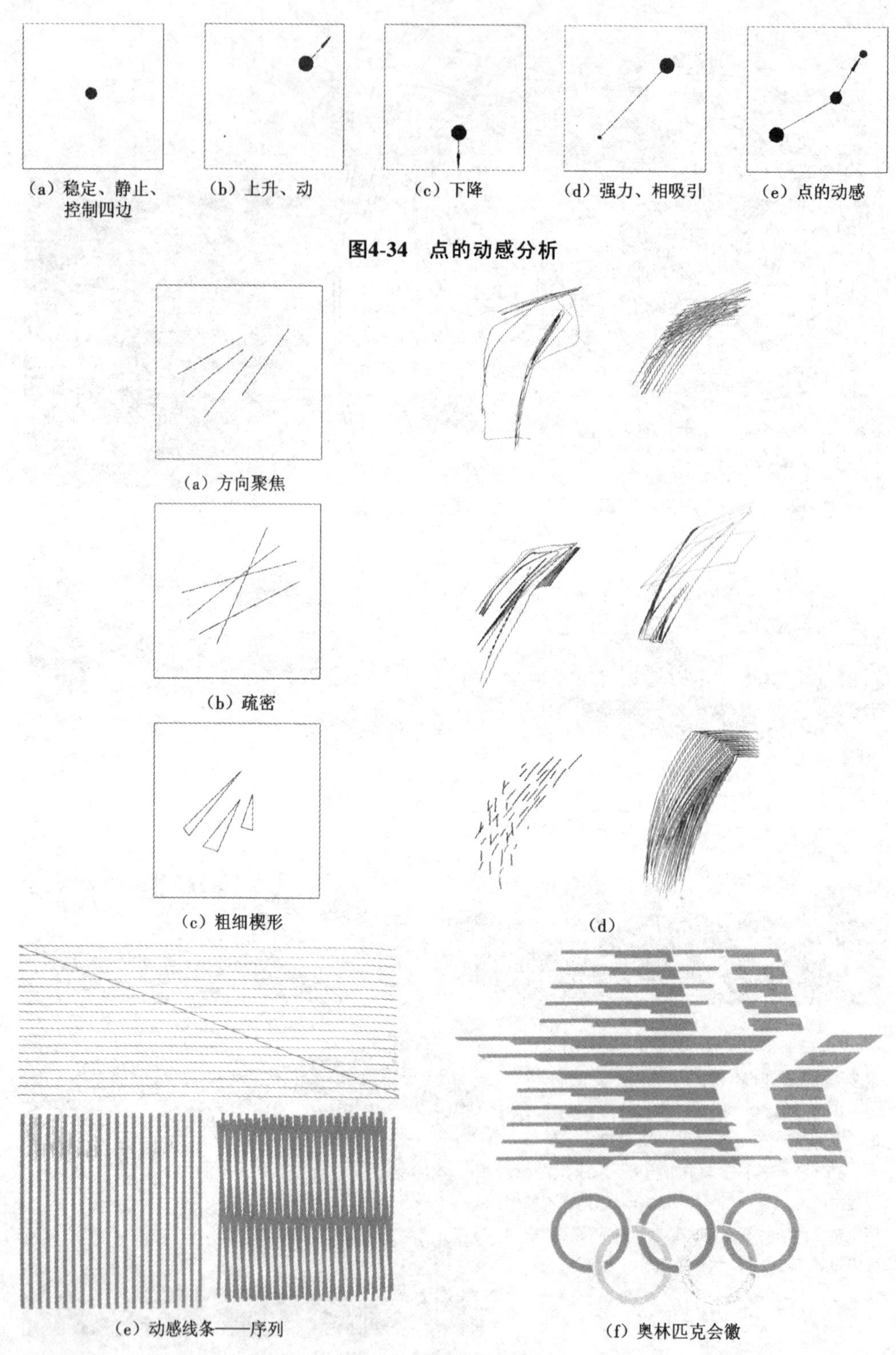

图4-34 点的动感分析

图4-35 线的动感分析

（a）

（b） （c）

图4-36 动感示例

（a）点的错位　（b）线的错位　（c）面的错位

图4-37　错位

（a）

（b）

（c）

（d）

图4-38　错位示例

(a) (b) (c) (d) (e)

图4-39 扭曲示例

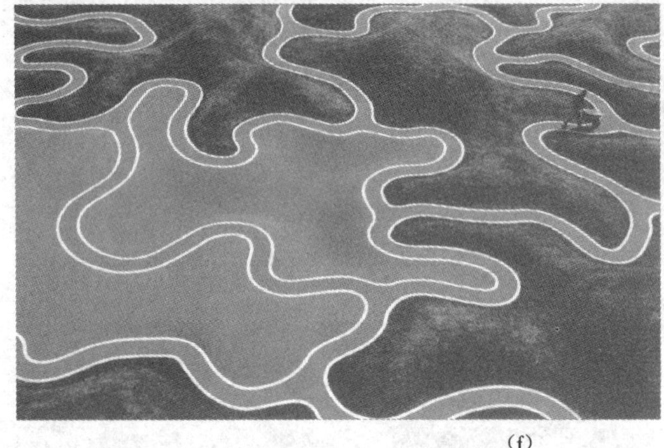

(f)

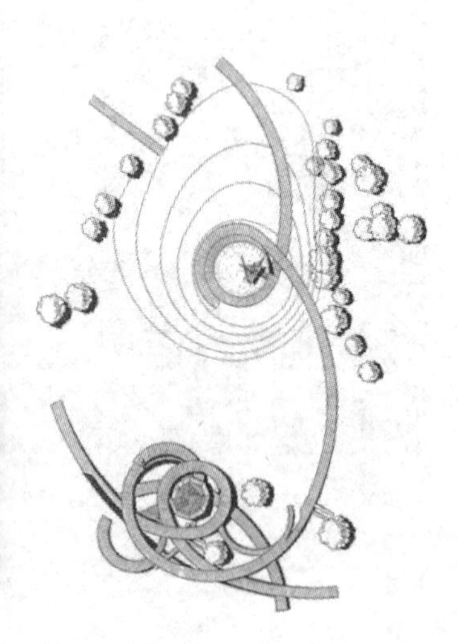

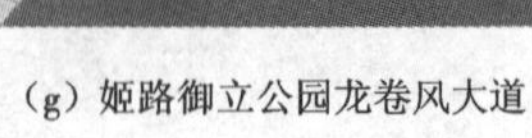

(g) 姬路御立公园龙卷风大道

图4-39　扭曲示例（续）

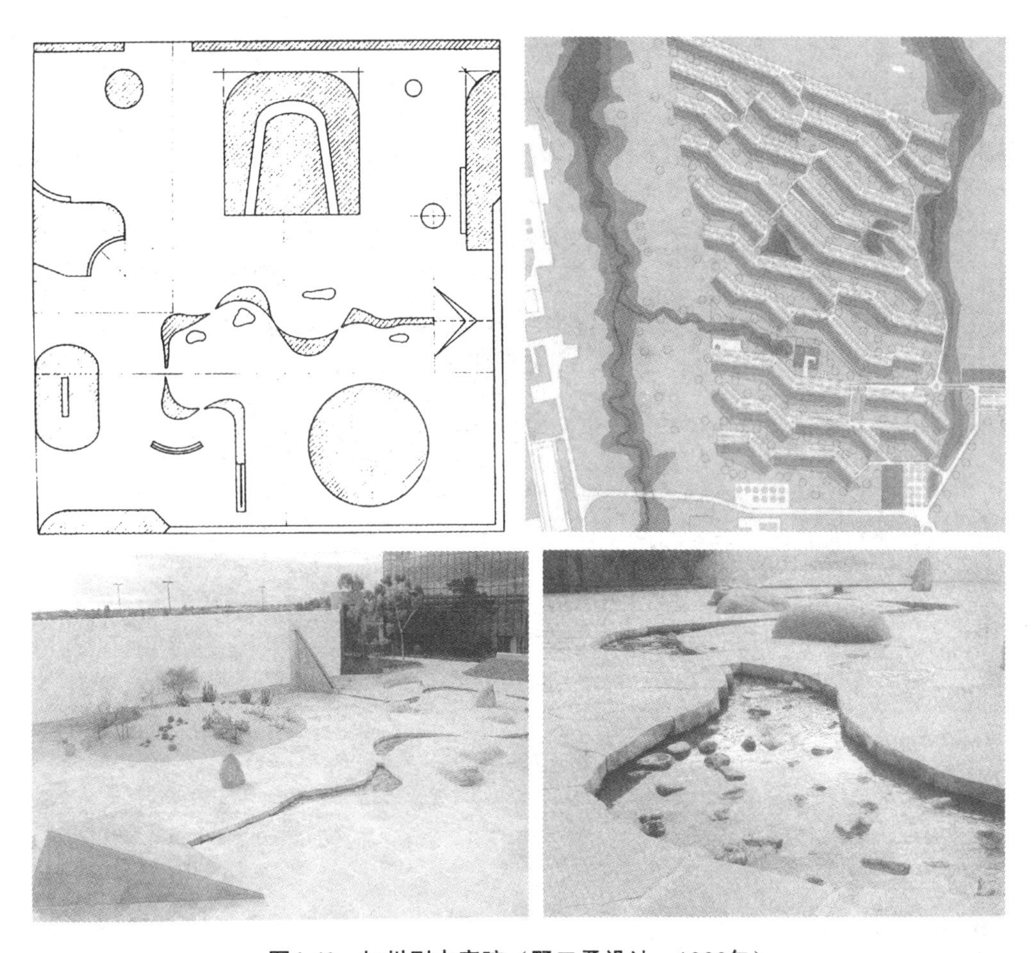

图4-40 加州剧本庭院（野口勇设计，1983年）

时隐时现的小溪，源头与溪尾的三角墙锥雕塑，任意散落的石块，隆起的圆锅盖形，一切处于无序状态之中。

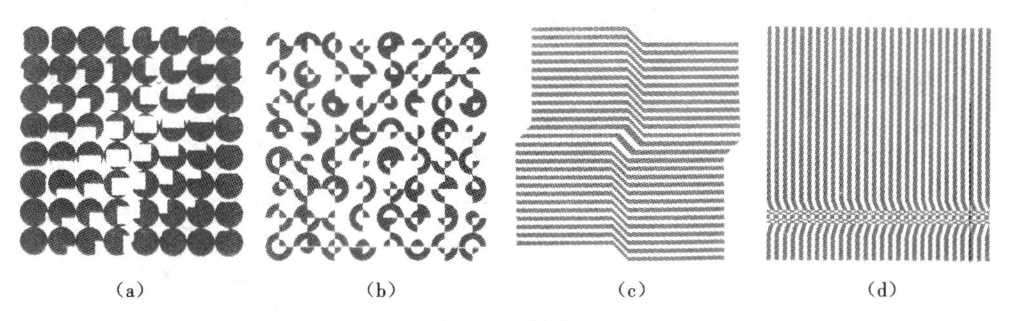

（a）（b）（c）（d）

图4-41 特异

图4-42　特异示例

5　现代景观的规划设计

5.1　现代景观规划设计理念

现代景观规划设计已成为区域规划、城市规划、环境规划不可分割的一部分，在2003年底我国住房和城乡建设部等四部委就城市规划中广场的规模、道路、绿带宽度、绿地比例都有了明确的要求。如在城市、组团、居住区的规划中对绿地指标经立法形式提出了严格规定，了解与贯彻这些法规是做好景观设计的前提，也应对国民经济的发展、法规的完善与调整予以关注。

园林景观从传统走向现代的过程中，无论从规划设计的理论与实践、东方与西方的发展进程，以及具体的内容与方法上，它的涵盖面越来越广阔，并已成为区域规划、城市规划、环境规划不可分割的一部分，研究与建立较全面的设计理念是做好设计的基础。

5.1.1　理念与相关基础理论

1.景观学与生态理论

生态学理论在根本上关注的是人与自然、人与空间、人与文化、环境与环境之间的相关复杂关系，生态学本是研究生物特性、生物与生物之间、生物与环境之间关系的一门学科。当人类的不适当开发引起水土流失、生态失衡、物种灭绝、能源消费过多、水资源匮乏、森林与耕地减少等一系列问题时，生态环境设计不仅引起对生态问题的重视，而且成为设计自觉的理念深入到各个方面。在生态体系中，各种自然和文化相关“键节”的“生态链”达到整体环境“全生态体”的相互间的“场”、“力”作用关系——生态力，确定环境各种因素的合理位置“生态位”，在环境系统中存在着大小不同的层次，在完成一个层次目标所用的办法(机制)应在其下一个层次中实现，因此，全生态体和生态链构成了自然—空间—人类的生态体系，在这一体系中统一协调它们的机制原理即是生态学原理。在具体操作方面，宏观上包括绿地的自然化、生态公园、废弃地生态恢复、湿地保护、自然保护区的划分等；在微观上，营造建筑外部空间，使山石、水体、植物群落等景观要素的组合达到人与自然、环境的和谐。

2.构建城市区域绿色网络

在宏观上构建城市的整体性景观规划，以维护、重建和完善生态的过程为手段，将城市林荫道、防护绿带、城市公园、绿地节点、居住区庭院、自然保护区、河流、滨水地带等，构成一个自然、多样、高效，有一定自我维持能力的绿色网络体系。

3. 现代与传统的对话

与建筑、艺术一样，景观文化是人类长期历史发展与文化传播过程中所创造的物质文化、精神文化、制度文化的重要组成部分之一。

景观学在不同时代、不同民族、不同地域具有不同的社会背景和规模特点，但就其文化意义而言，传统与现代、传承与创新是景观规划与设计将长期面临的课题。

传统景园在其形成、发展过程中，留下的不仅是具有鲜明特色的形式语汇与符号，而且其理论的丰富性、设计手法的多样性，都成为当今景观设计不可或缺的素材与文化内涵。

4. 地域与文化的拓展

中外古典传统园林景观留下了丰富的历史遗产，体现了世界各国景观文化的特色。研究、吸收多层次的理论与价值，“取其精华，为我所用”，在设计中摆脱单纯照搬的模式，选择创造性的表达方式，适应时代的需要，这是现代景观规划设计的根本任务。

在当今信息网络化时代，文化的交流与碰撞频繁，令人目不暇接，一种潮流、一种思想、一种手法传播之快，难以阻挡，因此对景观文化的“趋向”与“民族与地域化”的思考更显突出。

为了拓展地域文化，景观设计中应注意下列各点。

① 树立规划意识，抓住龙头，确立目标。在规划方案的拟定、布局与执行中，必须站在整体思维的高度，把握全局，并在动态中不断完善，把现实的思考与超前意识相结合。

② 因地制宜，深入发掘，保护当地的自然、人文资源与环境。我国幅员辽阔，各地区自然和人文景观、民族生活和习俗丰富多彩，充分发挥景观在保存、流传和发扬社会文化中的作用，延续地区的文脉，发扬文化特色，凸显景观的艺术魅力。

③ 在比较文化中显示特色，通过比较与鉴别，取他人之长。景观、园林文化和其他文化一样，可以通过世界各国景观文化不同层面的比较，立足于此时此地所面临的问题，以古今中外皆可为我所用的原则，解决如何为我所用的问题。

5. 科技的支撑与实践

新技术、新材料的发展极大地丰富了诸多景观要素的表现方式和视觉效果，加之信息化、自动化、智能化为特征的高新技术革命给设计领域提供了多种新的艺术表现手段，促使设计观念产生了巨大的变革。

新颖的材料所特有的质感、色彩、光影变幻效果以及制作工艺，大大超越传统材料的狭隘性，智能材料的出现把设计师对材料的运用从宏观（如空间、尺度）扩展到微观领域，如材料不变性、静态的追求（以耐久性为特征）、动感及可变（如记忆合金、电荧光织物、光反应变色玻璃等）。

此外，从早期现代主义建立起来的理性结构形式，使得结构体系逐渐丰富，如由线型体系（梁柱结构）到板型体系（梁板合一）以及随后的空间结构体系，又如薄壳、悬索、球体、钢网架、张拉膜结构等，新的形态与结构逻辑关系创造了新型空间的景观，实现了结构的忠实体现和对建造逻辑的清晰表述。如现代科技支撑的水景与光环境等。

此外，当全面步入信息社会，电子计算机特有的虚拟和建构空间的能力，使设计人员不仅获得便捷的工具，而且为开掘其丰富的想象能力提供了各种新的表现手段。数字化网络使得图像的生成、编辑和传输变得便利而迅速，信息技术构建的虚拟世界得以更有可能实现，如非线性、扭曲面的形态，不确定性、模糊性的空间等。

总之，以自动化、信息化、智能化为特征的高新技术革命为设计师在设计理念、设计方法、设计过程提供了强大的技术支持。

6. 当代艺术的融汇

早期，在西方，把“摹仿”看成是人的本能，艺术的本质就是摹仿冲动，由于摹仿的惟妙惟肖而引起一种愉悦、快感，这种摹仿冲动论影响了两千多年。直到 19 世纪初的“游戏冲动说” 与 20 世纪的“移情冲动论”，把“审美享受看做是一种客观化了的自我享受”。

摹仿本能驱使人们用艺术去复制自然，移情本能让人们去创造一种自然主义艺术样式的有机生命形式，而抽象本能则使人们用简单的线条和纯粹的几何规律来达到纯粹的抽象形式，现代文明造成现代人对这种世界的认识及其艺术意志，带来了另一种新的抽象冲动，从而产生了现代抽象艺术。

古代原始民族由于对无限广阔的自然空间的恐惧而造成抑制空间，现代社会中，人们则由于对无限繁杂的社会现象的不安而引起破坏自然形体感觉的完善，追求抽象变形的艺术形式。从毕加索和布拉克为代表的立体主义或“几何抽象”、康定斯基的“抒情抽象”，到卡拉和波菊尼为代表的未来主义，以及 20 世纪抽象表现艺术纷呈的各个流派，都力图摆脱传统美学观念的束缚，而融入了艺术家个人的情感成分和超现实主义的关于潜意识的艺术理念，提倡了任意的、自发的和直观的个人意愿的表现。

当艺术不断从“艺术乌托邦”的象牙塔里回到现实世界，艺术表现了对各种界限的突破，如艺术与人文科学、非艺术、语言符号、观念、表演、生活等各个方面，极大地丰富和创造了人类的视觉语言，影响和改变了人们观察世界的审美方式。

无论是带有强烈的追求视觉和精神上的冲击与刺激的抽象冲动，或是任意地、自发地通过非描述的行为、动作所进行的情感宣泄般的创作，抽象艺术的表现也使人类的某些内心不安和冲突达到了平衡与慰藉。随着西方环境运动的兴起和全球性环境危机的爆发，在理解自然与改造自然，以及人与自然的关系转变过程中，现代景观设计融汇了抽象表现主义的手法。景观艺术的表现手法从点、线、面的形态构成，从一个景点或一个景区，以及将自然景观与过程融于设计作品之中的“大地艺术”，简洁的形式、抽象的几何形体，以及具有浪漫原始主义的色彩，将西方现代风景园林推向了新的境界。

此外，现代艺术的多样性流派，如波普艺术、行为艺术、极少主义、观念艺术、装置艺术、新媒体艺术等，有的瞬时即逝，有的经时间的筛选成为经典，它们无不影响着景观艺术的创作，并使之得到丰富与发展（见图 5-1～图 5-4）

5.1.2 现代景观规划的内容与原理

1. 景观规划的内容

现代景观已经从传统的咫尺天地园林走向环境生态的保护与追求，其规划的内容从狭义的造园概念走向广阔的创造性生存空间、景观系统、宏观区域，以至国土的地景规划。

我国在城市化进程中，城市居民的数量、比例不断上升，实施城镇化战略，促进城乡共同进步，城乡区域之间构建完善的区域绿地景观，将处于动态的发展中。如何使城市空间的发展与人工环境对自然生态空间的不断侵占得以协调，加强城市自身用地结构的调整，减少对城市外围自然地域农田、荒田、林地的侵占，构建区域绿地景观，其他区域如工业废弃地、垃圾填埋场等的处理都将纳入景观规划的内容。

因此，规划的目的不再是就事论事，就地论地，而把城市本身与城外的区域空间一并纳入统一的规划对象才能构成合理高效的区域生态绿地景观系统。景观规划的具体内容，则因区域的范围、规划的尺度与结构要求的深度与目的而产生不同的类型。

2. 景观规划的任务

景观规划的任务是建设和管理景区的依据，即通过运用系统的原理与方法对景观规划各子系统的分解，确立要素、目标、步骤，并以科学手段加以分析综合，做出安排，构成有机的整体。整体是多个子系统相互关系、相互依存、相互作用下的综合体，不是简单的叠加或多要素之和。

区域或城市各种类型景观的性质、规模、特点、风格是构成其特色的重要组成部分，既要纳入总体规划要求，又要各局部景观具体实施，需不断调整、补充、协调，以达到与整体性相得益彰。

景观规划的整体性目标如下。

① 人工环境与自然环境的共生与和谐。

② 历史环境与规划环境的切合与延续。

③ 社会与文化可持续发展的同步与协调。

3. 现代景观设计的思维方式

现代景观规划设计的内容与类型较多。因地域条件的不同，或依山傍水，或新区开发，或历史名胜，或遗址保护等；因功能、项目设置、服务的不同，或观赏游憩，或访古探胜，或健身体育；又如不同的旅游方式和人群对象等。

现代景观规划设计不仅建立在诸多客观条件基础上，受到功能、技术、人文、环境等方面的制约，而且受到甲方、设计师自身等主观条件的影响，因此，诸多因素的分析综合体现了设计创作求解的能力与水平。制约可以诱发创造,创造以制约为前提。

景观设计需要将形态要素、空间概念、专业知识与操作技能同步进行。了解与学习各种设计思维方式是理性便捷的切入点和途径,有助于把握与加速创作的进程,有利于方案的验证、深化与成效。设计的思维方式如下。

① 发散式思维,通过知识、信息、方法的积累,对事物的理解达到融会贯通,从而产生联想,寻求变异,一题多解,突破定势。联想是通过各事物要素联系中的多种推理,发挥事物共性中的个性闪亮点。

② 收敛式思维,在分析、比较、归纳中注意逻辑推理,分门别类,摸清脉络,防止盲目性,避免陷入迷雾中。

③ 逆向思维,一种换位的思考方式,调换惯常线性方向,防止进入死胡同,跳出框框,才能不落常套。

④ 综合性思维,集合各种手法、方法,分析周全,在复杂性、层次性、随机性的思考中,能够缜密综合,纵览全局,控制设计全过程。

⑤ 图示思维,无论是“形象思维”(具象的)或是“逻辑思维”(抽象的)或是两者的结合,作为规划设计又是通过图示思维来完成的。

设计需要丰富的想象力,它不是与生俱来的,是通过由浅入深、由表及里、把握与积累基础训练得来的“丰富图示”,如平面构成、空间构成、色彩构成的训练,在特定课题的思维刺激下,调动储存的图式,对其进行提炼、组合,并铸成全新的意向过程,在这个过程中,积极地思维必须以图示的不断表达而得以完善,通常称之为设计草图阶段。图示过程就是用草图把思维进程形象地描绘出来。这里必须指出的一点是:当今电脑图形虽然便捷,但人们在从模糊、变幻、反复、比较、调整、定格发展到完成目标的创作思维过程中,当灵感火花一闪而过,电脑操作总不及人、脑、手并用的速度,且意象的整体性更难于把握。因此,方案初始多多地勾勒徒手草图,既快捷又锻炼了空间想象能力。

5.2 现代景观规划的构成

5.2.1 景观规划的编制

景观规划是区域或城市总体规划的重要组成部分,在我国广阔国土上分布着不同类型的城市,景观规划除了对其共有的绿地系统与景观有一定的规划要求外,还应结合城市特定类型条件下的布局特点,如风景旅游城市和纪念性城市、历史文化名城、休憩疗养城市等,景观规划更加显示其突出的位置(见图 5-5,图 5-6)。在确定景观规划的目的、任务的可行性研究基础上进行景区规划的编制,编制内容如下。

① 景区区位确定与外部环境,如用地范围、地形、地貌、自然条件等。

② 确定景区的功能定位、性质、类型、建设与发展方向。

③ 拟定内部道路的分级、宽度、断面形式，布置方式以及主、次出入口与外部交通关系、泊车量、停车方式等。

④ 进行景区的划分和景点的设置、规模、内容，并结合历史、人文环境进一步确立景区的文化品位。

⑤ 统筹组织景区各要素之间的空间结构，如绿地、植物景观、各种活动空间的布置。

⑥ 有关工程设施的初步规划方案，如给水、排水、照明及相关的节能、节水措施等。

⑦ 各项技术经济指标及造价估算等。

5.2.2 景观规划的构成

无论是以自然景观为主的风景区，或是以人工景观为主的城市，无论是人迹罕至的景点或是人流众多的名胜要地，景观规划构成的物质要素主要包括路径、道路、节点、场所（景点）、标志以及由这些点、线、面构成要素所围合的空间。

此外，还包括建筑、绿地以及各项环境服务设施等，由于景区的功能类型、规模、性质的不同，除基本构成要素外，也应做相应的调整。

1. 路径与轴线

1）路径

从广义上说，人们借助各种通行方式在移动过程中观赏与体验城市、田野、山林以及各种景观的通道，如城市街道、铁路、公路、景区游览线等，都可称做路径。

因此，路径是给予人们观景的必备条件，它在确立观赏点、组景、观景中发挥着主导作用。路径是视线的引导、移动的通道，空间的连续，认知的途径，路径成为给予人们视觉意象的最重要的要素。路径将串联起景观的形象与景物，在构成序列中综合了时间与空间的艺术表现，每一段景象和景区既是其前者的继续，又是其后者的准备。

此外，路径作为景区的道路骨架，应做到规划有序，景点布置合适，张弛有度，识别有致，步移景异，能够提供最有效的支撑。

路径在景区规划中一般应考虑以下几个方面（见图 5-7～图 5-11）：① 路径的指向；② 路径的阻隔；③ 路径的转折；④ 路径的停顿；⑤ 路径与节点。

不同道路、路径的断面的选择，将依据道路的性质、交通流量、运行工具、路面铺装等不同因素进行设计（见图 5-12～图 5-15）。

2）轴线

（1）轴线的意义

轴线是城市、景观、建筑总体布局等规划的主要手段之一，作为联系两点以至多点的线性规划要素，一旦引入轴线概念，将会对景观起到控制性作用，是建立空间秩序的传统有效方式。轴线代表着大自然找不到的规律性与精确性，而仅在人类寻求与创造的秩序中可以找到，是人类对于秩序贡献的一个范例。《园林景观新论》中对轴线的意义侧重于人的体验，并认为空间轴线就是指由空间限定物的特征而引起的心理上的空间轴向感，在处理上多采用对位手法，以对位使形之间的关系容易为人识别感知，而现代景观中，非直线轴线的错位手法，更使人在不经意中产生惊喜，从而获得审美与愉悦(见图 5-16，图 5-17)。

(2) 轴线的作用

① 定向：由于轴线本质上是线性状态，因此具有长度和方向性，并能够沿着轴线引导运动，展示景观。当人们的视线趋近与路径重合，人们的行动与视觉活动同向产生，使景点或景点建筑的起始、终端点易于确定。由于定向，轴线必然存在一种强的终端或高潮，似乎在期待展现壮丽的前景。

② 支配：在相似性与多样性的景观形态中轴线将一种规划加之于空间，使之起支配作用。即景观的轴线景观视廊及其系统一旦确定下来，便会对景观规划的整体起控制作用，既控制着当前形态要素的整体化，也控制着形态的演化方向和趋势。轴线的控制性还表现在对平面格局的系统控制上，控制平面格局的生成，实现布局的有序化和条理性。

③ 统一：组织空间的轴线能把多数要素整合在一起，形成相互统一的整体，并且常把这些要素与更大的整体联系起来，暗示一个象征性的趋势。路易斯·康说“秩序支持整一”，多要素的集合需要秩序才能统一，轴线以其理性和秩序便成为恰当的选择。

总之，心理的潜意识行为影响着路径(通道)规划设计的出发点与实践，即规划路径与人们习惯的引进方向，二者的脱节会导致不被使用者接受，从而另辟“蹊径”，即使用“消极控制”(立牌示、设栏篱)也无济于事。设计好的通道必须做到下列各点。

(a) 建立在景区、景点的目标分析基础上，强化视觉和路标联系的“积极控制”、轴线在空间中的导向、景点的聚散，从而使景区的起始、准备(行为心理准备)、高潮及终点的视觉体验产生深刻的印象。

(b) 激发人们的在前行中的视觉联系，如有吸引力的节点，使人自觉或不自觉地在左顾右盼中到达目标。

(c) 除了明确标示外，道路的起伏、周边的地貌、绿化、材料、细节等都将起到良好的效果。

(3) 轴线的类型

轴线可以是显现的、隐现的，或忽隐忽现的，各个不同的景点通过路径的划分，散落在不同景区，隐匿在景物的背后，或发生在空间视廊的联系而形成整体，做到形散而神不散，自然而多姿。人们常会用跌宕起伏、高低错落、蜿蜒曲折、丰富节奏的手法表现路径的结构与特色。

严格对称的中轴线布局往往主宰着各国主要城市中心的规划设计，显示着庄重、主宰、权力、威慑的气势与象征。在20世纪80年代，一些中小城市掀起了“广场热”，其大草坪尺度超人，形态单一，装点着华而不实的奢侈的设计语言，有时还夹杂着西方巴洛克风格的元素，拒人民于广场之外，这种目空一切、好大喜功、显政绩、讲排场的现象反映了文化精神的负面影响。

轴线类型包括：① 直线式；② 折线式（转折、交叉、多向）；③ 弧线；④ 其他。

2. 节点

在城市设计与景观规划中，节点是一个重要的要素（见图5-18～图5-23）。它起着驻足停留、观赏、休憩、期待的作用，也是景观空间中的认知点、中继站或人们行进中的汇集点。

景观节点可以是一个小型广场、道路交叉口、交通换车的接续点，也可以是游赏路径中的暂憩点、观赏点，在景区组织中起到空间的过渡、转折、标示等承前启后的作用。

节点的元素多种多样，依据它在景区中性质、位置、特点的不同而不同，如一个园门、一座花架、一块碑石、一个指示牌等。节点的设计元素还必须保持景区风格的连续性与统一性。

3. 场所

场所是景区功能划分产生的基本场地，它勾画出一个具体的特定空间，创造出物质环境与人的活动、精神审美相融合的理想场所（见图5-24）。

首先分析景区环境，如位置、地形、地貌、用地条件等，制订出合理有效的土地利用方式，如主题确立、经营位置、空间布局以及形式定位。从而探寻切入点、立意的定位以及操作方式，其主要因素有：① 场所的环境基础；② 场所的功能要求；③ 场所的文化特色；④ 场所的空间形态。

其次，场所是通过各种组成要素所构筑的一种形态相对稳定的空间，以体现空间的主题、意象与情趣，得到人们的认同，能够与人们产生交流与对话。

再次，场所是历史环境与文化的动态发展中的一个阶段的体现，它为认识场所的历史文脉与介入的事件提供了参照与联系，也是人类行为的一部分，体现了一定的社会文化价值。因此，场所的氛围、构成、精神，往往与历史事件联系在一起，它具有时间性、振动性、可控性。如洛阳市原行政中心广场在改造开辟地下商场时，发现了周朝的五架马车的墓葬，从而新建了地下博物馆，为古城增添了新的佐证。

人们所获得的对环境、景观的心理认知，往往遵循着“中心、路径、领域（场所）”的结构规划，场所需具备以下两个特征。

① 定位，人在辨别身处何处时，首先是依靠他辨认方向的能力，而一个具有良好定位方向感的场所赋予了人们所赖于定位的心理功能。

② 认同，具体的景观环境中所隐含或显露的特征，是在历史进程中逐步形成的客体对象。它可以通过事件、文化背景、符号、细节等多方面的手段产生有意义的关联性而给予人们认同感。

场所体现的是一种精神，路径表达的是一种过程、经历或指向，标志展现的则是一种特质、风貌与品质。

4. 标志

标志又称地标，既是城市长期发展的历史结晶，又是城市历史不断发展的见证。它既有历史文脉传承的一面，又有着不断开发创新的一面(见图 5-25～图 5-27)。

标志往往与“节点”联系在一起，两者相互依存，构成城市景观特色不可分割的两个方面。

从景观的视角，标志具多样性、形象性、独特性、文化性的特征。

(1) 标志的类型

① 城市设计性标志，一般指市徽、市旗、城市主色调。

② 城市设定性标志，包括市花、市树、市鸟和吉祥物。

③ 城市建设性标志，如独特的地标性建筑、城市广场、建筑群、纪念性建筑等。

④ 城市自然性标志，独特的地形地貌环境，如名山、名河、名湖等自然景观。

⑤ 城市指示性标志，如路牌、街牌、公益性、商业性的广告牌、标示牌等。

⑥ 城市宣传性标志，如雕塑等。

(2) 标志的形象性

形象是指一切事物的形态、外观，有着可视、可触、可感的性质。在城市的不同历史时期，物质形态在城市发展中不断创新与提升城市形象的审美价值。世界各国不同城市的标志体现了其不同的城市品质、感情与精神，标志的特色愈加鲜明，城市形象就愈具感染力、影响力与魅力。

标志创作以理念、思维为基础，以具象为表现，必然受到该地区、城市、历史、人文、民俗诸方面的熏陶与影响，同时也体现了设计者的艺术风格和美学思想。

(3) 标志的唯一性

景观标志的唯一性即标志在景观中的某种独特性、代表性与象征性，其所具有的特色与魅力“独此一家，别无分店”，它既是城市自然、人文、环境的外在表现，又是城市长期历史进程的内涵表达。

城市中多样性的标志通过城市布局、自然环境和历史文化体现出其不同的城市面貌。在城市空间序列及重要节点塑造的各个标志的积累，是以其可识别性与城市的识别系统相结合为基础的。

无论是历史与文化的载体，如万里长城、凯旋门、纪念碑，或是反映人文、艺术、民俗内涵的一景、一点、一碑、一石，抑或是传达时代信息、展示未来的世纪钟、塔，都以其独特性形象而承继、延续与发展。

5.2.3　景观规划的空间组织

景观规划是在自然及人工工程环境条件下，运用多种景观要素进行造景组景。“相地合宜，构园得体，因地制宜，巧于因借”([明]计成《园治》)，点出了景观规划的要旨。

1. 空间的联系

(1) 空间的分隔(见图 5-28,图 5-29)

空间的断也可称为隔断,通过阻挡视线,以阻直行,另辟蹊径,达到"柳暗花明又一景"。

其二,空间隔而不断,可通过隔墙的窗洞、门组织"对景",以增加景的层次与深度,也可以安排漏窗,虽阻断通行但视线得以延续,谓之"引景",或可透过门洞,看到"对景"。

其三,空间的连续并不是一览无遗,有隔有围,围而有透,"径缘池转,廊引人随,相互辉映,相映成景"。

(2) 景点的安排

景点一般指园路、小径的起始点、交汇点,以及沿途具有一定功能和观赏作用的地点。城市广场、节点也都可看作是景点,只不过它是景点规模、观景范围、环境尺度相对扩大的地段。

景区与道路通过一系列的"节点"组织地段。不同景点在主次、有序、排列中确立了不同的特征,以其鲜明的景观形象使人的游赏过程得以起伏,心理期待得以满足。

2. 空间的序列

(1) 景观的序列布局要求

① 依形就势,导引有序,"不妨偏径,顿觉婉转",如路径冗长则消减游兴,过短则兴致顿消。

② 游程安排取决于不同的交通条件,如景区中的缆车、电瓶车以及步行等不同交通方式,使之既有"步"移景异之趣,又有豁然开朗之妙。

③ 自然景观与人工景观可适当控制、选取、剪裁,做得不落斧痕,浑然一体,视线所及"俗则屏之,嘉则收之",在于"因地制宜,巧于因借"。

④ 注意空间的交替、过渡、转换,加强其节奏感,做到划分、隔围、置景主从分明,尺度、体量把握有度。

⑤ 景观与人文的结合,通过诗文、匾额、楹联,览物舒怀,烘托渲染,寓情于景,触景生情,融情入景,深化意境。

以景点的设置作为观景的位置时,它呈现出扩散、离心、辐射的方式,往往是外向性的,包括景点的位置选择、点的布局(如廊、亭、楼、阁)、发射的方向与视距的远近等,这时观景是发散的,多视角的,有时是漫散的。反之,景点成为视线的聚焦,此时必须有最佳的视距与视点位置,景点才能呈现出清晰优美的形象与轮廓,并给予人们难忘的印象。

(2) 景观空间序列组织(见图 5-30,图 5-31)

序列的表达可以划分为起始、期待—引导—起伏—高潮—尾声几个阶段,处理好景的露与藏、显与隐等问题,可通过各种手法如步步深入、先抑后扬、曲径通幽、豁然开朗、高潮迭起、回味不尽等。

从景区的置景则可由引景、借景、对景、底景、主景等不同手法，以达到预期的效果。现代景观规划中中国古典传统理论的运用是丰富创作手法的重要方面，内容如下。

① 主景与配景。景点的配置中，通过一定的构思立意，对景观元素进行主次选择与布局，使之相互衬托、突出重点、显示主题，才能使景点引起视觉的冲动，给人留下深刻的印象。主景的选择要求其在体量上、位置上、造型上都有较显著的特色，如区域的位置、轴线的底景、环境的中心等。

② 借景与对景（见图 5-32，图 5-33）。凡是位于风景轴线及视线端点的景，称为对景。对景包括正对和互对两种。正对是指在道路、广场的中轴线上布置景点。这样的布置方式能获得庄严雄伟的主景效果。互对是指在风景视线的端部设景。在现代的城市景观设计中常常利用视线分析的方法来创造一些互对的景。

在人视力所及的范围内，凡有好的景色，都宜将其组织到景观的观赏视线中来，这就是借景。"园林巧于因借，精在体宜。借者，园虽别于内外，得景则无拘远近。俗则屏之，嘉则收之"。借景能扩大景观空间，增加变幻，丰富景观层次，而且一文不费。在现场踏勘调查中，如果发现有景可借，就应该组织景观视廊将基地外的景借进来。借景因距离、视角、时间、地点等不同而有所不同。

③ 障景与隔景。障景又称抑景。凡是能抑制视线、引导游人视线发生改变和空间方向转变的屏障物均为障景。它来源于园艺造景中的"欲扬先抑，欲露先藏"的匠意，以达到"山重水复疑无路，柳暗花明又一村"的效果。障景不仅能隐蔽暂时不希望被看到的景观内容，而且还可以用来隐蔽一些不够美观和不能暴露的地段和物体。

隔景即根据一定的构景意图，借助分隔空间的多种物质技术手段，将景观区分隔为不同功能和特点的观赏区和观赏点，以避免相互之间的过多干扰。隔景有实隔、虚隔和虚实并用等处理方式，利用实墙、地形等分隔空间为实隔，它有完全阻隔视线、限制通过、加强私密性和强化空间领域的作用。利用空廊、花架、花墙、漏花窗等分隔空间为虚隔，可部分通透视线，但人的活动受到一定的限制，相邻空间景色有相互补充和流通的延伸感。在多数场合，采用虚实并用的隔景手法，可获得景色情趣多变的景观感受。

④ 夹景与框景（见图 5-34）。为突出轴线端点的景观，常将视线两侧的较贫乏的景观加以隐蔽，形成了较封闭的狭长空间，以突出空间端部的景。这种左右两侧起隐蔽作用的前景称为夹景。夹景是运用透视线、轴线突出对景的手法之一，能起到障丑显美的作用，并增加景观的深远感。

利用门框、窗框、树干树枝等所形成的框，有选择地摄取另一空间的景色，恰似一幅嵌在镜框中的图画，这种利用景框所观赏的景物称为框景。框景以简洁的景框为前景，使观者视线通过景框并高度地集中在画面的主景上，给人以强烈的艺术感染力。

以上各种传统造景手法都是在景物与视线受约束与限制的情况下形成的，也可以称为“分景”，其目的是要使景物更有吸引力。应该指出的是，这些传统的造景方法有一定的局限性。

3. 观景方式

组织景观空间的目的是观景，景观与观景，词组的颠倒表达了“看”与“被看”的双重意义。景观观赏的视觉特点和现代人的生活方式、旅游观念、交通条件、项目设置、时间安排等多种因素影响着观景的方式。景的观赏有动静之分。动态观赏是游，静态观赏是息，游而不息使人疲倦，息而不游则失去了游览观赏的意义。

（1）动观

从漫步到高速行驶的观赏运动都称之为动态观赏，俗话说走马观花，跑马观花，以至飞马观花等。从步移景易到瞬时即逝的不同状态下的视觉特点对景观空间组织的研究尤为重要（高速公路两侧高架密集林立的广告牌破坏了人们观赏大地景观的情趣）。

在动观过程中，观赏点与景物产生相对位移，景物不断移动，成为一幅动态的连续构图。其决定因素是视点的轨迹和速度。动态观赏有步行、骑车、乘车、乘船或乘坐索道、吊篮等多种形式。

动静是相对而言的，“若静坐亭中，行云流水，鸟飞花落，皆动也。舟游人行，山石树木，则有静止者。止水静，游鱼动，动静交织，自成佳趣。故以静观动，以动观静，则景出”。随着视觉的移动，通过路线的组织安排，把不同的景组成连续的景观序列，成为一种动态的连续构图，以获得良好的动观效果。我国古典园林景色多变，幽曲无尽，园中逢山开路，遇水搭桥，以利于游人的前进、游动。全面领略园林的美，就要一步一步沿曲径，随游廊，去游遍园林中的各个角落，所以动态的观赏是游园赏景的主要方法。

（2）静观

当到达一个目的地，无论是自然空间或人为空间，无论是景点或相对独立的观景环境，人们大都是在静态中赏景，景点空间的布局、协调、观赏的视觉因素会对提高观赏效果起到重要的作用。静态观赏通常由于视点位置、视角的不同可分为俯视、平视、仰视等。“仰观宇宙之大，俯察品类之盛”（[晋]王羲之《长亭集序》），“赖有高楼能聚远，一时收拾与闲人”（[宋]苏东坡），远处取势，近取其质，大处有气势，小处很耐看，造景亦此理。

静观是观赏点在一个固定地点，整个画面是一幅静态构图，主景、配景、前景、中景、背景清楚，远近、大小、层次分明。静态观赏点常是画家写生、摄影者拍摄的地方，静态观赏要求设计合适的观赏点、最佳的观赏视距和观赏视域，使人以比较合适的角度赏景。

厅堂、亭榭、楼阁、平台等都是静观、动观过程中的节点，如最常见到的静观“点”就是“亭”。此外，静观中也能得到大自然的动态美，如山静水流，水静鱼游，花静蝶飞，石静影移。所谓“蝉噪林愈静，鸟鸣山更幽”，“留得残荷听雨声”，“日午画船桥下过，衣香人影太匆匆”都体现了动与静的交织与统一。

在景观设计中，将动观的“线”和静观的“点”恰当结合，形成连续的、有节点的动观路线，是形成一个好的设计方案的重要组成部分。例如在安排观赏路线时，既要避免走回头路，又要尽可能包罗众多景观，并组织好静观和动观的关系，创造出跌宕起伏、高潮迭起的景观序列。

5.3　景观规划设计步骤与方法

5.3.1　设计技术路线

1. 构思立意

构思立意是创作的灵魂，不仅涉及设计所面临的各项具体矛盾的解决，更重要的是反映了设计者的知识、思维方式，以及文化素养等。一般来说，良好构思的产生应具备以下条件。

把情感与激情融入思考，才能迸发出灵感的火花，火花往往是瞬时即逝的，必须及时抓住，才能出现设计中的亮点。

草图阶段，设计者在冥思苦想和广泛交流过程中寻求最佳方案的切入点与兴奋点，如能进一步集思广益，发挥团队作用，将更顺利地不断完善方案。

认识与学习不同的思维方式，有助于从多角度找到正确的设计途径。

2. 步骤与方法

景观规划的步骤与方法大致包括以下四个方面。

(1) 调查研究与现状分析

任何规划的第一步必须深入现场作勘查，获得第一手资料，包括自然、气候、气象、地形、地貌、环境现状、道路交通、用地情况、文化历史背景等，并分析影响规划的主次因素，把握重点，充分发挥其有利因素，对不利条件逐次做出可行性的解决方法。

(2) 大处着手，全局在握

整体性是景观规划设计的出发点与归宿，在掌握了规划设计的各项内容要求后，方案必须从大处着手，从道路骨架、组团划分、功能分区、景点设置、空间结构、形态、风格逐步深入，然后在立意构思的基础上，对局部与整体、要素与方法等诸多关系反复修改、推敲，进行多方案比较后再定案。

(3) 主次明确，交叉同步

设计中会面临诸多因素，矛盾或问题往往是交织在一起的，在整个思考过程中，如某一个问题解决的同时，会带来另一个矛盾，有时甚至是严重对立的，只有反过来对前一个问题做出让步调整，甚至推翻前一个方案，才能利于方案的进行，所以多种矛盾的出现是同步的。因此，设计中必须对主次矛盾、矛盾的主要方面等做出理性的判断，才能达到“牵着牛鼻子走”的通俗道理。

(4) 要素关系，有机整合

构成要素的多样性、丰富性、要素关系的复杂性，提供了创作的多元化风格，但如何统一在一个有机的方案中，是设计最终的目标。在初学方案设计阶段，易犯的通病大致有以下几种：① 形对式符号的运用缺乏基本了解，因而在体现风格上缺乏应有的韵味；② 符号的选择不当，乱点杂配，缺乏统一元素；③ 在采撷传统符号与手法时，不能割舍无关主题的要素。

表 5-1 景观规划的技术路线框图与具体内容

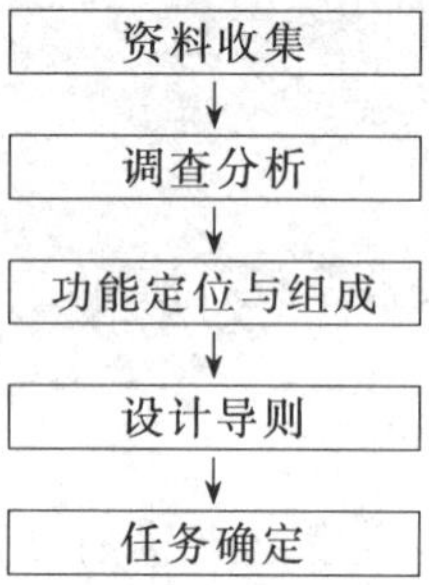

资料收集 → 调查分析 → 功能定位与组成 → 设计导则 → 任务确定

外部条件	功能定位	要素组合
区位、交通条件 地形、地貌、自然条件 技术措施 经济指标	项目确定 功能分析 符号选择	形态组合 构成手法

5.3.2 景观规划方案比较

1. 方案比较的作用

一个优秀的设计往往是在多个不同方案分析比较的基础上得出的，虽然各个方案的构思立意、切入点有所不同，考虑的范围和解决问题的主次方面有所侧重，但必须抓住问题的主要矛盾，善于分析不同方案的特点，集思广益地加以归纳优化。

2. 方案比较的内容

根据景观设计的规模、类型、性质的不同，方案的比较一般可以从以下几个方面进行。

表 5-2 方案比较的内容

比较项目	方案 1	方案 2	方案 3	方案 4
交通流线				

续表

比较项目	方案1	方案2	方案3	方案4
功能划分				
空间结构				
造型特色				
环境效果				

此外，还可根据任务要求增减比较项目，最后得出综合性评价。

由于方案的比较无法以定量的方法最终予以确定，而方案的定性往往具模糊性，设计者或合作者针对不同的命题也有各自的判断，因此，抓住核心与关键，反复论证，逐步取得共识，才能得出相对理想的方案。

目的的一致不等于手法的一致，通过多方案的比较和多角度的推敲，才能够对课题的理解、分析、立意、操作手法的不同切入点（源于设计人的素质、水平、经验等）获得更深入的理解。因此，分析阅读优秀作品，不断积累，在实践中加深对设计理论的认识，大大有助于设计水平的提高。理论不是教条，而在于融汇与突破。

5.4 景观设计的表现方法

从设计的草图构思表现粗略的意向开始到方案的初成，以至最后文本的完成，这一系列的图示表现，通过徒手画、电脑制图、模型制作等多种表现手段达到展示的目的。

5.4.1 表现方法的类别

景观表现图基本上分为两大类别：一类是以徒手或绘图工具采用各种绘画材料绘制的表现图；另一类是以按操作程序通过电脑操作程序制作的表现图。

表现图的基础是素描、透视与阴影的综合表达。无论哪一种表现手段无不体现了作者的基本功、艺术素养和创作水平。

电脑制作表现图精确、细腻、真实性强，而手绘表现图较为生动、洒脱，调整快速，更具概括性，更易决断。设计人员兼收并蓄优秀表现手法，对创作水平的提高起到了潜移默化的作用。

大型景观设计项目有的还采用动画制作，动态地表现景观的全面视觉效果，使效果更真切、完整。

5.4.2 表现方法的要点

为了更好地表达设计的效果，一般应做到以下几个方面。

① 选择较好的视点、视角与画面构图，以充分体现设计的主题。

② 通过透视、光影、层次、质感诸绘画要素的综合安排以及色调的协调与对比，突出重点，切忌画面涣散，互不呼应。

③ 注意配景，人、车、天空、树木在形态尺度、远近、空气感等方面的精心推敲，以达到整体完美的效果。

总之，表现图应将设计的创造性、绘画的艺术性与制作的科学性三个方面相结合，并不断探索新的表现手段。

一个景观设计项目应该通过总图、局部平面图（节点）、立面图以及三维透视图、鸟瞰图等各个图例完整表现。一般手绘材料有铅笔、钢笔、水彩、水粉、马克笔等，在表现风格上有线描、写实、装饰性、图案化等。本节选例除阐述方案的创作构思步骤外，还选择了多种形式的表现图，以供学习参考（见图 5-35～图 5-40）。

图5-1 大地艺术

景观设计中的大地艺术影响和改变了以往地形处理的两种方法（台地式及自然模拟和浓缩的形式），以人工化、主观化的艺术形式改变了大地原有的地貌。

图5-2 波普艺术

图5-3　行为艺术

图5-4　装置艺术

图5-5 某公园景观规划

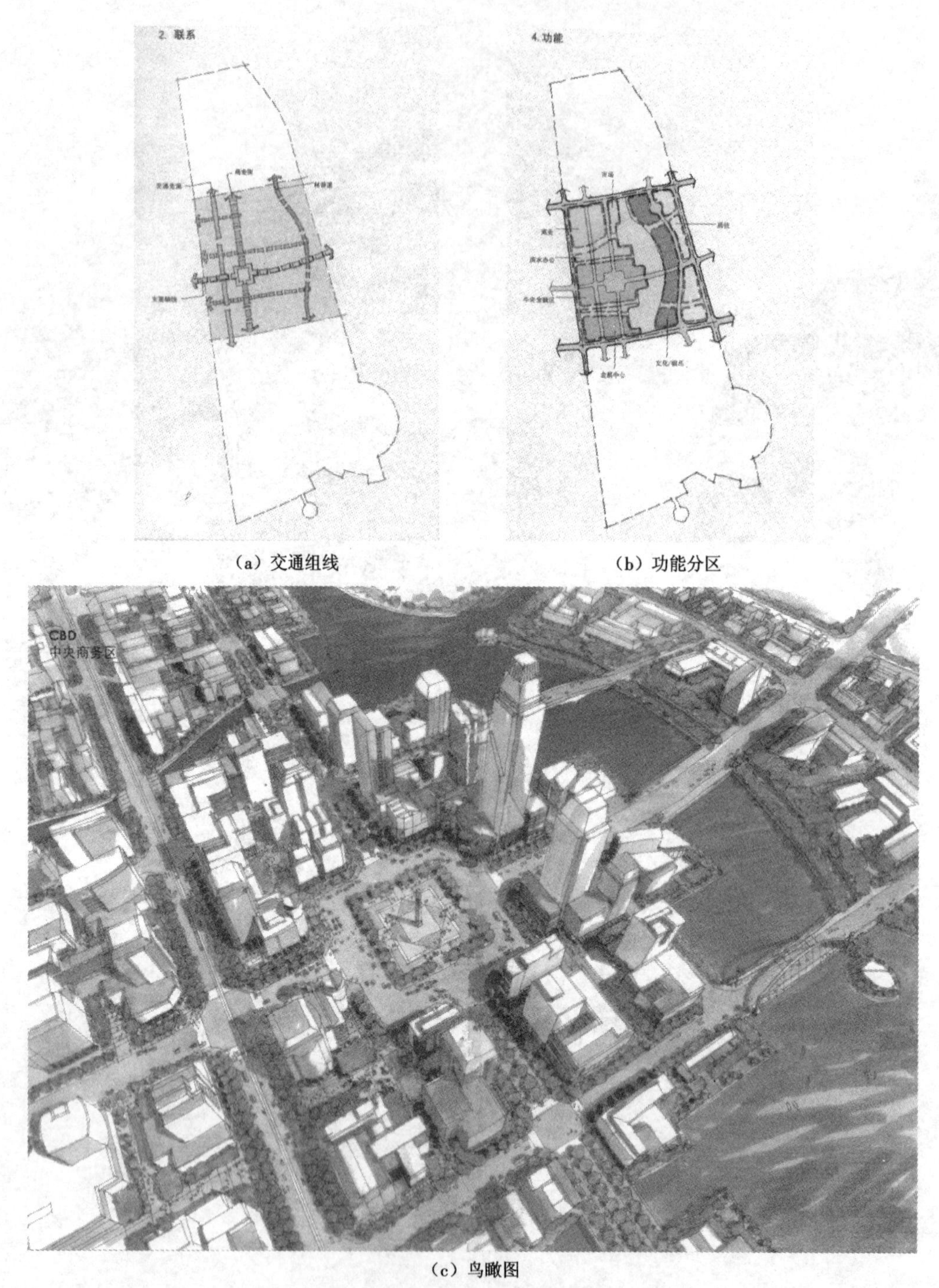

（a）交通组线　　（b）功能分区

（c）鸟瞰图

图5-6　某城市广场景观规划

该广场以中轴线及道路划分出金融、商业、会展、办公、文化、居住等功能区。在城市广场景观规划时，应重点解决道路交通与分区的关系，以保证其各种通行的畅达。

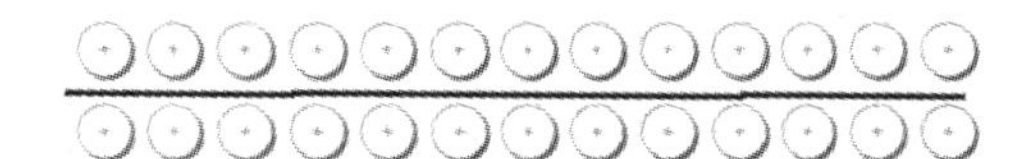
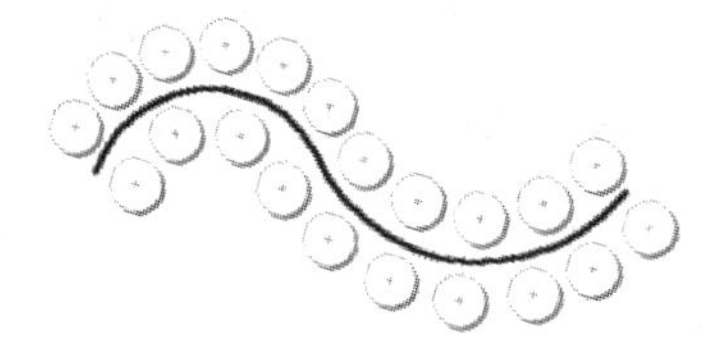

（a）同一的树种，一致的属性，以直线或缓和曲线种植的林荫道，在景观中指向性强烈而有效

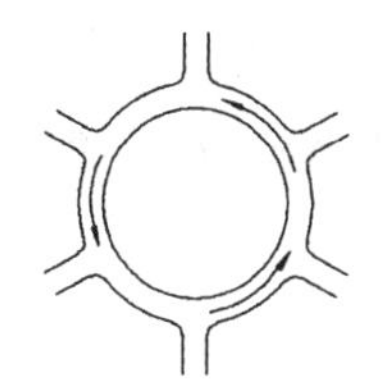

（b）圆形指向模糊，不易找到出口

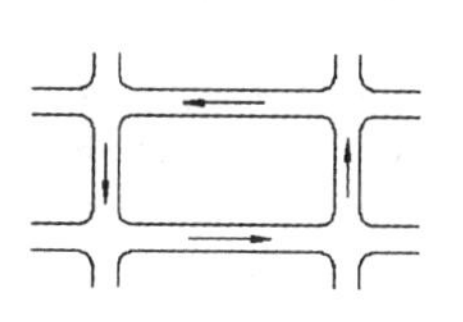

（c）指向明确

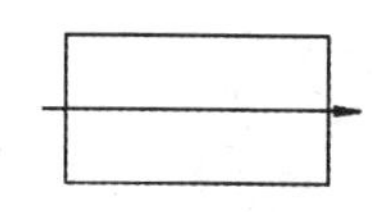
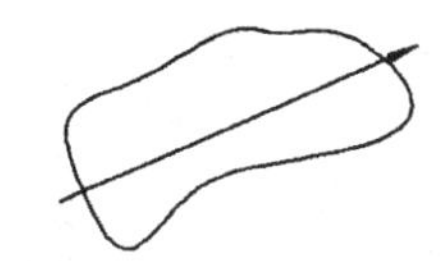

（d）狭长空间的道路强化了指向

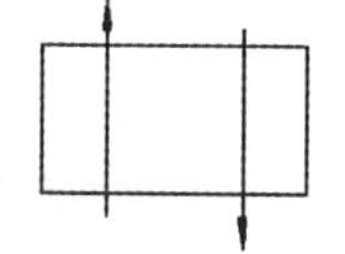
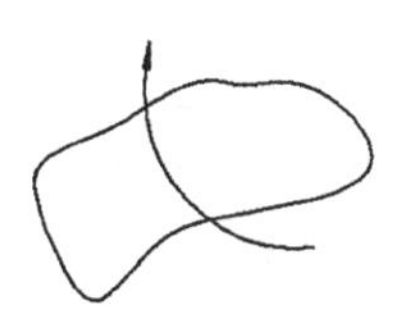

（e）道路垂直于狭长空间的长边使空间显得“缩短”

图5-7 路径的指向

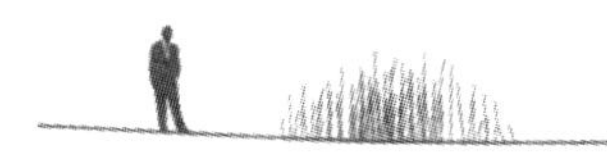
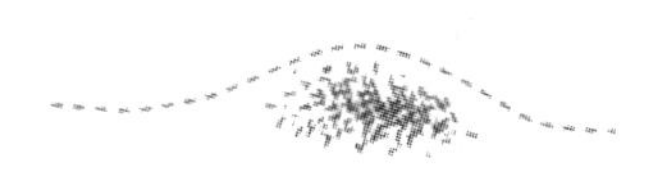

（a）绕过草丛

（b）绕过石块

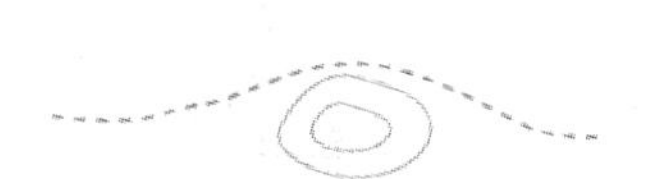

（c）绕过小的地形凸起

图5-8 路径的阻隔

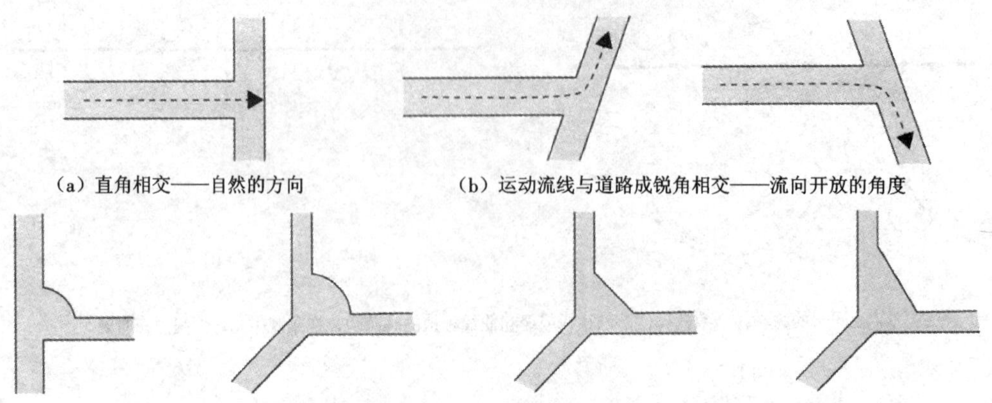

（a）直角相交——自然的方向

（b）运动流线与道路成锐角相交——流向开放的角度

（c）三岔路口——方向？停顿点？运动流线？道路等级？什么地方最适于设置长凳和树木？道路交叉点的区域带来了什么影响？

图5-9　路径的转折

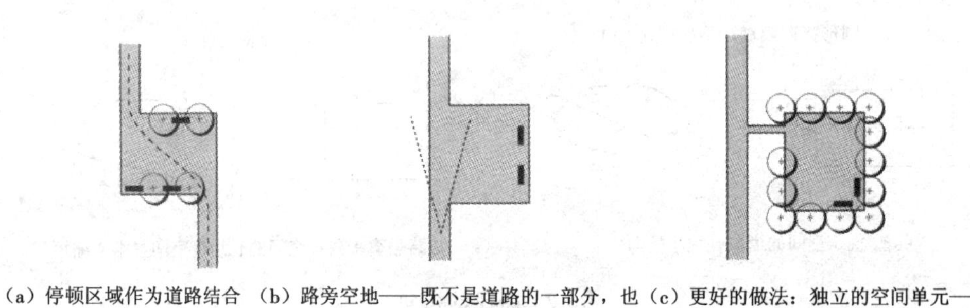

（a）停顿区域作为道路结合点——将漫长的路径打断

（b）路旁空地——既不是道路的一部分，也没有真正独立，基本已经超出道路上的视线范围30°～35°，不推荐的做法

（c）更好的做法：独立的空间单元——明确地与道路相分离，有单独的出入明口；用途改变，比如儿童游戏场

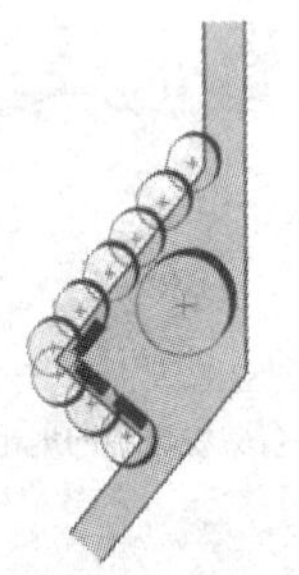

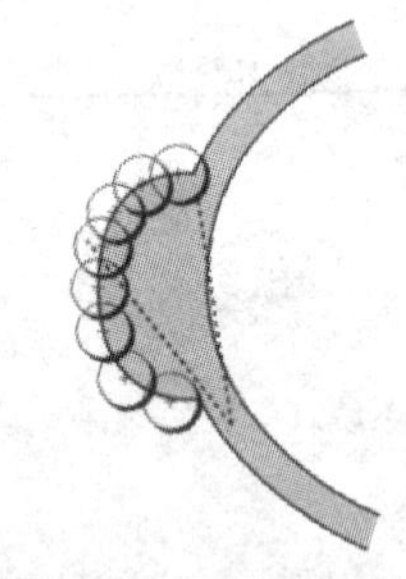

（d）、（e）路径转弯处的停顿区域——通过恰当的角度联系，使道路方向与运动方向相顺应，停顿区域也就是道路的一部分，是比（b）更好的做法

（f）停顿区域位于曲线道路顶点——很明显地在视线范围以内，功能与（d）、（e）类似

图5-10　路径的停顿

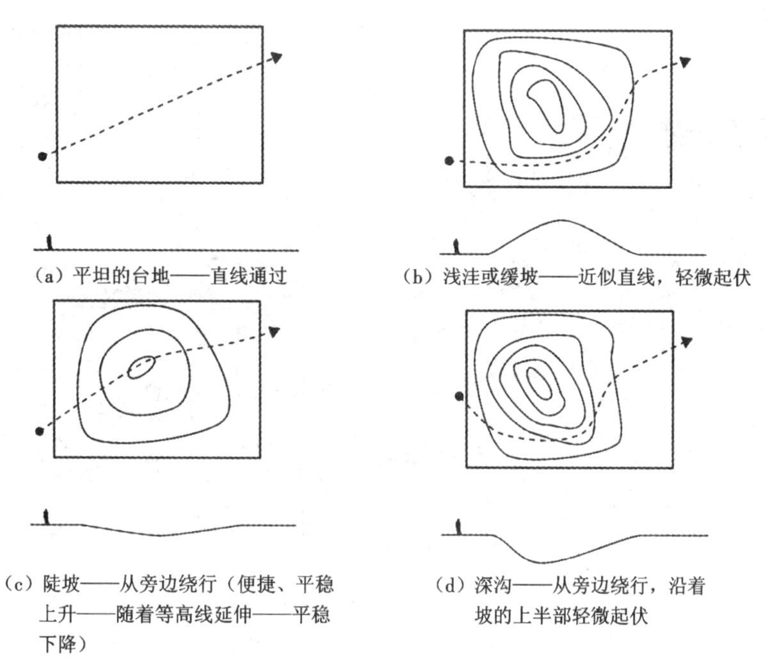
(a) 平坦的台地——直线通过

(b) 浅洼或缓坡——近似直线，轻微起伏

(c) 陡坡——从旁边绕行（便捷、平稳上升——随着等高线延伸——平稳下降）

(d) 深沟——从旁边绕行，沿着坡的上半部轻微起伏

图5-11　路径的坡

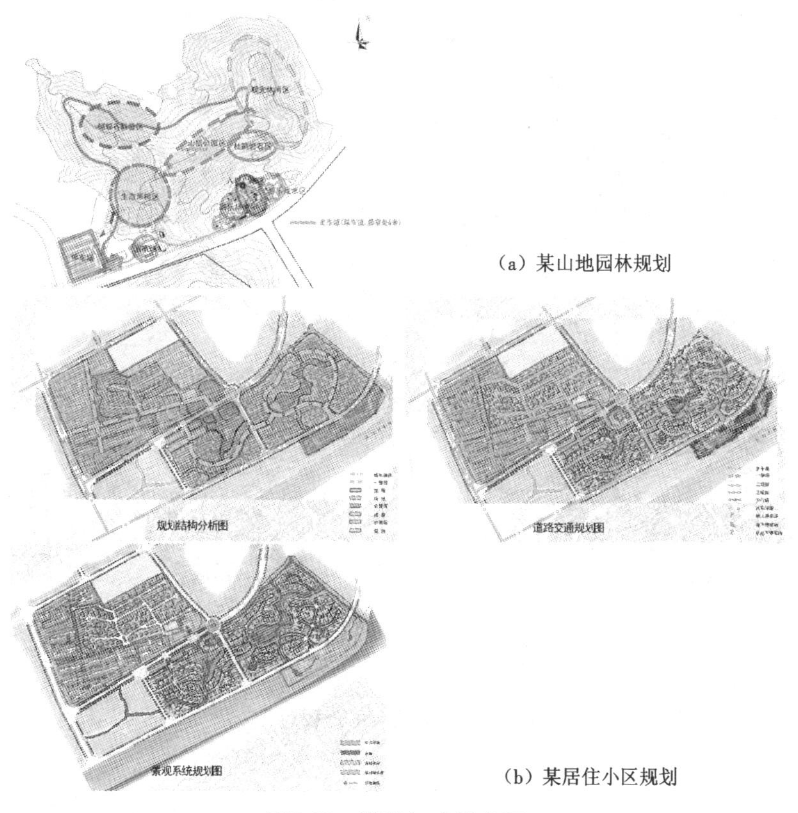

(a) 某山地园林规划

(b) 某居住小区规划

图5-12　道路与功能分区

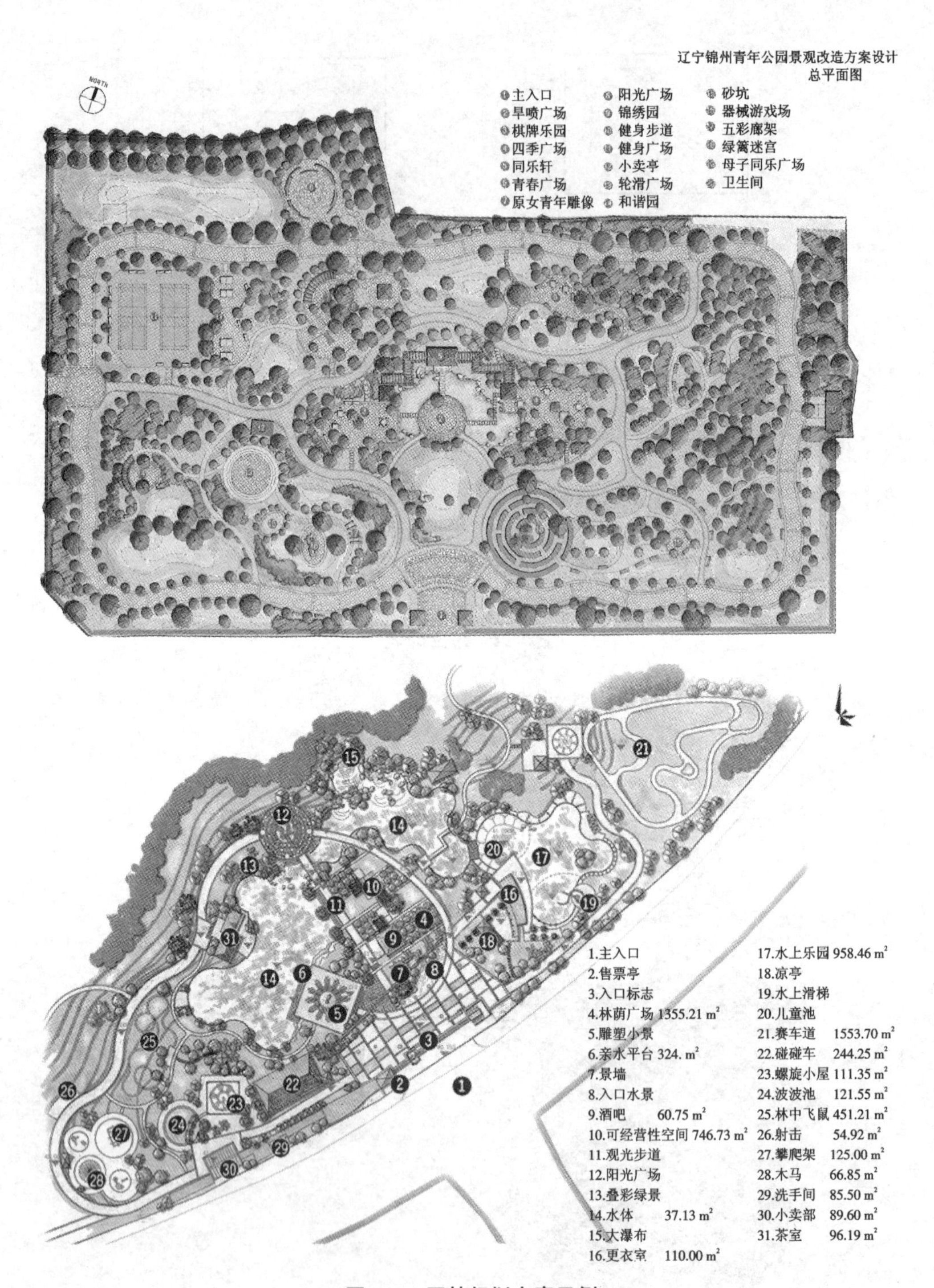

图5-13 园林规划方案示例

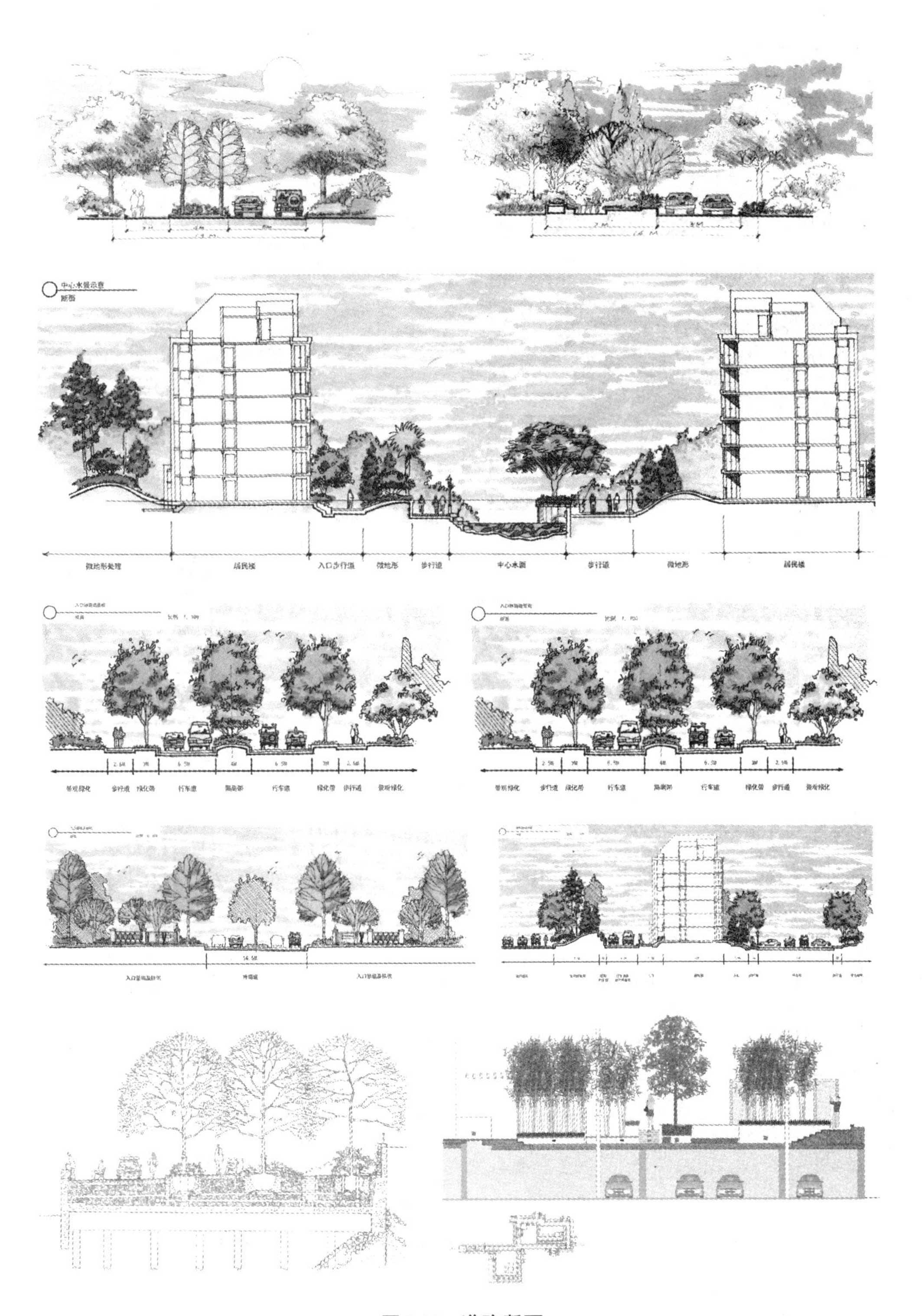

图5-14 道路断面

道路宽度、断面，将依据其性质、流量、方向、构造以及一些技术性的参数，得出设计的依据。

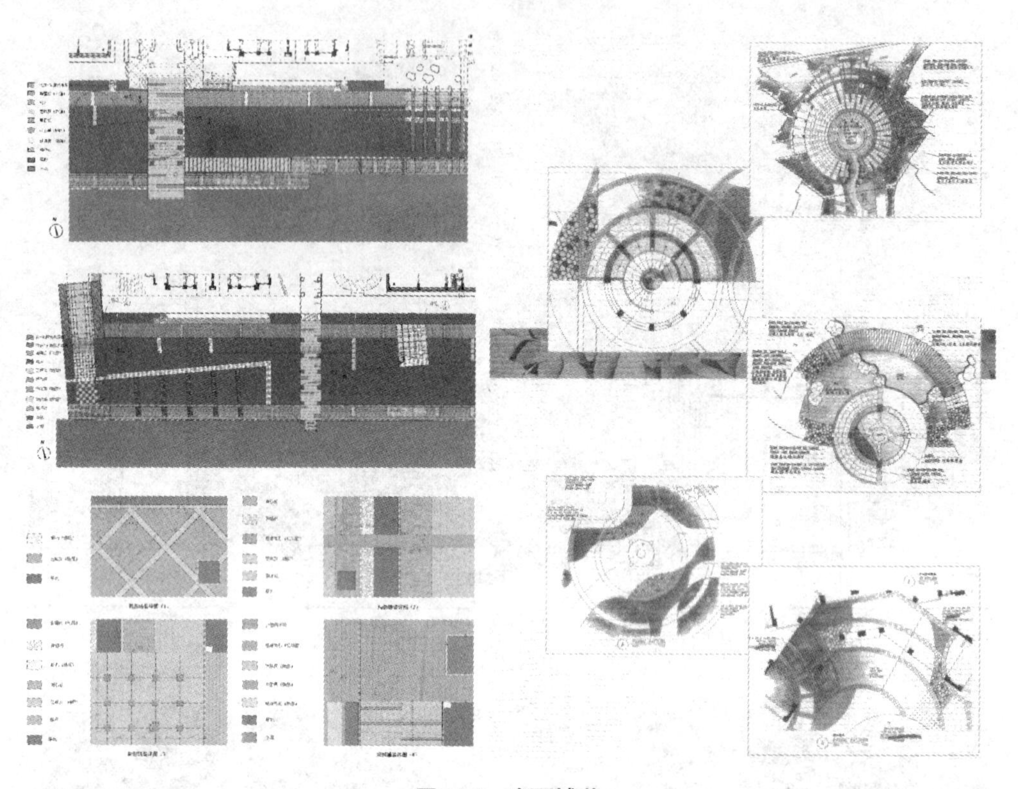

图5-15　路面铺装

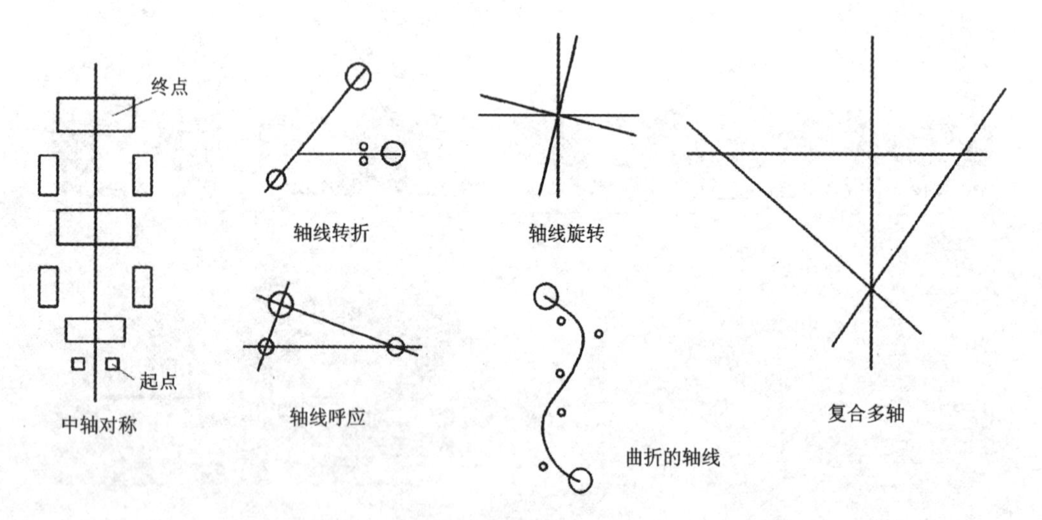

图5-16　轴线的常用形式

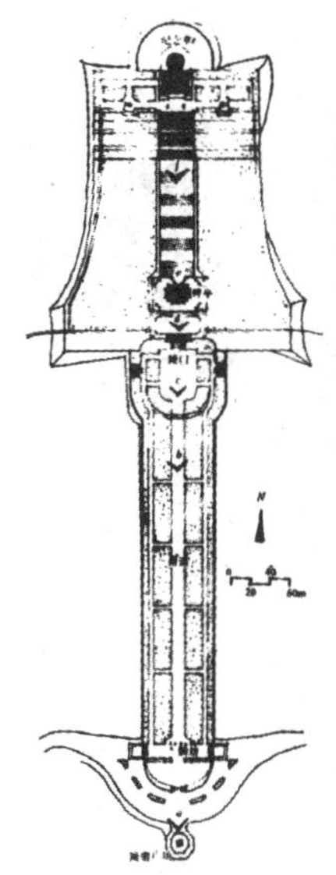

（a）中山陵（彦吕直，1929年）

陵南坐北朝南，傍山而筑，由南往北沿中轴线逐渐升高，依次为广场、石坊、墓道、陵门、碑亭、祭堂、灵寝。在空间序列中从序幕通过开合、刚柔、舒展、急缓的展开，在期待气氛中达到高潮。再回首，极目远望，山河气势恢宏，意境深邃，成功地创造了这一纪念性的建筑群。

（b）广州科学城中心区蓝轴、绿轴景观设计

图5-17　轴线应用示例

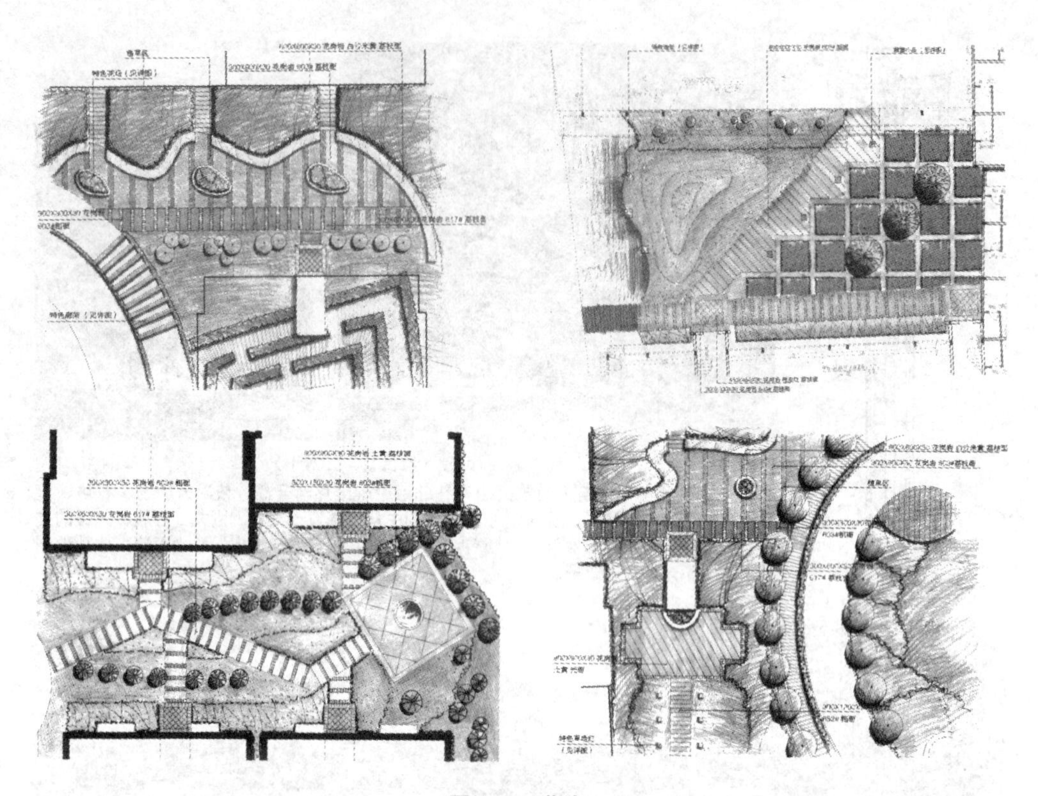

图5-18 节点

节点的设计受制于周边的道路出入口、环境、平面的形态、空间尺度等影响，设计中可利用不同的布局手法完善节点的功能要求。

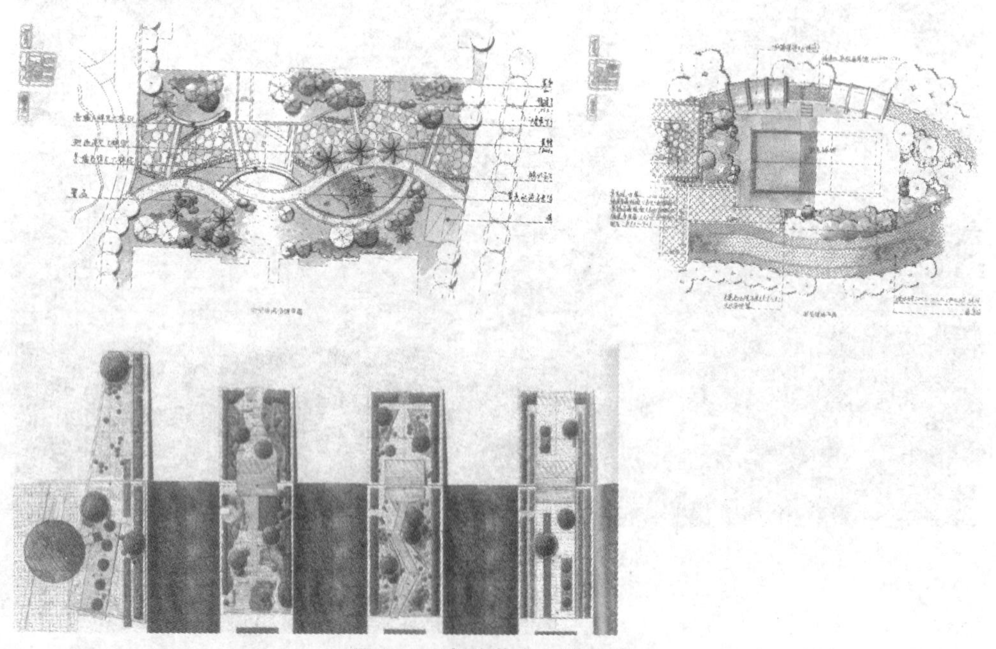

图5-19 庭院节点设计方案

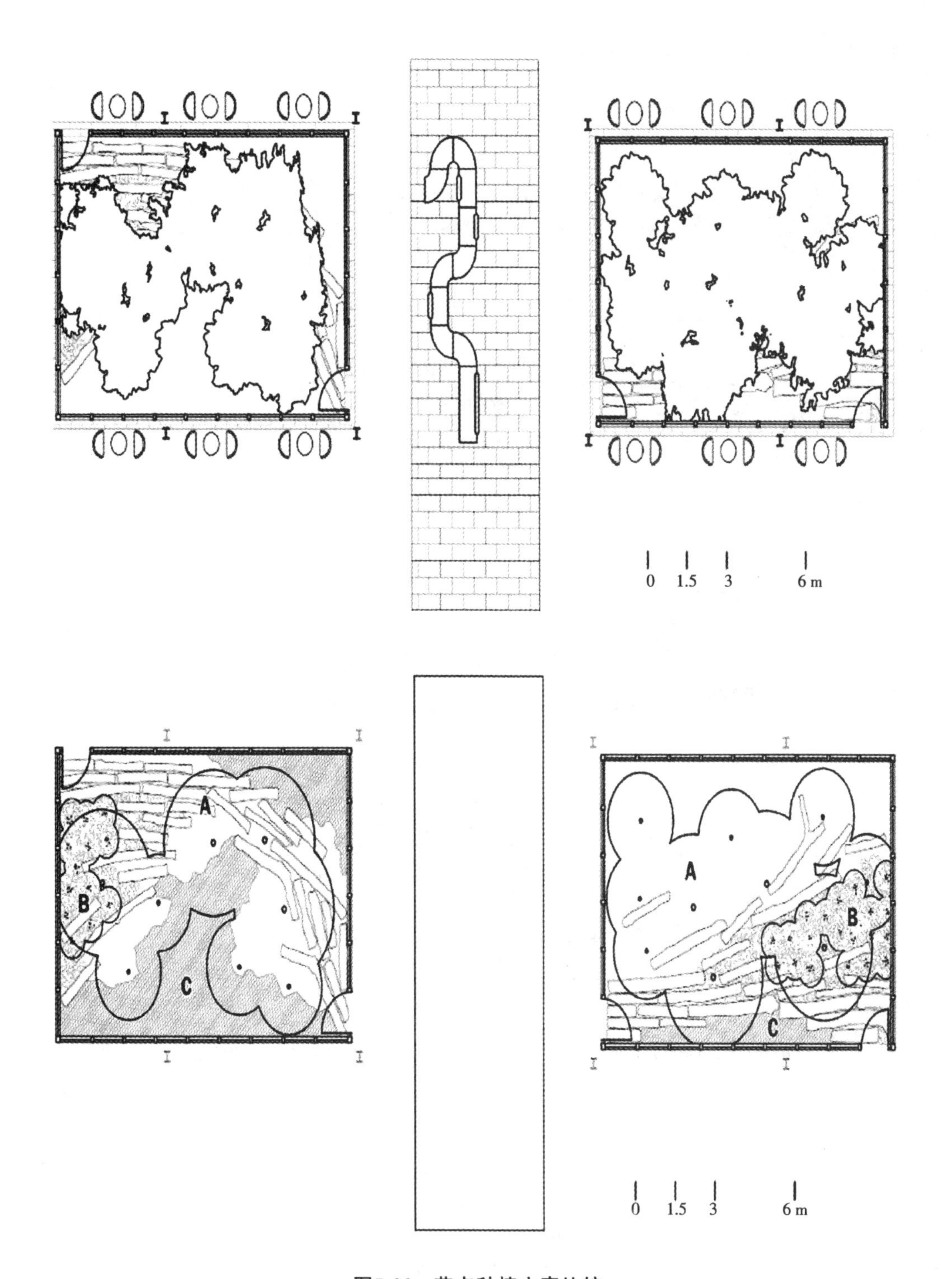

图5-20 节点种植方案比较

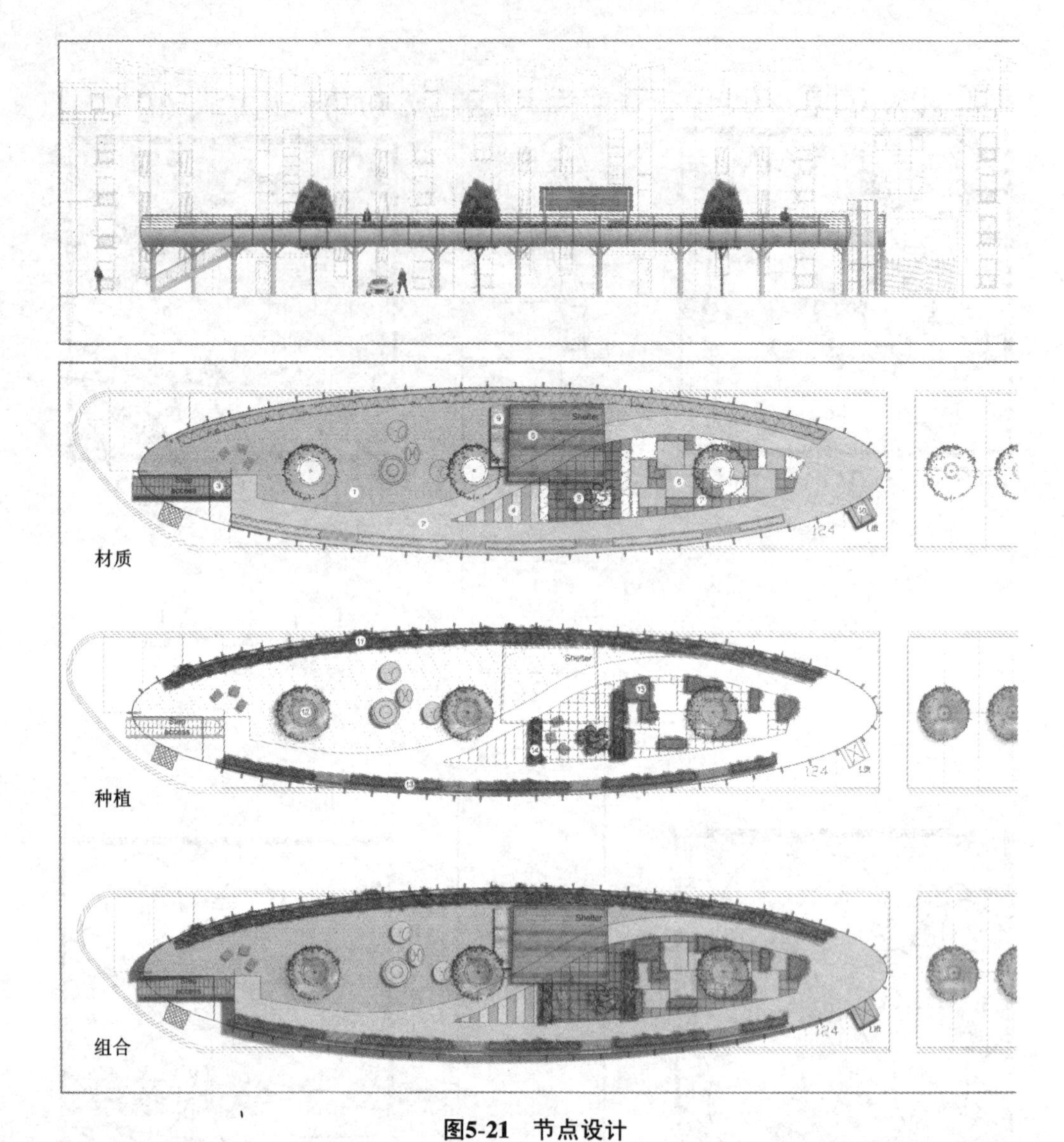

图5-21　节点设计

节点的设计包括地面不同材质的对比、色彩的搭配、植物的栽植、服务设施的配置等。

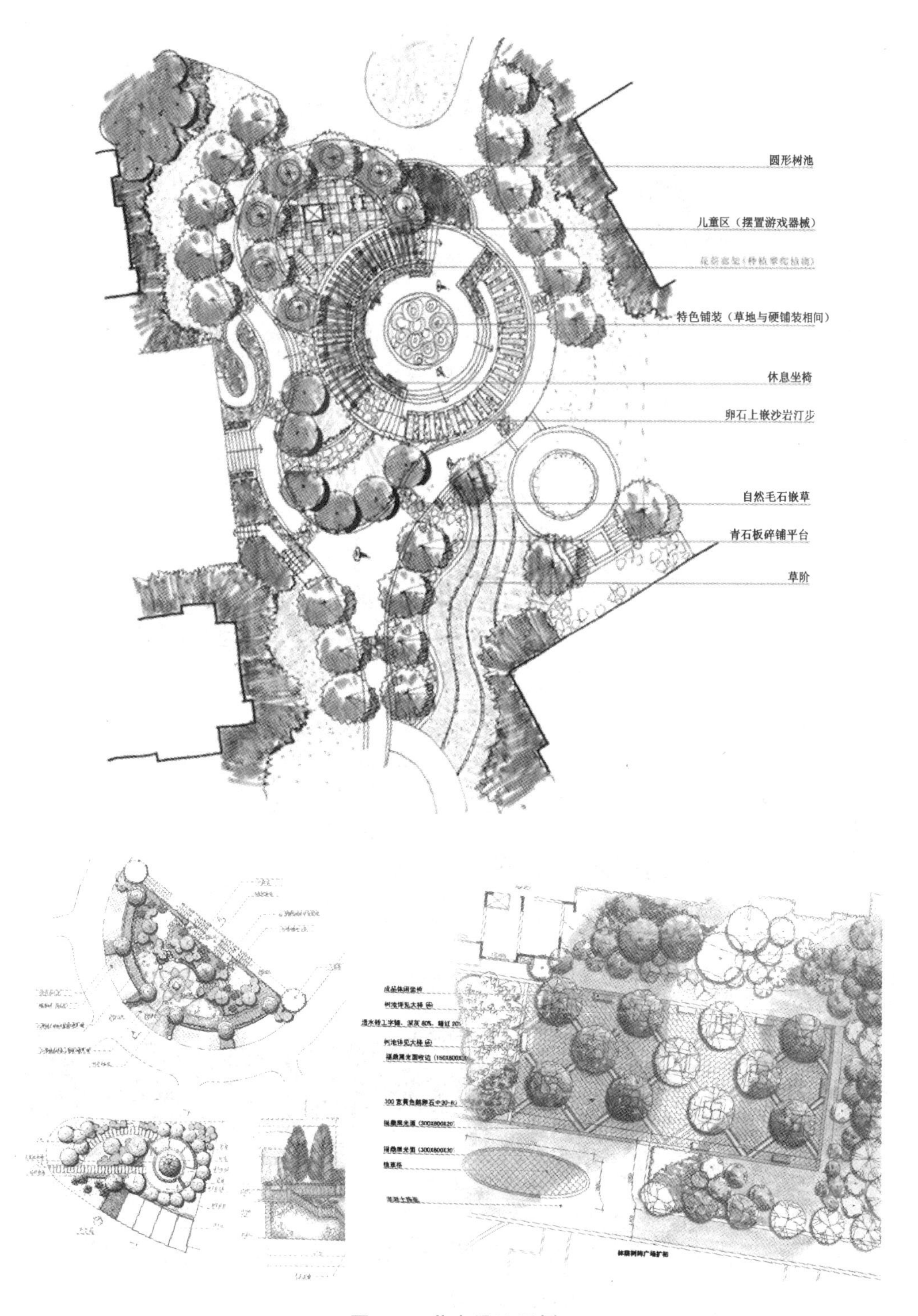
圆形树池
儿童区（摆置游戏器械）
特色铺装（草地与硬铺装相间）
休息坐椅
卵石上嵌沙岩汀步
自然毛石嵌草
青石板碎铺平台
草阶

图5-22　节点设计示例

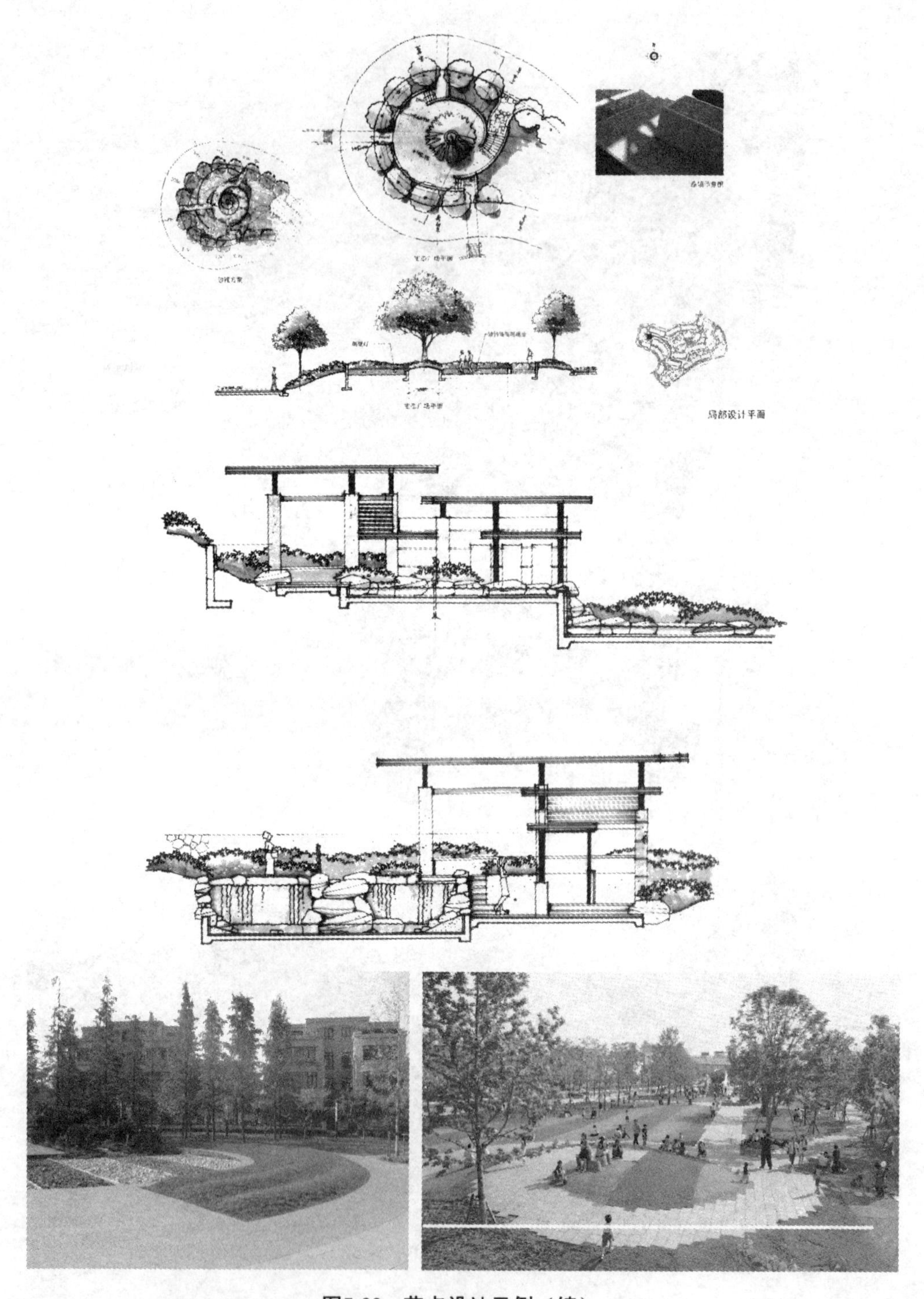

图5-22　节点设计示例（续）

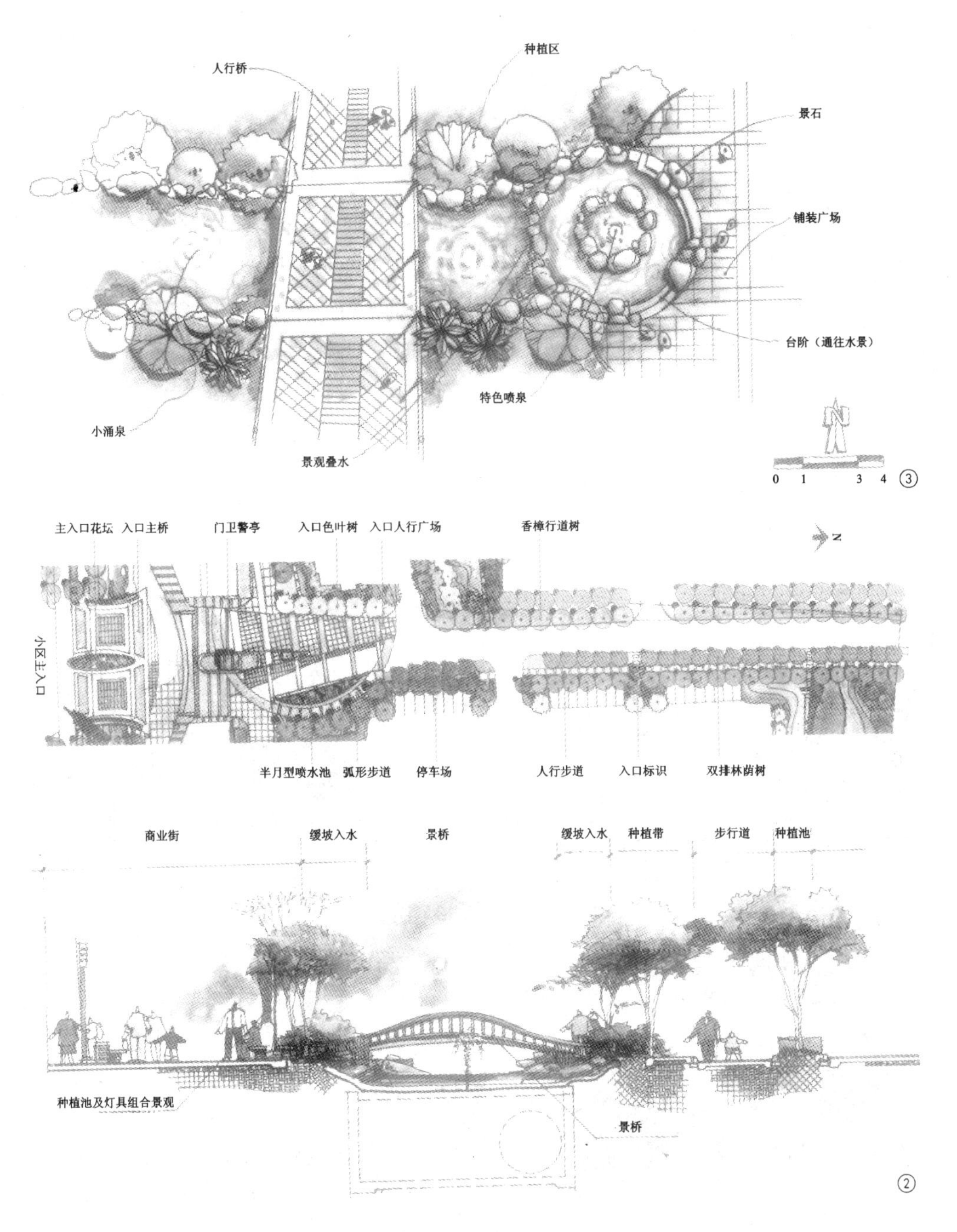

图5-22　节点设计示例（续）

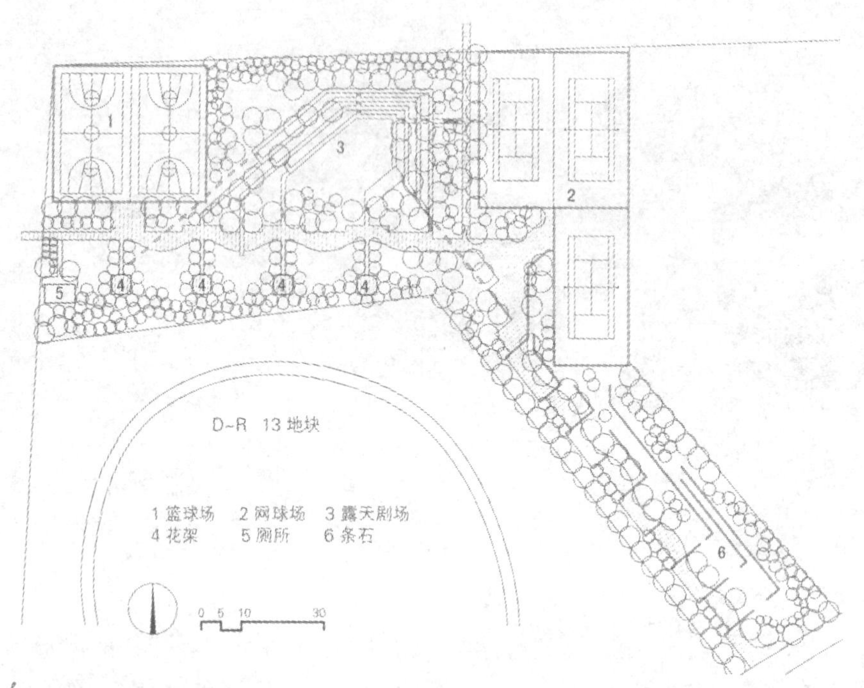

图5-23 北京中关村软件园DR-13地块景观（北京多义景观设计事务所）

篮球、网球场地之间的露天小型演出广场与绿地结合，相互映衬，南侧四块圆弧形场地上，木质花架、花椅以及狭长地带与系列石条带，加强了空间的联系与节奏。

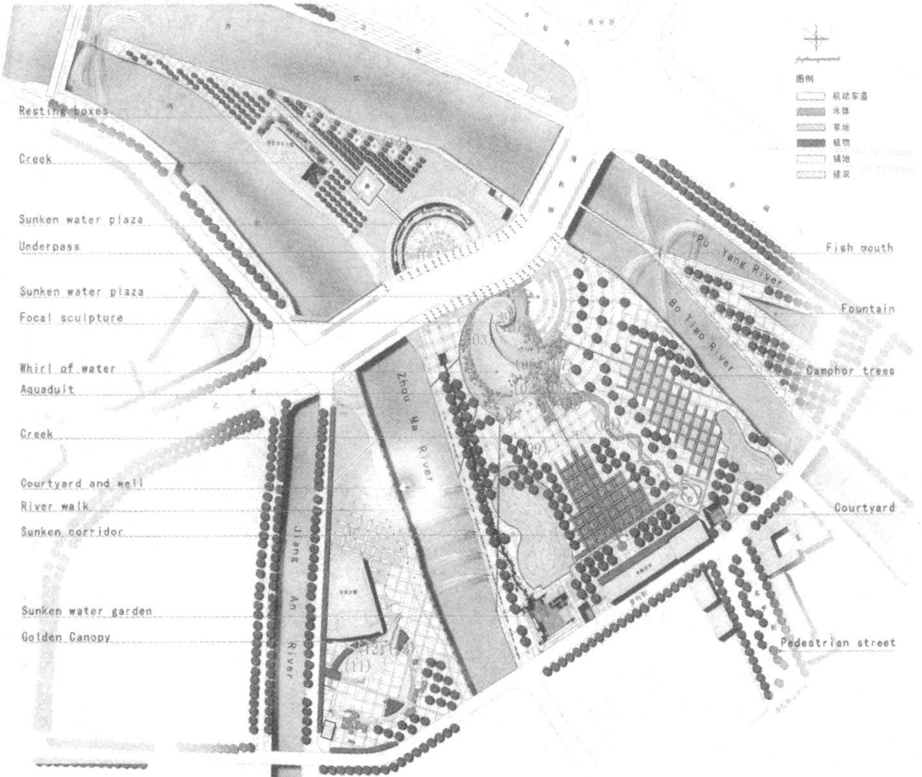
Resting boxes
Creek
Sunken water plaza
Underpass
Sunken water plaza
Focal sculpture
Whirl of water
Aquaduit
Creek
Courtyard and well
River walk
Sunken corridor
Sunken water garden
Golden Canopy
Fish mouth
Fountain
Camphor trees
Courtyard
Pedestrian street
Pu Yang River
Bo Tiao River
Zhou Ma River
Jiang An River
图例
机动车道
水体
草地
植物
铺地
建筑

图5-24 场所示例

图5-25　标志示例

图5-26　拉·维莱特公园（法国巴黎）

系列的红色构架成为公园的标志性色彩。

图5-27 亚特兰大市里约购物中心（美国）

标志可通过体量，不在于大小，在于其创意的造型，取决于位置、地段的历史、人文等因素，通过符号及象征体现其意义及内涵。

图5-28　分隔示例（一）

通透或封闭的景墙起着围合、分隔空间的作用。

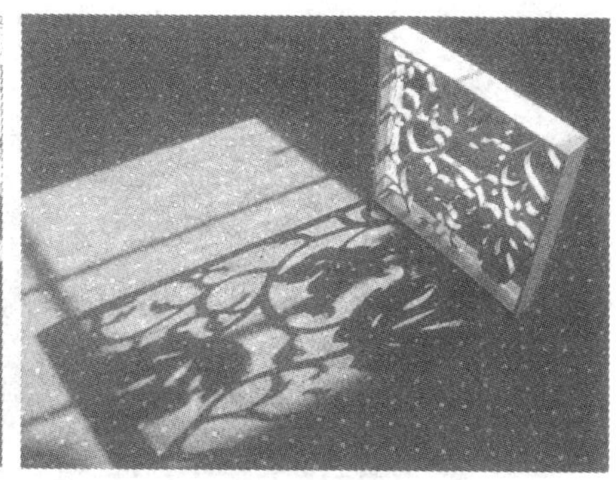

图5-29　分隔示例（二）

图5-30　围合示例

（a）上海龙柏饭店庭院

从大厅的大片景窗再透过柱廊的双重庭院与外部景观的融合，表现了内外空间的序列与景的丰富层次。

（b）苏州留园窗景

多层次空间渗透获得深邃感。

图5-31　层次示例

图5-32 借景

图5-33 对景

图5-34　框景

图5-35 泸西县阿庐古洞前区手绘草图与实景图

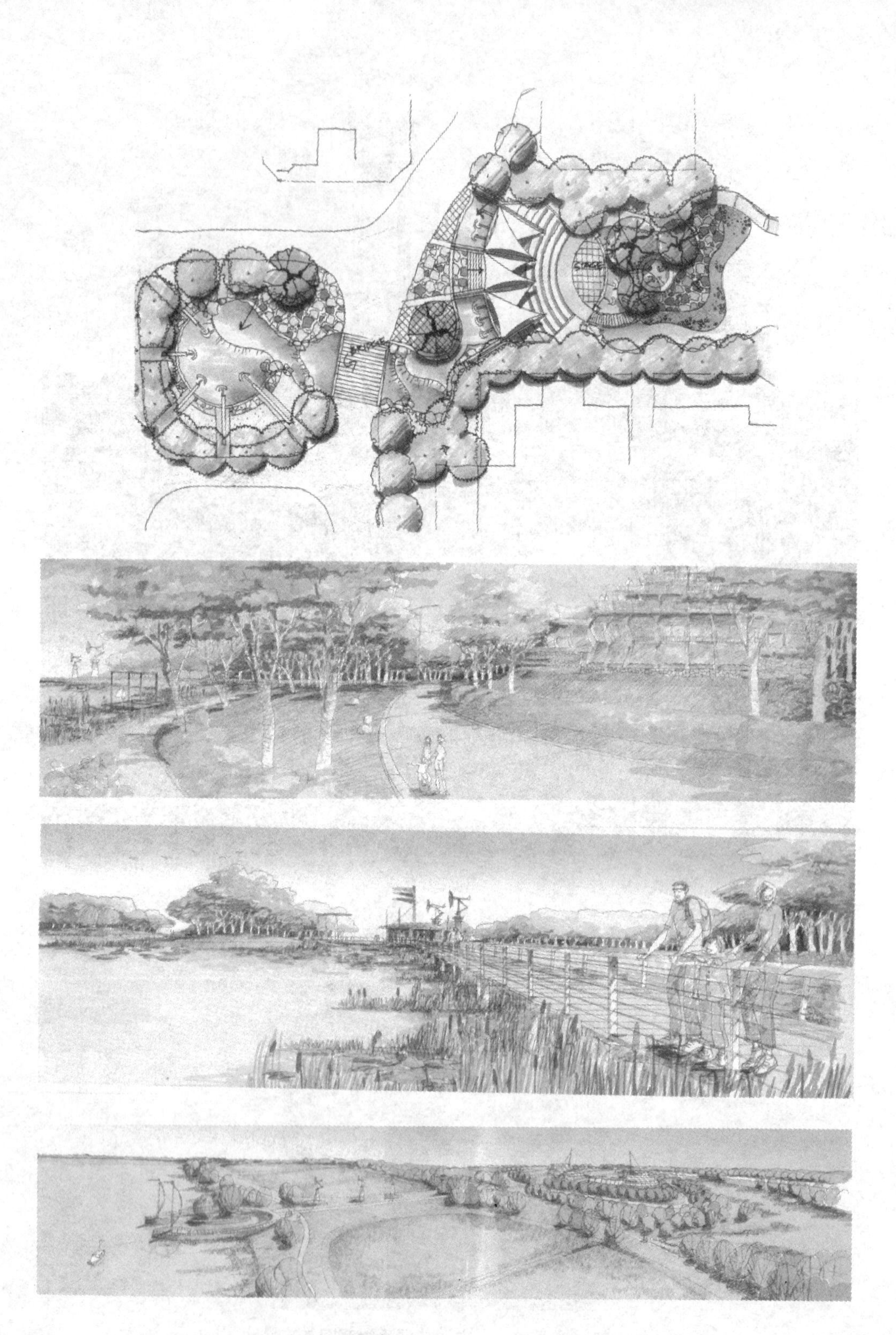

图5-36 钢笔、淡彩、彩铅表现图

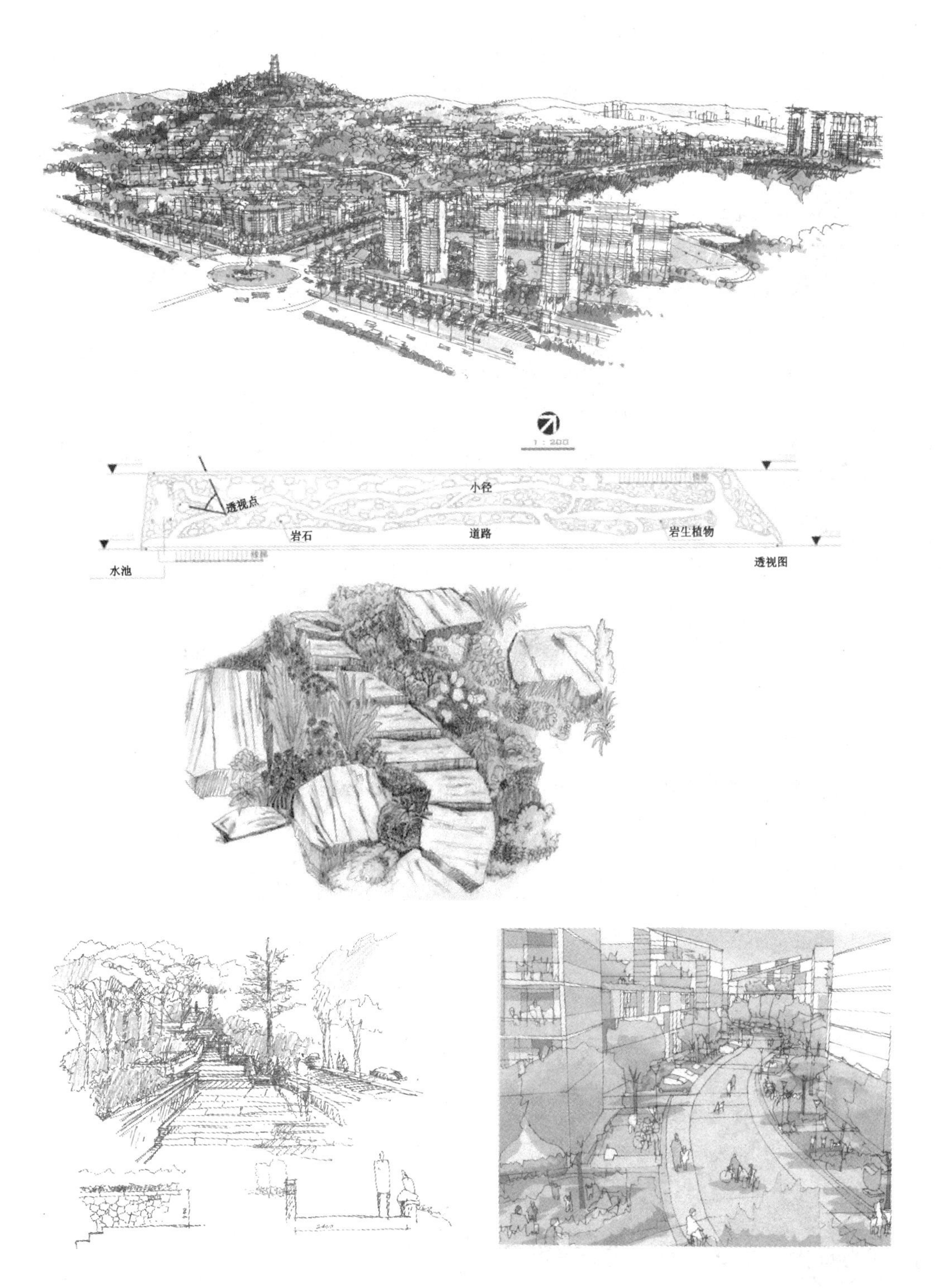

图5-36 钢笔、淡彩、彩铅表现图（续）

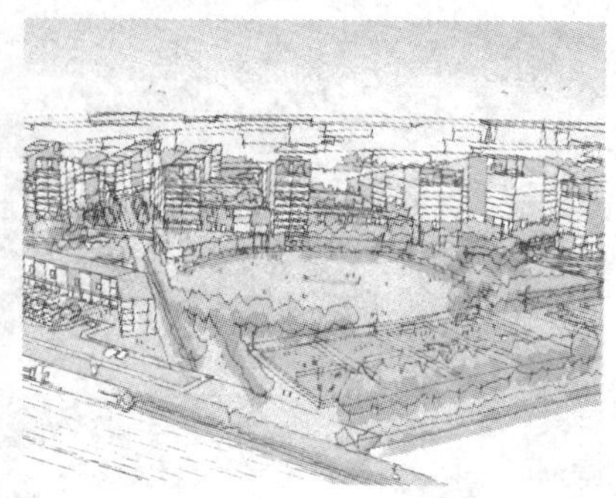

图5-36 钢笔、淡彩、彩铅表现图（续）

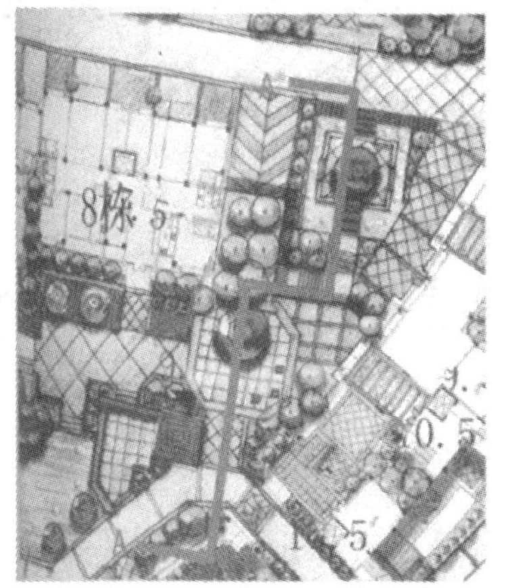

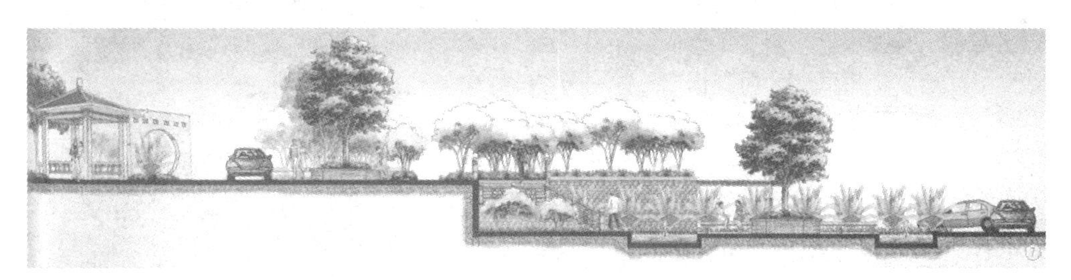

图5-36 钢笔、淡彩、彩铅表现图（续）

铅笔、钢笔、马克笔通过粗细、宽窄不等的线条，形象地刻画设计意向。有的粗犷，有的精致，淡抹浓妆，明暗层次丰富，色彩协调或对比，各有特色。

图5-37　水彩表现图

图5-38　电脑表现图

图5-38 电脑表现图（续）

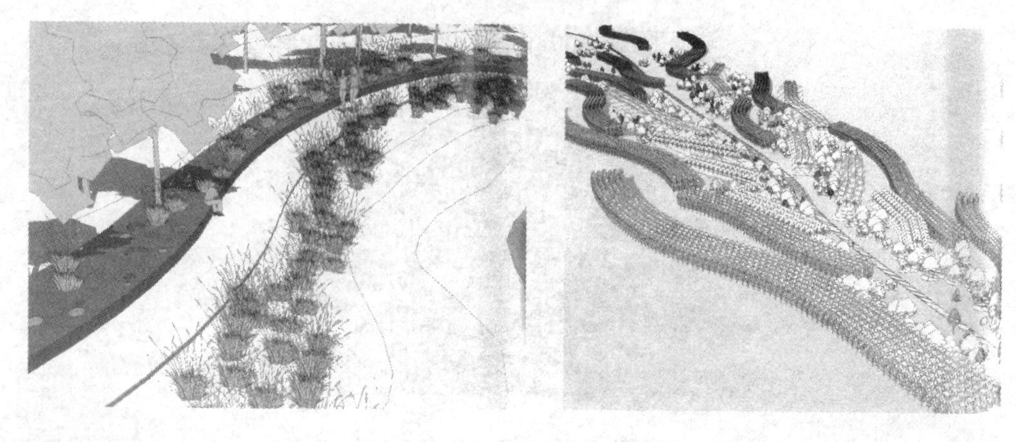

图5-38 电脑表现图（续）

以实际背景衬托规划方案，增显真实效果

图5-38 电脑表现图（续）

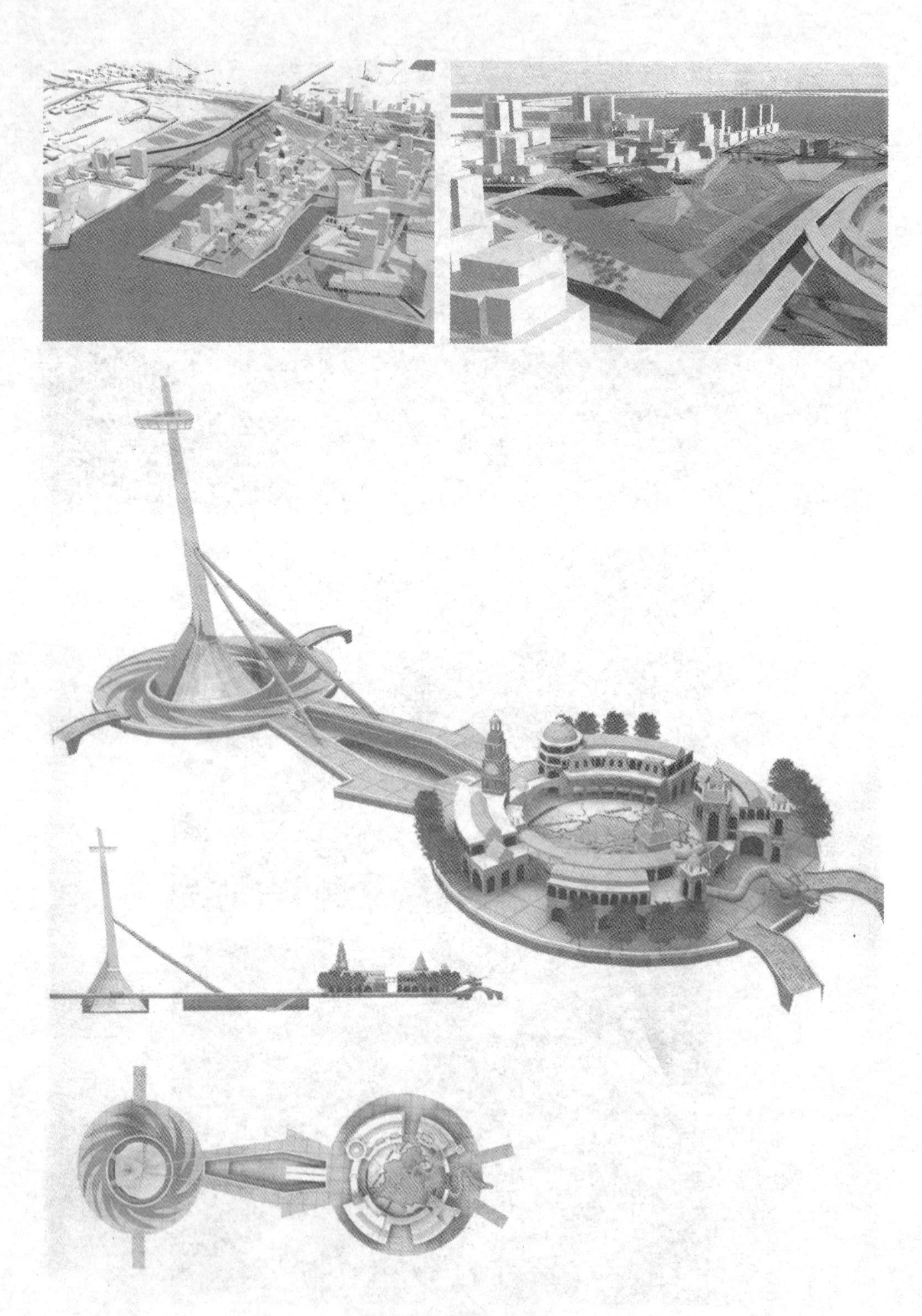

图5-39　电脑建模示例

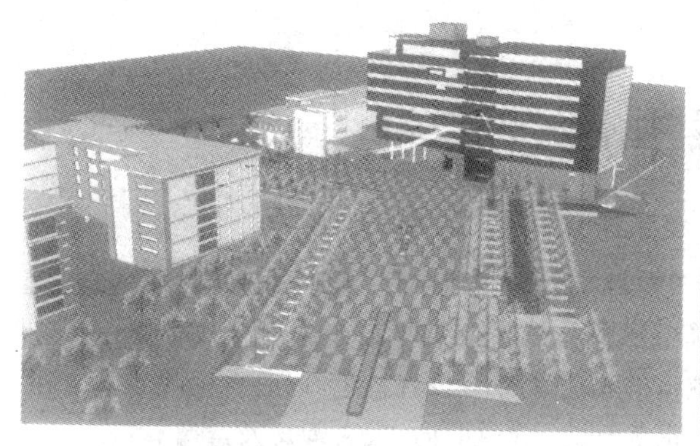

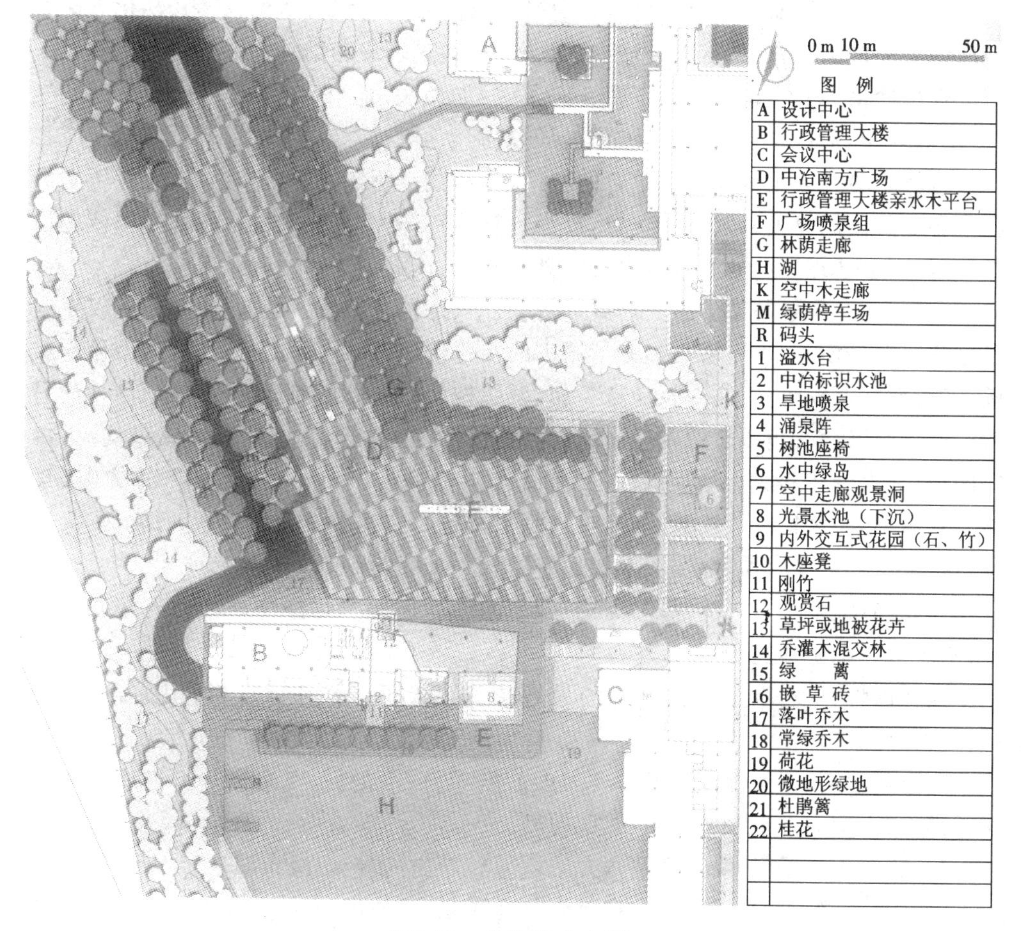
0 m 10 m 50 m
图 例
A 设计中心
B 行政管理大楼
C 会议中心
D 中冶南方广场
E 行政管理大楼亲水木平台
F 广场喷泉组
G 林荫走廊
H 湖
K 空中木走廊
M 绿荫停车场
R 码头
1 溢水台
2 中冶标识水池
3 旱地喷泉
4 涌泉阵
5 树池座椅
6 水中绿岛
7 空中走廊观景洞
8 光景水池（下沉）
9 内外交互式花园（石、竹）
10 木座凳
11 刚竹
12 观赏石
13 草坪或地被花卉
14 乔灌木混交林
15 绿 蓠
16 嵌 草 砖
17 落叶乔木
18 常绿乔木
19 荷花
20 微地形绿地
21 杜鹃篱
22 桂花
A
B
C
D
E
F
G
H
K

图5-40 中冶南方广场

6　城市景观设计

城市在不同历史发展阶段形成不同的城市形态和空间，即通过城市性质的定位、规划目标、规划设计实践所创造的城市形象与景观。城市五个主要构成要素——道路、节点、区域、边缘与标志体现着城市的物质形态与景观特色，同时也反映着隐含在外在感性景观下，城市景观所表达的审美理想、价值取向、人文理念及意蕴。

城市景观设计研究的核心内容是通过城市的布局、建筑、道路、标志、绿化等诸要素所综合体现的城市特色，以及城市自然环境、人工环境相结合的城市景观总体。

保护珍惜与开发运用自然资源先天条件，如地貌、地形、山川、丘陵、平原以及气象、植被等，是形成与创造独特城市景观的基础。

自然环境与人工环境完美结合的城市，注重城市所依托的自然山水，关注历史进程中各个阶段的建设以及人文资源，成为具有独特个性、风貌的城市。如我国依托自然环境、山水地理发展的城市有虎踞龙盘的南京、龟蛇锁大江的武汉等。

我国人文、风景荟萃的历史名城，历代文学、诗词名家留下的名篇、名作不仅点出了城镇的精华所在，也丰富与提升了城市的文化价值，如"水光潋滟情方好，山色空蒙雨亦奇；欲把西湖比西子，浓妆淡抹总相宜"的杭州；"处处楼前飘管吹，家家门外泊舟航。不出城廓而获山水之治，身居闹市而有林泉之致。君到姑苏见，人家尽枕河；古宫闲地少，水巷小桥多"的苏州；"四面荷花三面柳，一城山色半城湖"的济南（泉城）；青岛则是"云护芳城枕海涯，风鸣幽涧泛奇光"，红瓦、绿树、碧海蓝天；常熟，又名琴城，"十里青山半入城，七溪流水皆通海"。

此外，对大自然景观的描写，无论是状写景物，还是览物抒怀，慨"仁人之心"，看"山水之乐"，记游佳文，不胜枚举。

桂林以峰秀、水清、石美、洞奇的景观特色甲天下，"江作青罗带，山如碧玉簪"（[唐]韩愈）。

北戴河水清、沙软、浪静、湖平，"大雨落幽燕，白浪滔天，秦皇岛外打渔船。一片汪洋都不见，知向谁也"（毛泽东《北戴河》）。

"飞流直下三千尺，疑是银河落九天"（[唐]李白《望庐山瀑布》）。

"天生一个仙人洞，无限风光在险峰"（毛泽东《登庐山》）。

城市建设中，应注意对自然环境的打磨、改造自然生态"度"的把握，防止忽视自然历史人文环境的特点进行"破坏性建设"的做法，以及在景观规划设计出现的种种偏差、错误的倾向，避免盲目性，树立正确的规划理念。

在某种意义上，城市广场、节点、街道、绿地都属于城市公共开放空间，它是城市景观、环境艺术的主要载体，建立这一"理念"不仅拓展了城市景观设计的内涵，而且进一步确立了城市“优先规划公共开放空间”的原则，为推动建设和谐社会具有重要的现实和长远的意义，良好的公共开放空间具备的共性与要求如下。

① 开放性。实现平等参与，贯彻“以人为本”，实践大众共创和共享的权利。

② 多样性。多样性体现在功能的内容、文化的层次、活动方式的丰富，如交往、节庆、健身、购物、观演、休憩等。

③ 安全性。交通的便捷与安全包括明晰的标志、良好的无障碍设施、步行系统，以及灯光照明措施等。

④ 文化性。关注地段的历史文脉，尊重自然，保护生态，提升文化品位，体现地域与时代特色。

在景观设计实践中，应依据不同地段、类型、性质、特点，创造性地运用各种景观要素构建城市公共空间网络，体现与丰富不同城市的景观特色。

20 世纪 80 年代改革开放以来，随着城市化进程的加速，全国城市化比例由原先的 14%提高到 1999 年的 45%以上，城市规模不断扩大，新老城镇的面貌日新月异，在保护开发城镇自然历史风貌的同时，探索更为合理的现代化发展城镇特色更加迫切，城镇景观规划放在了更加重要的位置，提高景观规划设计水平成为城市规划、建筑、景观设计师的艰巨任务。

6.1 广场景观

6.1.1 概述

广场的概念源自西方，早期是民众集会或举行大型活动的场所。但随着历史的发展和城市的演变，尤其是从 20 世纪后半叶至今，城市功能分区的进一步明确，人们对城市生态空间认识上的转变，使得广场的概念更加多元化，其外延也更加模糊。广场的作用已经不仅仅局限在为集会或大型活动提供场所，更多地表现在提高城市需求，如城市空间整体艺术气质、城市文化展示、户外大型展览、交通或灾难规避、为市民提供绿色休闲空间等方面。

6.1.2 城市广场的类型

城市广场按照功能及在城市中的定位、交通系统中所处的位置，可分为政治性广场、大型公建广场、交通广场、商业性广场、休闲广场、综合性广场等。

1. 城市中心广场(见图 6-1～图 6-11)

城市中心广场多数座落在城市核心地带，往往带有强烈的政治、历史、文化因素，或为政治行政中心，或为纪念某人、某事而建立。中心广场与城市的主干道相联结，广场面积较大，座落着纪念性建筑或纪念碑。由于政治需要，广场多用于外事活动或群众性纪念活动。在规划上多采用中轴线对称布局，采用大面积的硬质铺装，有明显的主从位置关系，运用简洁且规则的绿化形式，树种选用与搭配组合齐正，并大面积运用花坛、草坪、花卉，以烘托广场庄严肃穆的气氛。

2. 大型公建广场(见图 6-12～图 6-21)

在城市大型公共建筑如综合性建筑群、影剧院、展览馆、体育场等建筑前的广场，由于车流、客流量大，为满足大量地面、地下停车以及人群疏散的要求，广场在规划上多采用几何形态，多利用低矮的灌木、绿篱、鲜花和草坪，构成丰富的设计内容，完善功能、组织空间划分和交通引导，同时也起到装点广场的美化作用。在景观设计中可引入雕塑、水体、小品等设施，不仅为人们带来清新愉悦的视觉环境，也拓展了广场构成要素的丰富性。

3. 交通广场(见图 6-22～图 6-24)

交通广场包括环形交叉路口交通岛和交通建筑前(车站、码头、机场等)的广场，为疏散车辆和人群而设置。交通岛广场面积较小，形式多选用圆形或带状形，广场内设置标志性景观，如雕塑、喷泉等，四周配以低矮的灌木和鲜花。交通广场在规划时，应充分考虑车流、人流(进站、出站)的立体分流，尽量避免相互间的交叉与干扰，并注意与城市公交线路的衔接与方便。

4. 商业广场(图 6-25～图 6-31)

随着时代的发展，物质文化生活的提高，出现了集购、游、娱、饮多功能的大型商业建筑，并随之出现了新的广场形式，即商业性广场，商业广场的活动已成为人们业余文化生活的重要组成部分。这类广场多以大型的购物圈为依托，为顾客活动和商家促销提供了场所。在大型的步行街或下沉式商业步行街节点设置广场空间也尤为多见。商业性广场景观的设计应以空间人情化、趣味性、休闲性为主，融入小型雕塑或喷泉、艺术雕塑、广告栏、冷饮亭、果皮箱、休息椅、植物、花坛、遮阳装置等物化形式，为购物者提供舒适的休闲环境。

5. 综合性广场

城市规模不断扩大，人口数量不断增加，导致人均占有面积不断下降，城市中公共空间也随之被缩小。这就使得广场不能以单一的形式存在，而是要与多种元素并存，综合性广场在这种社会情况下应运而生了。这类广场既是公共建筑前的广场，也是群众性集会和商业性活动的重要场所。

此外，特大型商业、金融、办公区的综合性建筑，需着重解决繁忙的车流、人流集散，地下停车场、地下商业街、公交站、地铁站、架空轻轨站等交通节点，城市下沉式广场、立体式广场相继出现，发展了城市广场新的类型、空间与景观。

6.2 街道景观

街道作为构成城市空间的主要因素，其功能除公共交通外，是城镇居民出行、购物、交往、休闲等多种功能复合的有机的线形系统网络，也是城市景观的主要组成部分，并折射出所在地段的独特历史、风土、人情。街道又和居住生活方式相关联，是城市生活的发生区，在为市民提供安全便捷交通功能的同时，积极引发市民的交往活动，注入丰富的生活内容，提升城市的活力。街道一般有沿街的界面，如建筑、绿化、景观等要素组成的线性空间形态。人们通过街道的曲直、闭合、断续、通透或穿越，对这一空间产生整体的印象与认识(图 6-32～图 6-38)。

道路的交叉口(十字口、丁字口)路边广场，与其围合的街区、组团是构成城市肌理的主要因素。体现城市特色的街道剖面、尺度如何在开发中得以延续和保护，是景观文化的重要课题。街头绿地各种类型的节点，其个性化处理往往使其成为街道上令人难忘的高潮，例如周边的界面、建筑的围合、向心的空间，不仅增加了人们的识别性，更显示出城市的特色。

现代交通的发展对城市街道景观产生了巨大的影响，而城市街道拥塞的机动车辆，改变了传统街道所具的功能、尺度和美学魅力。为重新唤起城市的特色风貌，营造绿色街道，寻回具有安全交往、购物、游憩的街道空间，城市林荫道、商业步行街相继兴起，成为现代城市中的一个亮点(见图 6-39，图 6-40)。

6.2.1 街道景观的意义

1. 边界效应

围合街道的建筑的外立面是空间的主要界面，街道是人们交通、活动、购物、游憩等经常逗留的地方，街道两侧的建筑造就了“内部与外部的空间”，而建筑的布局由于功能、形态、手法的不同，对外部空间的影响非常显著。边界作为空间的限定，在不同的地段，不同的视觉形态要素和空间尺度处理会产生不同的效应。界面通常是连续性的，也可以是断续的，有时又具有通透性或层次感等，体现着街道的功能性、识别性、景观性、表现力与亲和力。

2. 识别效应

城市街道具有强烈的方向感，它“清晰的形象便于人们行动”，往往可以通过可识别的“地标”，个别与群体的整体形象而区别于其他地段，因此街道界面的间隔、节点的关系，以及街道环境中各种元素的风格特征，是增加街道识别性的重要手段。而街道地段所反映出历史文化的延续的各种建筑、地标、人文性的因素，更是显示城市特色的根本所在。

3. 节点效应

街道景观随着道路的线型、坡度、走向、交叉口产生动态的连续景观，如道路入口、一些交叉点、小型集中点，加之与其他要素的结合，如建筑、绿化、标志等，塑造出生动、多样而有序的视觉印象。线性街道空间因为有节点的出现而显示鲜明的个性。节点对于城市而言是一个相对尺度的概念，城市的某一个区域中心，也可以被视为一个节点，是一个区域的高潮所在，是上述诸多效应的综合性反映。

4. 滚动效应(生长效应)

城市街道是一个运动、发展、变化的过程，即使发展是缓慢的，但街道区段犹如一个生命有机体在不断地更新、延续，街道系统的稳定只能是相对的，它总是与外界环境进行着物质、能量、信息的交换。因此，街道的城市设计与景观就要有动态的处理与适应能力，伴随着生长的"细胞"而充满活力与文化的延续(建筑界面的保存与融合)。

5. 图底效应

街道的各种要素组合，如连续的建筑界面、绿化种植，以及各种小品，这些被选择的要素相互之间的形体环境具有类似于心理学中"图形与背景"的关系，即形态之间相互衬托、相互依存的关系，当天空衬托着建筑的轮廓天际线时，建筑往往不再是以一个体块出现，而仅是作为连续面的表现，这时，其空间特定的天际线作为支配性的意象被认知、识别，让人们感受它和享受它。城市街道景观是城市物质多种功能和生活需求的反映，容纳了城市历史、文化、自然风貌等多方面的特点，包含城市生活性场景最丰富的内容，体现了城市文明程度与城市特色。

6.2.2 街道的特征

街道具有如下特征。

① 功能的多样性。

② 类型的丰富性。

③ 界面的连续性。

④ 视觉的识别性。

⑤ 环境的导向性。

⑥ 层次性。

认知是人的活动和一切行为的基础，是人在环境中最起码的生存条件，视觉的识别性则是通过街道景观要素的布局、组织、特色以加强其识别性，加深人们的印象。

6.2.3 街道的景观要素

除街道两侧的建筑与绿化外，街道还应设置一定的公共服务设施，在城市空间中，各类设施有其各自的功能，并发挥着美化城市、街道，改善环境，给人们以视觉享受的作用。

1. 公共设施的内容

公共设施包括以下几个方面的内容。

① 交通设施类：公交站点、休息椅、候车亭、指示牌、公告栏、盲道、地下或高架人行通道等。

② 照明设施类：路灯、广场灯、指示灯、庭院灯等。

③ 信息设施类：电话亭、邮筒、路标。

④ 卫生设施类：垃圾桶、公厕等。

⑤ 其他：坡道、护栏、树池等。

2. 街道序列

不同类型街道除断面、宽度等要求外，应关注其序列的处理：① 入口；② 交叉点；③ 主次；④ 节奏、韵律；⑤ 转角；⑥ 色彩；⑦ 符号、细部。设计时可结合前述各章节要求综合运用。

6.2.4 街道景观设计要点

(1) 尺度、长度、比例的控制

尺度是指街道两侧建筑、行道树高度与宽度的比例关系，规划中沿街建筑高度的不同而调整后退红线的距离，长度是指街区网格的间距，如步行街在一定长度时的间歇与节点一般以 800～1000 m 为宜。

(2) 几条线的处理

城市中不同线的色彩所示的作用如下。

① 红线：指城市规划图上道路的总宽度，红色以示警戒不可逾越，有时为考虑商店停车、街区绿化，规划部门再确定后退红线一定距离。

② 蓝线：指江河湖海的堤岸线，或指天际轮廓线。

③ 黄线：在城市道路划分车道，使双向车道分隔，而人行道边黄线，以示禁止停放机动车。

④ 绿线：草坪及树冠的天际轮廓线。

(3) 街道空间层次

利用绿化带划分道路（如快、慢车道等），可削弱过宽的道路横断面，丰富空间层次。底层架空、建筑采用中介空间（又称灰空间）、连续性柱廊、骑楼廊道、水街等不同的街道空间处理，可发展出多样的城市特色。

(4) 街道印象（主题表达）

(5) 街道剖面与细节

道路的铺装材料、图案、道牙断面、树池、树种选择、排水井盖，以及道路的标识、广告、指示牌、公交站等各种街道服务性设施，其造型设计应实用、新颖、细节完善。

6.3 城市历史、人文景观

城市历史、人文景观是人们感受城市特定价值与反映城市个性的重要内容（见图 6-41～图 6-48）。城市历史文化地区的自然景观与人文景观的保护、延续与发展是景观规划设计的重要课题。城市频现大拆大建与不得要领的长官意志，缺乏传统意蕴，设计拙劣的假古董充斥一些历史文化景观地段，不得不清除而劳民伤财。对待历史文物地段的建筑、标志、文物，“旧的要保住，旧则自旧，修旧如旧”，使其“益寿延年”，切莫“返老还童”，这已经成为广大规划景观设计工作的共识，并应加强各种媒体的宣传而成为所有市民的自觉共识。

规划立法与建立评估制度，建立全国性保护法律、法规，地方性法规、规章和二级管理层次以及评估制度等，保障了城市历史文化遗产的保护工作的开展。

历史文化保护区包括城市历史街区、自然景观保护区、历史人文景观区等。为正确处理城市发展与保护的关系，按照住房和城市建设部、国家文物局在 1994 年制定与颁布的《历史文化名城保护规划编制要求》，历史文化地段的保护规划与措施一般采用：① 严格控制；② 一般控制；③ 局部改建；④ 整治；⑤ 拆除；⑥ 重新定义等不同方式，并进一步确定以下手段：改造、改建或再开发；整治；保护。

6.4 绿地景观

城市绿地是城市规划用地的重要组成部分，建立城市绿地系统不仅应结合城市生态环境的要求，也是实现城市景观规划的重要方面（见图 6-49）。

城市绿地在保护环境、防阻风沙、水土保持、减少自然灾害、净化空气、调节小气候、过滤尘埃、提供氧气、吸收二氧化碳、改善与美化城市面貌以及战备、抗灾、防震、隐蔽防护等方面都发挥着巨大的作用。

城市绿地的建设应在城市总体规划布局下进行，合理分布，设置合适的服务半径及交通条件，以方便群众，形成系统，使之各具个性又富艺术特色。

1. 城市绿地规划

绿地景观规划与设计应注意以下各点。

① 我国幅员广大，地区自然、气候条件差异悬殊，应从河湖山川等自然环境特点出发，因地制宜，并根据城市的不同类型与规格适当加以改造和完善。如北方城市以防风沙、注意水土保持、考虑植物生长条件为主，而南方城市水源水系充足，以遮阳降温为主。

② 均衡分布，组织点、线、面相结合的绿地系统，点如小游园、小片绿地，线如街道绿化、滨湖临江的绿带、林荫道)，面如各类公园、动植物园、森林公园、自然保护区等，城市各级绿地指标应结合国家有关规范予以实施。

③ 各类绿地除改善城市气候、适应四季季相要求、美化环境等共同特点外，还应在设计中既使其在功能上适应不同城市人群的生活、休闲、健身的活动，又使其具有美好的观赏条件。

④ 综合考虑城市绿地的投资、经营管理和维护费用，即一次性投资与经常性维护费用的关系。

2. 城市绿地的分类

(1) 园林绿地

各类大型公园（如综合性公园、动植物园、儿童公园等）以及自然保护区是构成城市绿地系统的主要部分，应科学规划，精心设计，优质管理，以发挥其最大的社会效益、环境效益与经济效益。

(2) 生态自然保护区、风景游览区

其规划与管理涉及多学科的综合性特点,决策的科学性、规划的前瞻性和实施的计划性可使生态保护、环境优化与发挥效益得到高度统一。

(3) 街道绿化

一般街道种植的街道树可起到遮阳、积尘等作用,设计中应注意树种、树冠的选择,并配合小片绿地、交通安全岛、隔离带等,丰富街道景观。

(4) 居住区绿地

居住区绿地是最贴近人民日常生活活动的地方,应考虑多方面的不同需要,满足不同人群健身、休憩、观赏、文娱等需要,如儿童游戏、老人步行健身等场地,保证社区文化活动的开展。布置注意就近、方便、安全的原则

(5) 庭院绿化

一般指住宅、公建所围合的内部庭院,大都占地不大,但布置精巧、细腻,起到锦上添花的作用。

6.5 居住区景观

古人云:“家,居也”。城市传统中的家居,由北京胡同中的四合院,上海里弄中的石库门,发展至今天城市中众多的住宅类型(如低层别墅、联排式住宅、多层及高层住宅等),“家”的概念逐步变成了“户”的类型,人们对家居及其环境的安全感、舒适感、家园感与归属感也有了更新、更高的期盼与要求。

居住区在城市建筑群中占了绝大多数的比重,随着大规模的住区建设,居住区的绿地、景观规划得到了重视与发展,居住区的道路结构、住宅组团、户型配置、公建项目都将为景观设计打下良好的基础(见图 6-50)。

6.5.1 居住区景观设计特点

居住区景观的设计有如下特点。

① 适应不同年龄、不同职业、不同生活与行为方式的居民户外活动的需要,并为残障者提供无障碍设施等。

② 方便居民开展邻里交往和民俗文化活动。

③ 研究住区所在城市的居住结构、肌理,不断创造新的布置方式。

④ 合理配置草坪,选择绿化适宜树种与花卉品种。

6.5.2 居住区景观设计要求

了解与掌握居住区规划设计的一般原则与方法,有助于在景观设计中与规划设计相互配合。

① 居住区的规模具有较大差别,小则占地几公顷,大则几十公顷不等,道路布局

及组团划分是景观设计的基础，如出入口布置、人车分流、停车场地（包括地下停车）以及公建配置、绿地种植、节点功能、小品点缀等要素的统筹安排。一些必要的调整与修改，必须与规划、建筑以至开发商沟通与配合。

② 景观的形式风格乃至细节、细部符号等应与建筑风格相统一，如不同形式的建筑坡顶、阳台等应与入口大门、小品、雕塑相协调。当今建筑的多元风格（如不同形式的坡顶有中国传统式坡顶、现代平屋顶、西方斜坡顶等）或不同流派的特色在硬质景观元素中也应有所体现。

③ 由于居住区景观要素大都是近人尺度，应把握好要素的尺度（如景墙、花架、亭、台、栏杆），并充分注意细节的设计与施工的精致。

④ 充分考虑地域性、历史文脉的表达，提高居住区景观的文化内涵与品味。

6.6 庭院景观

在创造一个内部空间的同时，也产生了外部空间，围合的庭院是传统民居四合院最显著的特征，当外部空间“赋之以形，或赋以景”，在形、景之中也蕴涵着创作的意与情。从传统至现在，建筑与庭院的融合，其内部空间的序列与庭院空间的布局、建筑风格、庭院创意等方面密不可分。建筑庭院展现了独特的建筑表现力与景观艺术。

6.6.1 庭院空间的特征

1. 内聚性

庭院空间以其特有的界面条件或虚实，或中介，或室内、半室外的交替与连续，使庭院的一切要素都处于一个和谐与内聚的空间之中，即通过空间的界定、渗透、变换，随着糅合时间的进程，为组景、点景、庭与停创造了步移景异的效果，加深了人们对空间的感受。

这种既内向聚合又外延开放的空间极具弹性与广泛的适应性，也恰是庭院空间的魅力所在，建筑在外廊（或封闭走廊）的处理中以不同的界面条件通过收与放、宽与窄、平直与转折赋予了庭院空间灵活、多向的视觉印象。

2. 有序性

由堂屋、厢房、侧座组成的传统四合院空间，到不同功能性质的内部空间形成的现代公共建筑，它们所建立的有机而秩序的空间环境形成了主从明确、起承转合、规整有序、章法清晰的庭院，往往以走廊的连接、引导、串联围合空间。

3. 模糊性

庭院空间在探求内外空间的“中介”、“亦此亦彼”、“亦内亦外”的空间中显现模糊性，这是其一。创作过程中在“规律性的隐埋……与很浓厚的经验性”难舍难分的结合中得以表达，以适应市场客观审美情趣、判断的需要，这是模糊性之二。无论是符号的采摘、细部的运用，或是时代的、民族的、国外的、乡土的一些元素，它们在设计中的运用也很难冠以某一特征与流派，这是模糊性之三。

6.6.2 庭院景观设计手法

庭院景观的设计手法有如下几种(见图 6-51～图 6-58)。

1. 同步

庭院作为建筑空间序列组合的虚空部分同步展开，孰主孰次，视建筑或园林布局而定。随着现代科技的发展，如空调、玻璃、采光顶棚等的应用，在现代建筑中，将庭院室外空间室内化、室内空间庭院化，已成为一种独特的空间设计趋势。

2. 核心

建筑空间组合围绕中心庭院布局，建筑外部空间形成的核心所独具的内聚、宁静、亲切的氛围，是传统手法与现代庭院要素结合的创新。

3. 抽空

在基地面积较大的成片建筑或高层建筑中，为满足采光、通风的要求，采用局部抽空的空间，既调节了微气候，形成内部环境的室外庭院，又为开创生态绿色建筑提供了新的手段。

4. 围合

没有围合就没有空间，庭院空间亦如是。围合的元素可以是绿化、小品、建筑等，围合的方式可以是封闭、半封闭、开放、半开放等，围合的形态可以是规整的、自由的，形态各异、风格不一，或灵巧多姿，或气氛洒脱，或禅意脱俗……总之以体现特色为上。

5. 锲入

建筑与庭院密不可分，具共生性，难以割舍、分离，且空间不受界面制约，交汇融合，内外通达，浑然一体。

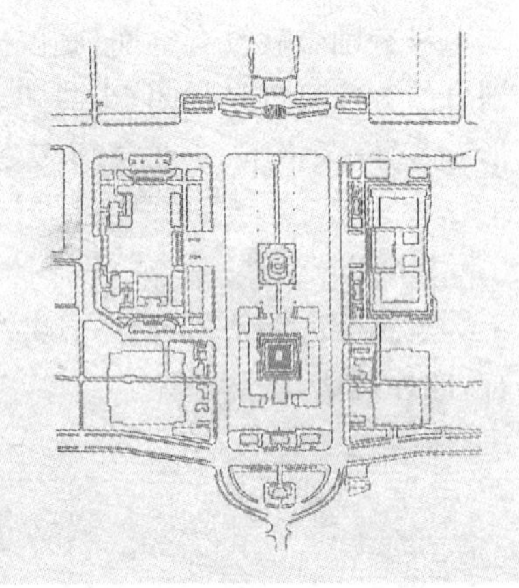

图6-1　北京天安门广场

天安门广场保持了北京故宫的中轴线布局，东西两侧的人民大会堂、革命历史博物馆、国旗基座、人民英雄纪念碑以及毛主席纪念堂构成了尺度宏大、气势雄伟的政治文化中心。

图6-2　威尼斯圣·圣马可广场（威尼斯）

图6-3　哥本哈根市政广场（丹麦）

高耸的尖塔成为欧洲城市中心广场的普遍性标志。

图6-4 特吕维喷泉（意大利·罗马）

图6-5 奥斯陆市政广场（挪威）

图6-6 波士顿科学基督教中心广场

图6-7 印弟安纳波利斯市中心广场（美国）

图6-8 郑州二七广场

图6-9 香港会展中心

图6-10 香港文化广场

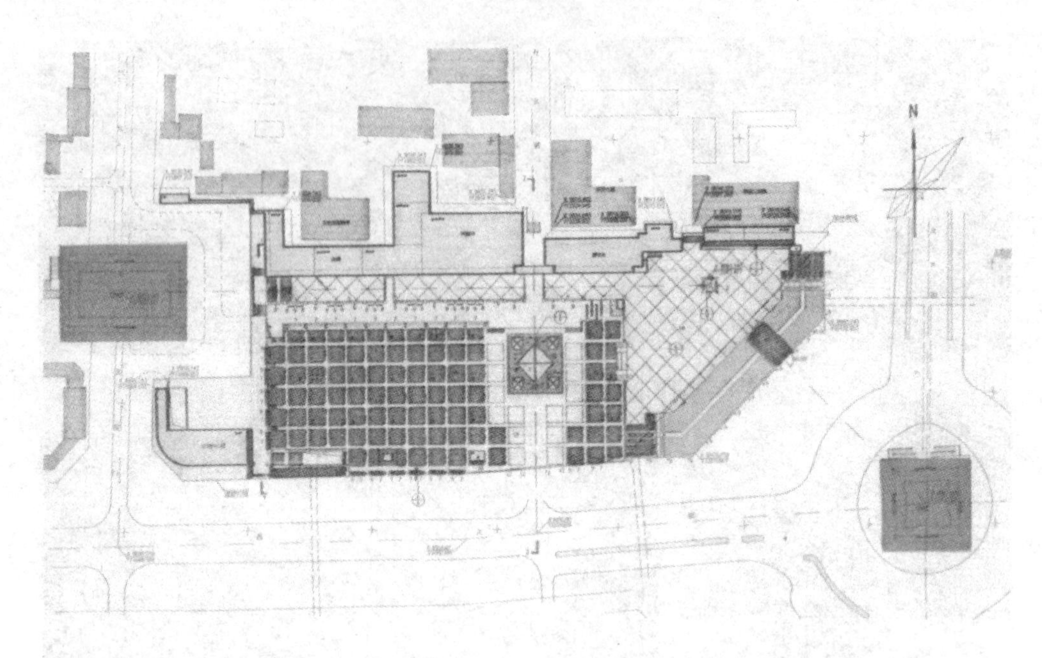

图6-11 西安钟鼓楼广场

设计：张锦秋等 占地面积：21 800 ㎡ 总建筑面积：44 300 ㎡

广场以传统空间理念与现代城市外部空间理论相结合，地上、地下、室内、室外融为一体，丰富的立体混合城市空间以古今双向延伸突显“晨钟暮鼓”的主题，为实现古迹的保护与城市更新的城市设计实践提供了经验。

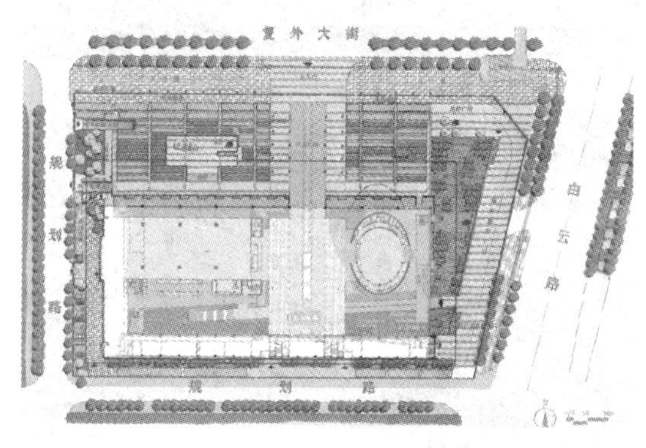

图6-12 首都博物馆

图6-13 香港演艺学院露天剧场

图6-14 香港科技大学广场

图6-15 中国矿业大学旧校区

图6-16 郑州文化中心广场（新东区）

图6-17　大塚国家美术馆（日本）

图6-18　联合国广场（美・纽约）

图6-19　德方斯广场（法・巴黎）

图6-20　某办公楼广场（韩国）

图6-21　某商业建筑广场（德・柏林）

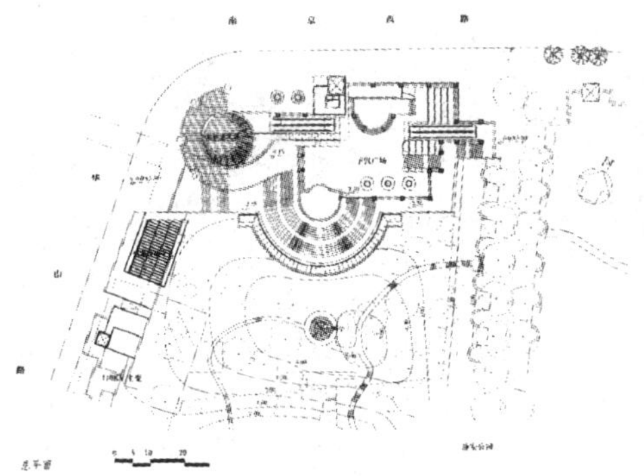

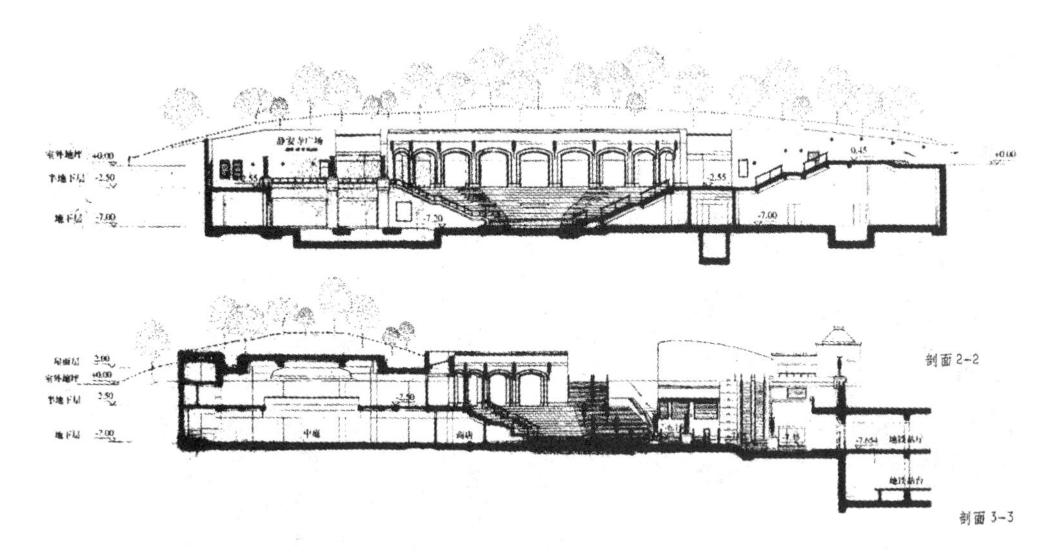

图6-22 上海静安寺广场

设计:卢济威,顾如珍等　广场面积:2800 ㎡　基地面积:8214 ㎡　建筑面积:8215 ㎡　建成年代:1999年9月

广场系静安寺地区城市设计的组成部分,广场作为对面地铁站的出入口,避免了人流穿越城市干道,采用下沉式布置,集交通、商业、观演、旅游多种功能,地上、地下统一筹划,服务设施齐全,细部设计精致,开辟了一处具文化内涵的新景点。

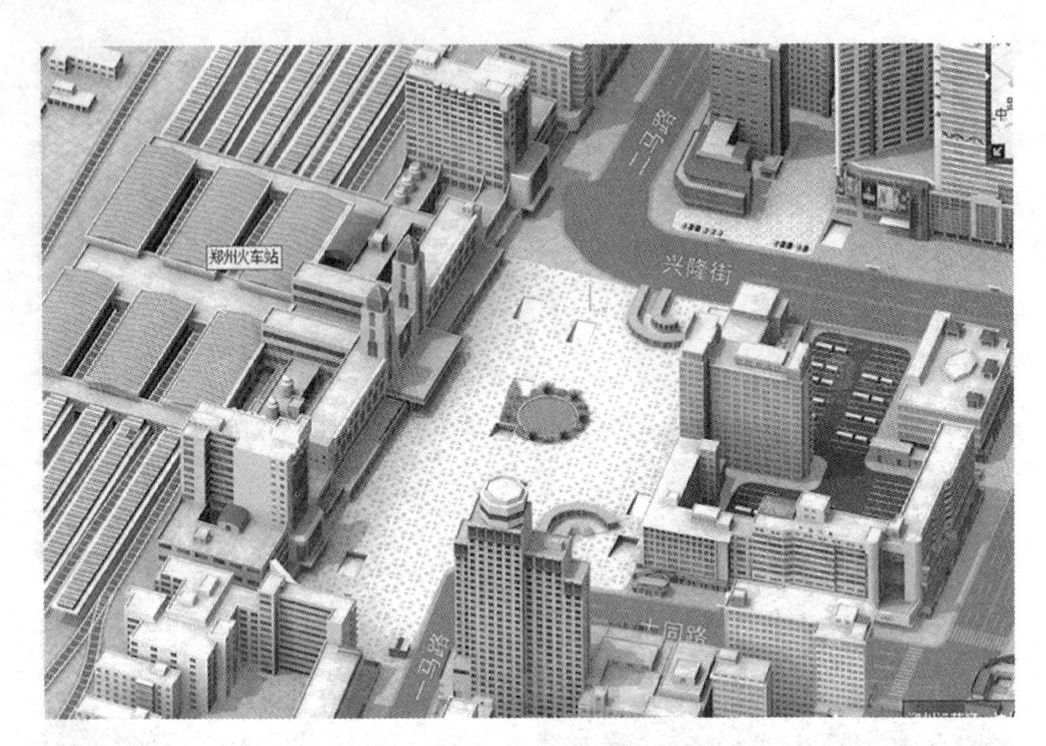

图6-23　郑州铁路车站广场（模型）

图6-24　广州铁路车站广场图

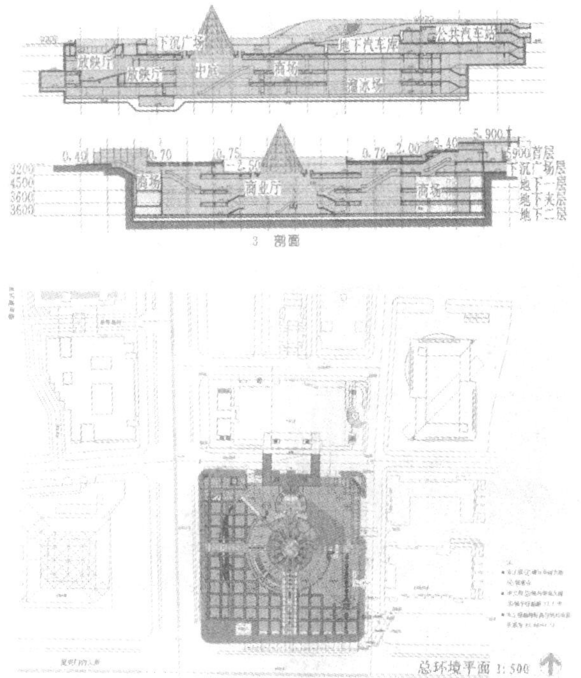

建筑用地：2.2 ha　建筑面积：39 000 m²
绿地率：52%

西单文化广场位于北京西单北大街、复兴门内大街交叉口的北侧，为广场周边大型商业提供必要的户外休闲设施、绿地及景观小品，以提升商业活力。它既是功能与交通的转换点，又是人流活动的自然集中地带，为购物、休憩、观赏、表演、交往创造一个富于生活情趣与文化风貌的场所。广场地下商业空间共四层，并与地铁站与地下商业相互连通。

上部标志性圆锥形玻璃采光塔可为地下自然采光，广场以多种景观元素组合，如台阶、喷泉、灯柱、小品、雕塑、铺地、草坪、乔木等，展示了城市节点的个性、生活和风貌。

图6-25　北京西单文化广场

图6-26　上海南京路步行街广场

图6-27　上海南方商城广场

图6-28 南京夫子庙市场广场

图6-29 上海徐家汇商业广场

图6-30 澳门市中心广场

图6-31 大宁步行街广场

图6-32 郑州东新区城市道路

图6-33 西班牙巴塞罗那城市道路

图6-34　上海外滩（20世纪30年代）

图6-35　上海外滩（20世纪90年代）

图6-36　芝加哥湖滨大道

图6-37　日本某高速通道

图6-38 街道景观

图6-39 林荫道

图6-40　商业步行街

图6-41 考古公园（以色列）

图6-42 自由女神（美·纽约）

图6-43 拱门（美·宝路易斯）

图6-44 澳门大三巴教堂遗址

图6-45 露天剧场（法·里昂）

图6-46 凯旋门（1806年）

图6-47 埃菲尔铁塔（1889年）

图6-48 法国德方斯广场（1986年）

法国巴黎三处不同的广场、建筑、环境，显示了不同历史阶段的标志、风格与发展。

图6-49 绿地景观

图6-49　绿地景观（续）

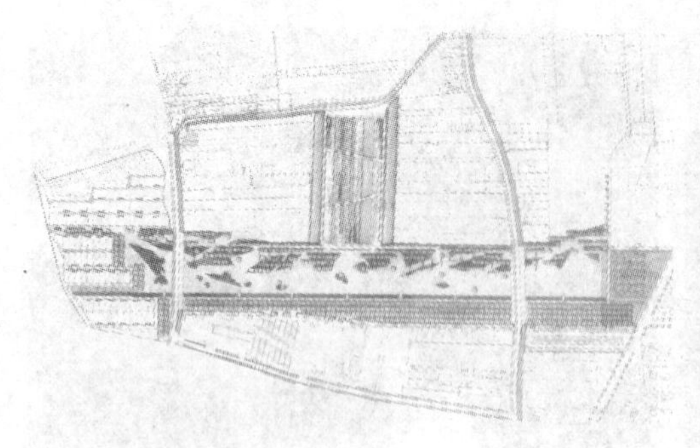

图6-49　绿地景观（续）

图6-50 居住区景观

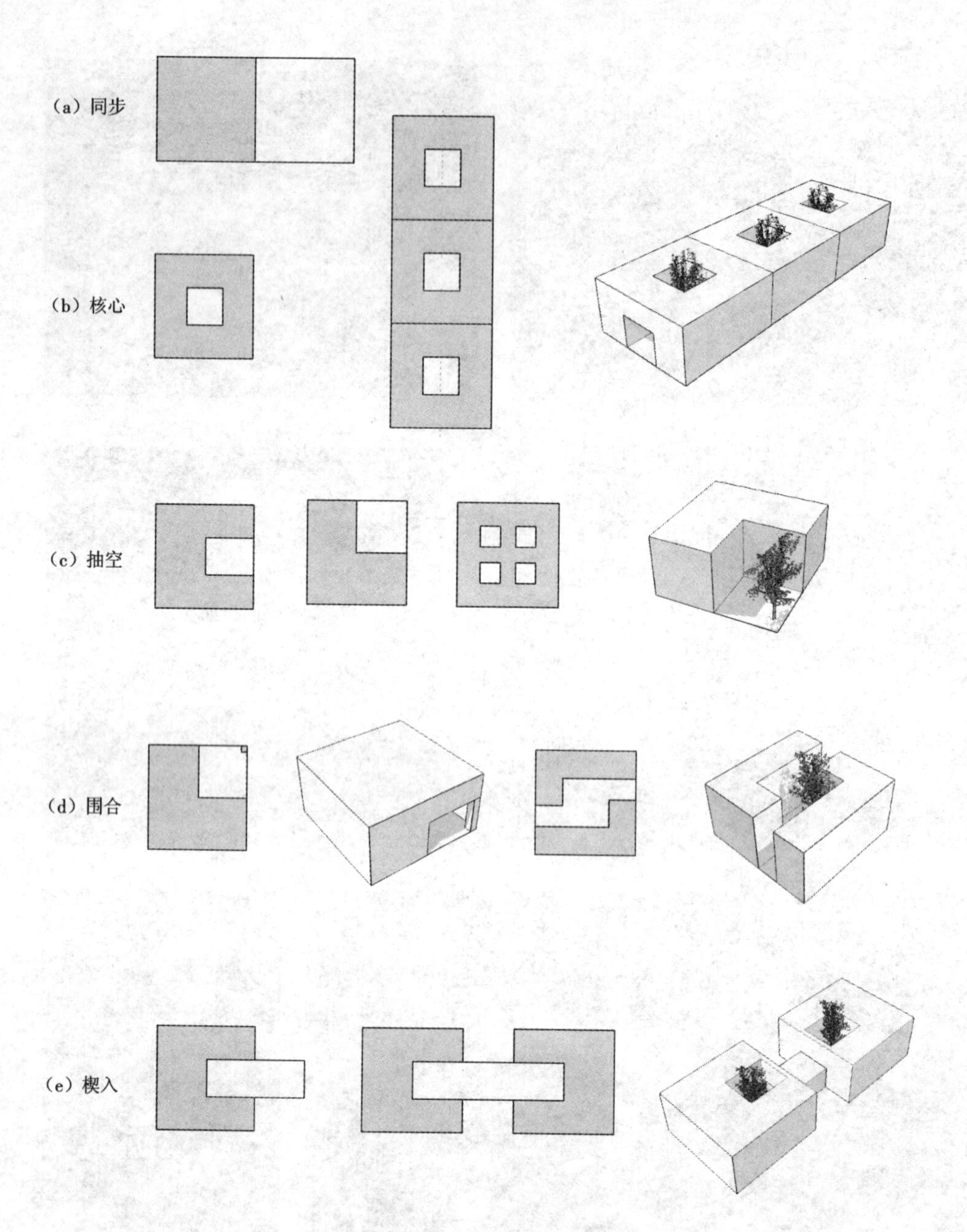

图6-51 庭院景观设计手法

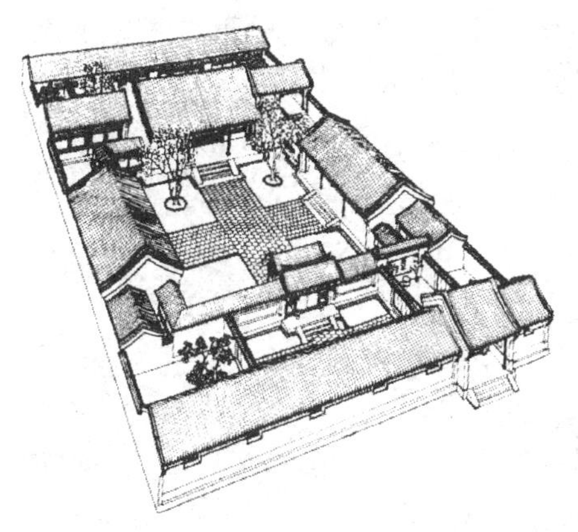

图6-52 庭院景观

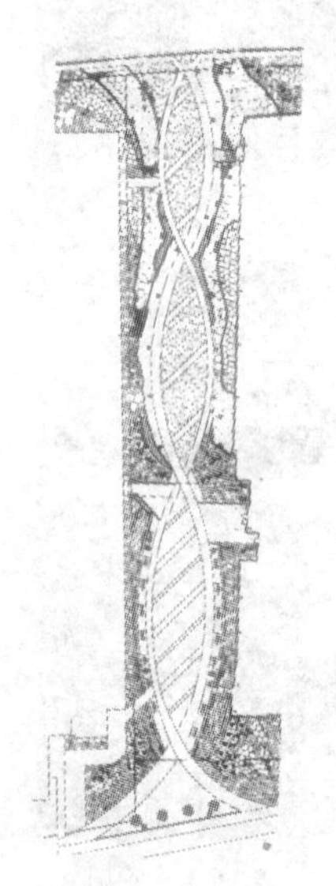

图6-52　庭院景观（续）

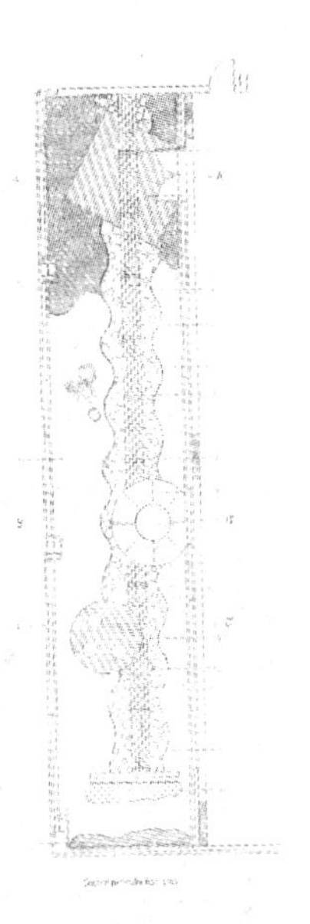

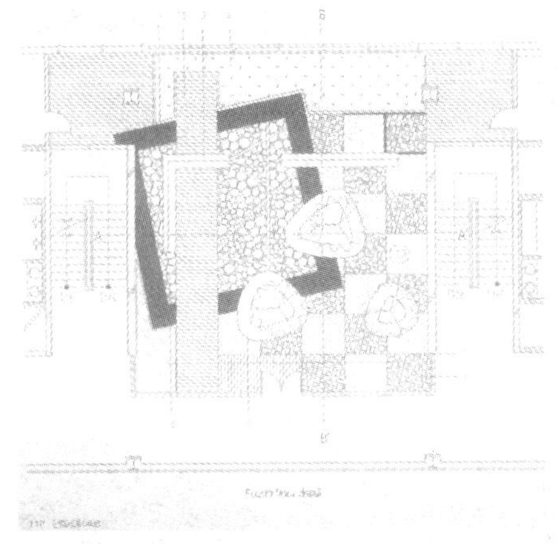

图6-52 庭院景观（续）

图6-53 禹州宾馆庭院

图6-54 达·拉格阿医院庭院

图6-55 国家金属科技研究院（日本）

网格与自由曲线的组合，并运用多种手法，如穿插、叠合、散聚的点石分布，隐隐地显示出日本“枯山水”的韵味。

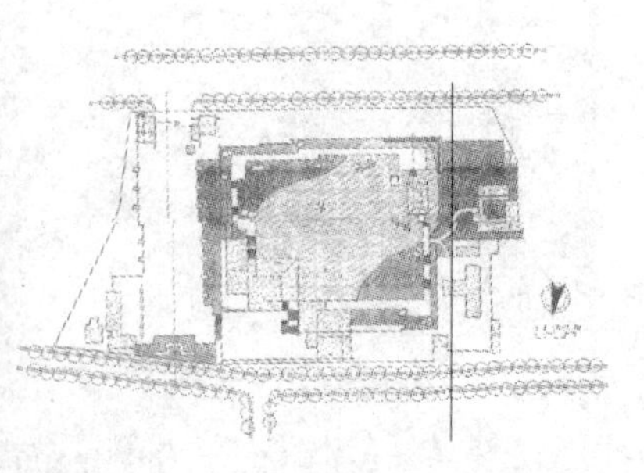

图6-56　日军侵华南京大屠杀遇难同胞纪念馆

纪念馆除建筑的布局特色外，环境的烘托更加强了纪念性的意义。室外场地中以大片寸草不生的卵石铺地，与周边的绿色形成生与死的对比。场地环境中的枯树、散石、断壁、悲愤的母亲雕像及嵌入青色围墙长达50余米的大型浮雕和13块沿路碑雕，加强了悲惨的气氛。建筑、环境、场地、雕刻达到了完美结合。

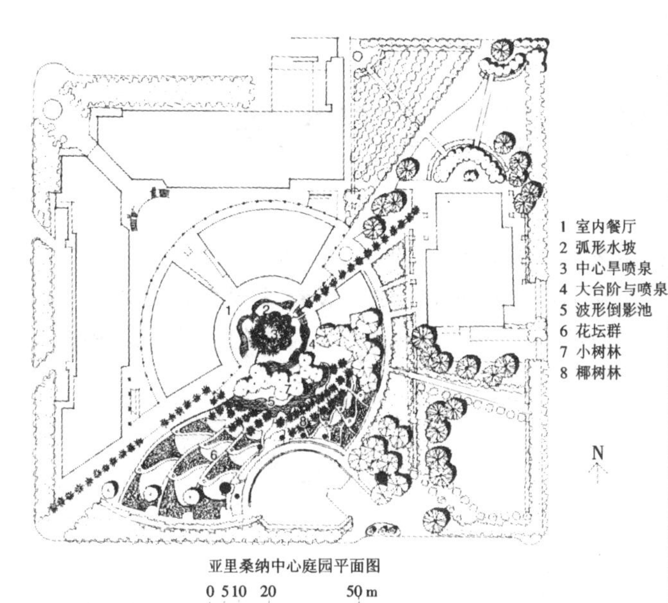

亚里桑纳中心庭园平面图

0 5 10 20 50 m

图6-57 亚里桑纳中心庭院

（美国亚里桑纳州凤凰城，美·SWA.集团）

建筑群之间的公共中心为占地约1.2 ha的公共花园，生动的波浪形弧线划分出水池、边缘与小径。草坪、花卉、小径组成的孔雀开屏式图案带来轻盈的飘动感。

图6-58 福冈银行（日本，黑川纪章）

附录　现代景观要素选例

景观建筑、景观小品以及各项服务设施的设计，在发挥景观的功能、审美作用的同时，也表现了时代的科技、材料、施工等方方面面的综合水平，其从整体到细节的完善是现代景观设计的重要特点，我们可以从以下景观设施各门类的设计作品中得到启示。

附图1　展亭

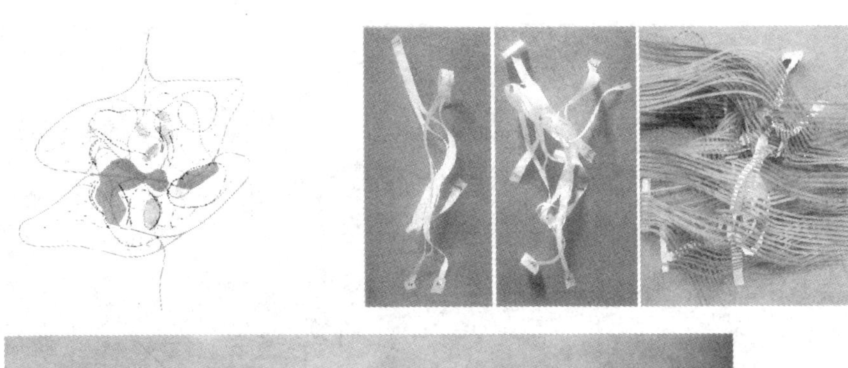

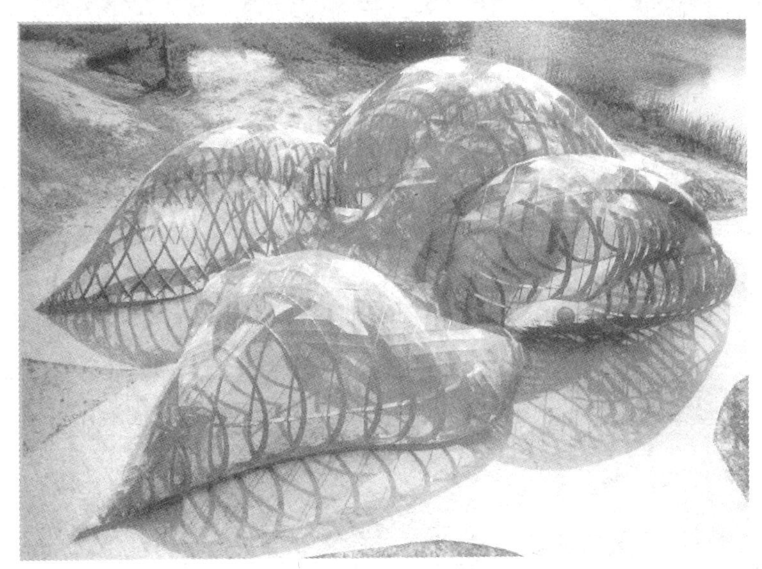

附图2　儿童游廊

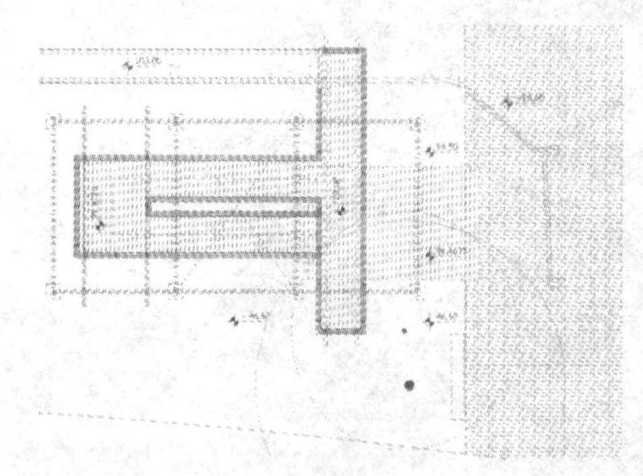

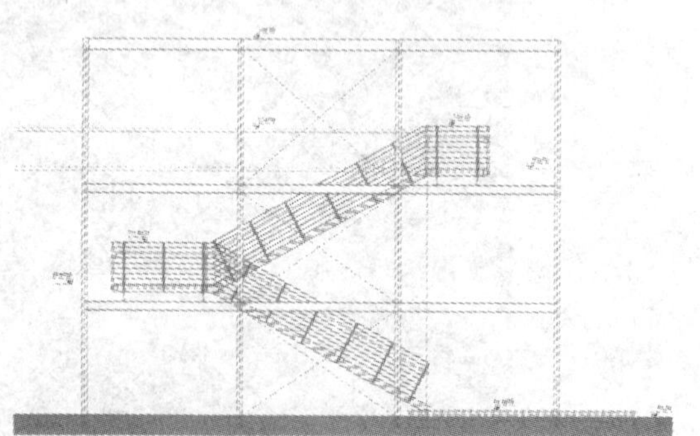

附图3　观景廊桥

附图4　鸟园与观景台

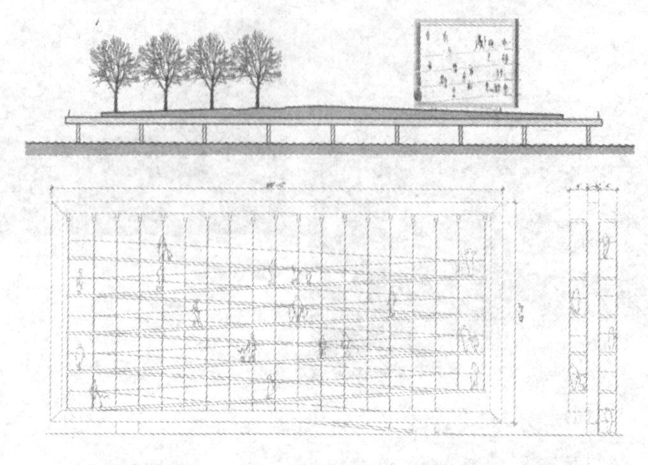

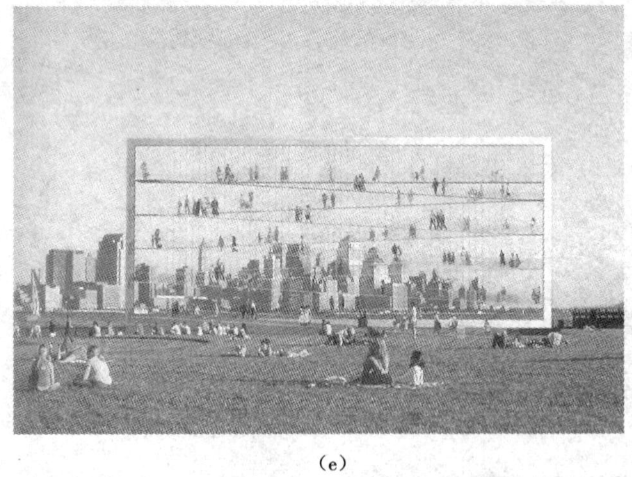

(e)

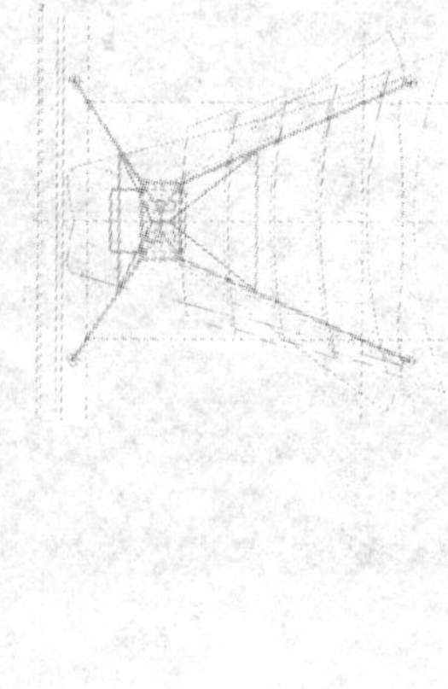

(f)

附图4　鸟园与观景台（续）

附图5　滑雪道

附图6　地下道入口

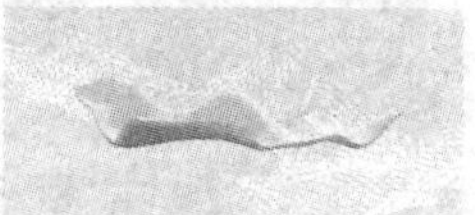

附图7　广场小品

附图8　垃圾箱

附图9　座椅

附图10　公交站候车亭

附图11　电话亭

附图12　标识

附图13　自行车停车处

附图14　楼梯

附图15　儿童游戏场地

附图16　树池

附图17　灯具

附图18　廊、桥

附图18　廊、桥（续）

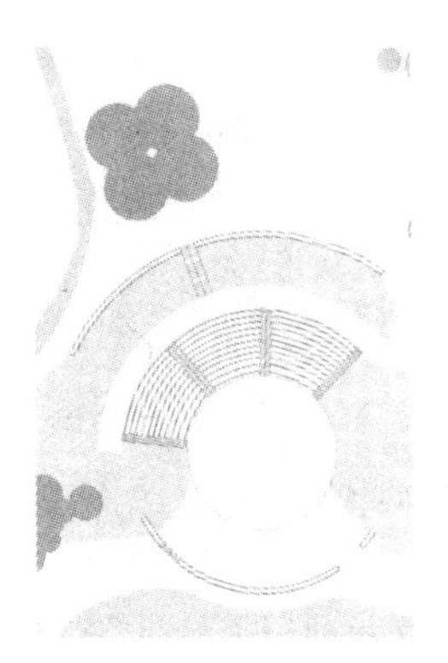

附图19　台阶

参考文献

[1] 刘敦桢.苏州古典园林[M].北京:中国建筑工业出版社,1979.

[2] 宗白华.美学散步[M].上海:上海人民出版社,1981.

[3] 凯文·林奇.都市意象.宋伯钦,译.台北:台隆书店,1981.

[4] 桂林市建筑设计室.桂林风景建筑[M].北京:中国建筑工业出版社,1982.

[5] 陈从周.扬州园林[M].上海:上海科学技术出版社,1983.

[6] 陈从周.说园[M].上海:同济大学出版社,1984.

[7] 中国建筑工业出版社编.中国园林艺术[M].北京:中国建筑工业出版社,1984.

[8] 王无邪.平面设计原理[M].香港:雄狮图书,1984.

[9] 中国城市规划设计研究院,等.中国新园林[M].北京:中国林业出版社,1985.

[10] 马千英.中国造园艺术泛论[M].台北:詹氏书店,1985.

[11] 彭一刚.中国古典园林分析[M].北京:中国建筑工业出版社,1986.

[12] 张家骥.中国造园史[M].哈尔滨:黑龙江人民出版社,1986.

[13] 张敕.建筑庭院空间[M].天津:天津科学技术出版社,1986.

[14] 夏兰西,王乃弓.建筑与水景[M].天津:天津科学技术出版社,1986.

[15] 宗白华等.中国园林艺术概观[M].南京:江苏人民出版社,1987.

[16] 中国城市规划设计院.中国新园林[M].北京:中国林业出版社,1987.

[17] 吴良镛.广义建筑学[M].北京:清华大学出版社,1989.

[18] 夏祖华,黄伟康.城市空间设计[M].北京:东南大学出版社,1992.

[19] 高介华.建筑与文化论集[M].武汉:湖北美术出版社,1993.

[20] 熊明,等.城市设计学[M].北京:中国建筑工业出版社,1999.

[21] 大桥治三.日本の庭(上)(下)[M].CREO Corporation,1999.

[22] 王晓俊.西方现代园林设计[M].南京:东南大学出版社,2000.

[23] 约翰·O·西蒙兹.景观设计学——场地规划与设计手册[M].俞孔坚,等译.北京:中国建筑工业出版社,2000.

[24] 王向荣,林菁.西方现代景观设计的理论与实践[M].北京:中国建筑工业出版社,2002.

[25] 曹随.城市形象细分[M].北京:中国建筑工业出版社,2003.

[26] 胡飞,杨瑞.设计符号与产品语言[M].北京:中国建筑工业出版社,2003.

[27] 刘福智.景观园林规划与设计[M].北京:机械工业出版社,2005.

[28] 郑宏.城市形象艺术设计[M].北京:中国建筑工业出版社,2006.

[29] 田国行.绿地景观规划的理论与方法[M].北京:科学出版社,2006.

[30] 顾馥保.建筑形态构成[M].武汉:华中科技大学出版社,2007.

[31] 褚冬竹.开始设计[M].北京:机械工业出版社,2007.

[32] 罗易德,伯拉德.开放空间设计[M].罗娟,雷波译.北京:中国电力出版社,2007.

[33] 国际新锐事务所作品集 Stosslu[M].大连:大连理工大学出版社,2008.

[34] 国际新锐事务所作品集 CROSS. MAX. [M].大连:大连理工大学出版社,2008.

[35] J. O. Simonds. Landscape Architecture[M]. F. W. Dodge Corporation,1961.

[36] B • VrancKX. Urban Landscape Architecture[M]. Rockport Publishers.

[37] J • Krauel. The Art Of Landscape[M]. AZUR Corporation.

[38] B • Bensley. Paradise Design[M]. Periplus Editions.

[39] V • D • LAVBNER. BERLIN AOS DER LUFT FOTOGRAFIERT[M]. hicolai.

[40] A • Attner. 1000X Landscape Architecture[M]. V • BRAON,2009.

[41] Georqe Lam. Ideas & Concept Landscape Architecture[M]. Pace Publishing Ltd, 2009.